工业和信息化高职高专"十三五"规划教材立项项目

高等职业院校信息技术应用"十三五"规划教材

Technical And Vocational Education

高职高专计算机系列

计算机应用基础

（Windows 7+Office 2010）

刘永宽 ◎ 主审

张化 江登文 ◎ 主编

郑宏飞 李若娟 ◎ 副主编

曹玉婵 王磊 陈淳 杨丽芳 王顺民 许晓玲
赵寿斌 林波 邓国宾 丁杨 陈登科 何焕章 ◎ 参编
朱波 沈永能 远俊红 刘彦 黄俊齐

U0369312

人民邮电出版社

北 京

图书在版编目（ＣＩＰ）数据

计算机应用基础：Windows7+Office2010 / 张化，
江登文主编. -- 北京：人民邮电出版社，2016.8（2019.9重印）
高等职业院校信息技术应用"十三五"规划教材
ISBN 978-7-115-42615-4

Ⅰ. ①计… Ⅱ. ①张… ②江… Ⅲ. ①Windows操作系
统—高等职业教育—教材②办公自动化—应用软件—高等
职业教育—教材 Ⅳ. ①TP316.7②TP317.1

中国版本图书馆CIP数据核字(2016)第182685号

内 容 提 要

本书共分为 7 个模块，内容包括"计算机基础知识""Windows 7 操作系统""文档处理之 Word 2010
篇""数据管理之 Excel 2010 篇""演示文稿之 PowerPoint 2010 篇""多媒体基础"和"综合应用"。
全书着重于培养学生的动手能力，内容安排符合学生的认知规律和能力形成规律。
本书适合作为高职高专院校计算机应用基础课程的教材，也适合初学者自学使用。

♦ 主　　审　刘永宽
　　主　　编　张　化　江登文
　　副 主 编　郑宏飞　李若娟
　　责任编辑　范博涛
　　责任印制　焦志炜
♦ 人民邮电出版社出版发行　　北京市丰台区成寿寺路 11 号
　　邮编　100164　　电子邮件　315@ptpress.com.cn
　　网址　http://www.ptpress.com.cn
　　涿州市京南印刷厂印刷
♦ 开本：787×1092　1/16
　　印张：18　　　　　　　　　　2016 年 8 月第 1 版
　　字数：453 千字　　　　　　　2019 年 9 月河北第 7 次印刷

定价：39.80 元

读者服务热线：(010)81055256　印装质量热线：(010)81055316
反盗版热线：(010)81055315

前 言

在现代信息社会中，知识经济已成为社会经济的核心，计算机、现代通信设备、网络在办公室中的应用越来越广泛，办公自动化技术已经深入各行各业、各个领域、各个学科。近年来，随着政府机构改革以及现代企业制度的不断完善，企事业单位对办公室人员提出了越来越高的要求。如何切实有效地提高办公人员的办公自动化技术成为一个迫切而重要的问题。

当前，全国各职业院校正在大力推进职业教育人才培养模式和课程改革，"校企合作""工学结合""项目教学法""模块教学法""任务驱动教学法"等先进的人才培养模式和教学理念越来越被大家认同。然而，在教学实践中，笔者发现与之相配套的教学用书却非常少，这给实际的教学带来很大不便。鉴于此，笔者决定在基于工作过程课程改革的基础上，进行本书的编写。

本书从高等职业教育对学生办公自动化技术的应用能力要求和实际工作后的需求出发，根据实际工作任务提取能力目标，并将其整合到 25 个项目情景之中。每个项目均通过"项目分析""技能目标""重点集锦""项目详解"和"操作步骤"五个部分展开。本书具有如下特点。

1．知识重构，任务引领

以大学生日常学习典型工作任务为依据组织教材内容，经过体系重构，知识重组，将全书分为 7 个模块。

2．虚拟角色，创设情境

以一名刚刚进入大学的大学生小王为原型，以他从事的学生会工作为主线，以他所经历的典型工作案例为背景，设计任务情境。每个项目均通过一个具体的项目情境来提出，使学习者感觉仿佛置身于真实工作之中。

3．任务分层，因材施教

采用"梯型递进式"编写模式，每个任务均采用"项目分析""项目详解"和"操作步骤"层层递进的方法设计。同时，这种编写方式也能达到分层教学、因材施教的目的。

4．知识与技能有机结合

遵循"从做中学，在学中做"的思想，在完成任务过程中不但有详细具体的方法和步骤，还将"知识扩展""阶段总结""练习"等穿插其中，使学习者不但知其然，而且知其所以然，使知识与技能有机结合。

5．强化流程式操作

在任务实现的环节中，编者注重操作流程的设计，使学习者在学习过程中逐步养成遵守操作规范的习惯。

本书适用于高职高专层次文秘类、管理类、信息类、计算机类等专业的"计算机基础"课程教学；同时也可以作为培训教材，以及各行业的自学用书。

由于编者水平有限，书中难免有疏漏和错误之处，恳请广大读者批评指正。

编　者
2016 年 6 月

目 录 CONTENTS

PART 1

模块 1
计算机基础知识

1.1 计算机概述

项目情境

小王踏入大学校门后，就积极参加学院组织的各类活动。某日，他看到宣传海报中有一则关于计算机知识竞赛的通知，感到异常高兴，就急忙去报了名。离比赛的日子越来越近了，小王胸有成竹，因为他已经做好了充足的准备，胜利在望。

下面，我们一起来看看小王做了哪些准备。

学习清单

埃尼阿克（ENIAC）、冯·诺依曼型计算机、CAD、CAM、CAT、CAI、AI、网络的定义、阿帕网（ARPANET）、ISO、OSI、网络的功能、分类及组成、Internet、IP、DNS、URL、HTTP、DS、IE 浏览器、电子邮件（E-mail）、Outlook Express、搜索引擎、下载工具。

具体内容

1.1.1 计算机的发展史及分类

1．计算机的发展史

（1）计算机的概念

计算机是一种能按照事先存储的程序，自动、快速、高效地对各种信息进行存储和处理的现代化智能电子设备。

计算机是一种现代化的信息处理工具，它对信息进行处理并提供所需结果，其结果（输出）取决于所接收的信息（输入）及相应的程序。计算机概念图解如图 1-1 所示。

 **知识扩展**

计算机的英文单词为"computer"，早期计算设备的祖先——算盘。有一种看法认为算盘是最早的数字计算机，而珠算口诀则是最早的体系化算法。

（2）计算机的发展

第零代：机械式计算机（1642—1945 年）

① 1642 年——齿轮式加减法器。1642 年，法国数学家帕斯卡（B. Pascal）采用与钟表类似的齿轮传动装置，研制出了世界上第一台十进制加减法器（见图 1-2），这是人类历史上的第一台机械式计算机。

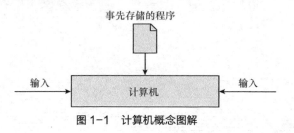

图 1-1 计算机概念图解

图 1-2 齿轮式加减法器

② 1821 年——差分机。1821 年，英国数学家巴贝奇（C. Babbage）构想和设计了第一台完全可编程计算机——差分机，这是第一台可自动进行数学变换的机器。

③ 1884 年——制表机。1884 年，美国人口普查局的统计学家霍列瑞斯（H. Hollerith）受到提花织机的启发，想到用穿孔卡片来表示数据，制造出了制表机（见图 1-3），并获得了专利。

20 世纪初，真正的电子计算机的产生。根据组成电子计算机的基本逻辑组件的不同，我们可以把电子计算机的发展分为四个阶段，每一阶段在技术上都是一次新的突破，在性能上都是一次质的飞跃，四个阶段的特点具体如下。

图 1-3 制表机

第一代：电子管计算机（1946 年—20 世纪 50 年代后期）

 **知识扩展**

图 1-4 中左侧的是世界上第一个电子管，也就是人们常说的真空二极管（见图 1-4 左）。直到真空三极管（见图 1-4 右）被发明后，电子管才成为实用的器件。

第一代计算机采用电子真空管及继电器作为逻辑组件构成处理器和存储器，并用绝缘导线将它们连接在一起。电子管计算机相比之前的机电式计算机来讲，无论是运算能力、运算速度还是体积等都有了很大的改进。

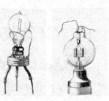

图 1-4 真空二极管和真空三极管

 **知识扩展**

计算机的鼻祖：埃尼阿克ENIAC（Electronic Numerical Integrator And Computer，电子数字积分计算机，见图1-5）。1946年2月5日，出于美国军方对弹道研究的计算需要，世界上第一台电子计算机埃尼阿克（ENIAC）问世。

图1-5　第一台电子计算机 ENIAC

ENIAC 的诞生，宣告了人类从此进入电子计算机时代。

第二代：晶体管计算机（20世纪50年代后期—20世纪60年代中期）

晶体管的发明，标志着人类科技史进入了一个新的电子时代。图1-6所示为第一个晶体管。与电子管相比，晶体管具有体积小、重量轻、寿命长、发热少、功耗低、速度快等优点。采用晶体管组件代替电子管成为第二代计算机的标志。

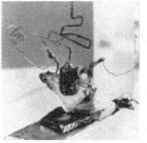

图 1-6　第一个晶体管

 **知识扩展**

1955年，贝尔实验室研制出世界上第一台全晶体管计算机TRADIC（见图1-7），装有800个晶体管，仅100W功率，占地也只有约0.085m^2。

第三代：中、小规模集成电路计算机（20世纪60年代中期—20世纪70年代初）

集成电路（见图1-8）的问世催生了微电子产业，采用集成电路作为逻辑组件成为第三代计算机的最重要特征，微过程控制开始普及。

第三代计算机的杰出代表有 IBM 公司的 IBM 360（见图1-9）及 CRAY 公司的巨型计算机 CRAY-1（见图1-10）等。

图 1-7　TRADIC 计算机　　图 1-8　第一个集成电路　　图 1-9　IBM 360　　图 1-10　CRAY-1

 知识扩展

1964年，英特尔（Intel）创始人之一戈登·摩尔（Gordon Moore）。摩尔天才地预言：集成电路上能被集成的晶体管数目每18~24个月会翻一番，并在今后数十年内保持着这种势头，如图1-11所示。

第四代：大规模、超大规模集成电路计算机（20世纪70年代初—现在，如图1-12所示）

随着集成电路技术的迅速发展，采用大规模和超大规模集成电路及半导体存储器的第四代计算机开始进入社会的各个角落，计算机逐渐开始分化为通用大型机、巨型机、小型机和微型机。

图 1-11　Intel 4004 外观

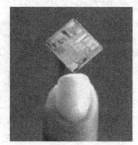

图 1-12　大规模集成电路

新一代计算机：习惯上被称为第五代计算机，是对第四代计算机以后的各种未来型计算机的总称。它能够最大限度地模拟人类大脑的机制，具有人的智能，能够进行图像识别、研究学习和联想等。

 **知识扩展**

2010年1月27日，苹果公司在美国旧金山欧巴布也那艺术中心（Yerba Buena Center for the Arts）发布iPad平板电脑，如图1-13所示。iPad的定位介于苹果的智能手机iPhone和笔记本电脑产品之间，提供浏览互联网、收发电子邮件、观看电子书、播放音频或视频、玩游戏等功能。

图 1-13　iPad 平板电脑

 阶段总结

计算机发展过程中，各阶段的特点如表1-1所示。

表 1-1　计算机发展各阶段的特点

四个阶段	逻辑组件	运行速度	特点
第一代： 1946年至20世纪50年代后期	电子管	5000次到1万次	体积大，耗电多，速度慢
第二代： 20世纪50年代后期至 20世纪60年代中期	晶体管	几万次到十几万次	体积、耗电减小了，速度有所提高
第三代： 20世纪60年代中期至 20世纪70年代初	中、小规模集成电路	十几万次到几百万次	体积和功耗减小了，运行速度有所提高
第四代： 20世纪70年代初至现在	大规模、超大规模集成电路	几千万次到百亿次	性能大幅度提高，价格大幅度下降，已应用到社会的各个领域

（3）计算机的发展趋势

回顾计算机的发展历程，不难看出计算机的发展趋势：现代计算机的发展正朝着巨型化、微型化的方向发展，计算机的传输和应用正朝着网络化、智能化的方向发展。如今计算机越来越广泛地应用于我们的工作、学习、生活中，对社会和生活起到不可估量的影响。图 1-14 所示为计算机发展的趋势图。

体积由大到小

速度由慢到快

图 1-14 计算机发展趋势

① 巨型化：指具有运算速度高、存储容量大、功能更完善等特点的计算机系统。

② 微型化：基于大规模和超大规模集成电路的飞速发展。

③ 网络化：计算机技术的发展已经离不开网络技术的发展。

④ 智能化：要求计算机具有人的智能，能够进行图像识别、定理证明、研究学习等。

2．计算机的分类

按照计算机原理分类，可分为数字式电子计算机、模拟式电子计算机和混合式电子计算机；按照计算机用途分类，可分为通用计算机和专用计算机；按照计算机性能分类，可分为巨型机、小巨型机、大型机、小型机、工作站和个人计算机六大类。

1.1.2 计算机的特点及应用领域

1．计算机的主要特点

（1）运算速度快。运算速度是计算机的一个重要性能指标。计算机的运算速度通常用每秒执行定点加法的次数或平均每秒钟执行指令的条数来衡量。世界上第一台计算机的运算速度为每秒 5 000 次，目前世界上最快的计算机每秒可运算万兆次，普通 PC 每秒也可处理上百万条指令。

（2）计算精度高。计算机的运算精度随着数字运算设备的技术发展而提高，加上采用了二进制数字进行计算的先进算法，因此可以得到很高的运算精度。

（3）存储容量大，记忆能力强。计目前计算机的存储容量越来越大，已高达吉（千兆）数量级（10^9）的容量。计算机具有"记忆"功能，是与传统计算工具的显著区别。

（4）具有逻辑判断能力。计算机不仅能进行算术运算，同时也能进行各种逻辑运算，具有逻辑判断能力，这是计算机的又一重要特点。布尔代数是建立计算机的逻辑基础，计算机的逻辑判断能力也是计算机智能化必备的基本条件，是计算机能实现信息处理自动化的重要原因。

冯·诺依曼型计算机的基本思想就是将程序预先存储在计算机中。在程序执行过程中，计算机根据上一步的处理结果，能运用逻辑判断能力自动决定下一步应该执行哪一条指令。计算机的计算能力、逻辑判断能力和记忆能力三者结合，使得计算机的能力远远超过了任何一种工具而成为人类脑力延伸的有力助手。

知识扩展

图1-15所示为计算机奠基人——冯·诺依曼（John Von Neumann）。1903年12月28日，他生于匈牙利布达佩斯的一个犹太人家庭，是著名美籍匈牙利数学家。

图 1-15　冯·诺依曼

（5）自动化程度高。只要预先把处理要求、处理步骤、处理对象等必备元素存储在计算机系统内，计算机启动工作后就可以在无人参与的条件下自动完成预定的全部处理任务。向计算机提交任务主要是通过程序、数据和控制信息的形式。

（6）支持人机交互。计算机具有多种输入/输出设备，配上适当的软件后，可支持用户进行方便的人机交互。人机交互设备的种类也越来越多，如手写板、扫描仪、触摸屏等。这些设备使计算机系统以更接近人类感知外部世界的方式输入或输出信息，使计算机更加人性化。

（7）通用性强。计算机能够在各行各业得到广泛的应用，原因之一就是具有很强的通用性。计算机采用存储程序原理，程序可以是各个领域中的用户自己编写的应用程序，也可以是厂家提供的供多用户共享的程序；丰富的软件，多样的信息，使计算机具有相当大的通用性。

2．计算机的应用领域

（1）科学计算。科学计算又被称为数值计算，是计算机最早的应用领域。同人工计算相比，计算机不仅速度快，而且精度高，如图 1-16 所示。

（2）数据处理。数据处理又被称为信息处理（见图 1-17），是目前计算机应用的主要领域。在信息社会中需要对大量的、以各种形式表示的信息资源进行处理，计算机因其具备的种种特点，自然成为处理信息的得力工具。

图 1-16　计算机的传统应用——天气预报

图 1-17　计算机的传统应用——数据处理

随着数据处理应用的扩大，在硬件上刺激着大容量存储器和高速度、高质量输入/输出设备的发展。同时，也在软件上推动了数据库管理系统、表格处理软件、绘图软件以及用于分析和预测等应用的软件包的开发。

（3）自动控制。自动控制也被称为过程控制或实时控制，是指用计算机作为控制部件对生产设备或整个生产过程进行控制。其工作过程是：首先用传感器在现场采集受控制对象的数据，求出它们与设定数据的偏差；接着由计算机按控制模型进行计算；然后产生相应的控制信号，驱动伺服装置对受控对象进行控制或调整。

（4）计算机辅助功能。计算机辅助功能是指能够部分或全部代替人完成各项工作的计算机应用系统，目前主要包括计算机辅助设计、计算机辅助制造、计算机辅助测试和计算机辅助教学。

① 计算机辅助设计（Computer Aided Design，CAD）。CAD 可以帮助设计人员进行工程或

产品的设计工作，采用 CAD 能够提高工作的自动化程度，缩短设计周期，并达到最佳的设计效果。

② 计算机辅助制造（Computer Aided Manufacturing，CAM）。CAM 是指用计算机来管理、计划和控制加工设备的操作。

计算机辅助设计和计算机辅助制造的结合产生了 CAD/CAM 一体化生产系统，再进一步发展，则形成计算机集成制造系统（Computer Integrated Manufacturing System，CIMS），CIMS 是制造业的未来。

③ 计算机辅助测试（Computer Aided Test，CAT）。CAT 是指利用计算机协助对学生的学习效果进行测试，并对学习能力进行估量。一般分为脱机测试和联机测试两种方法。

④ 计算机辅助教学（Computer Aided Instruction，CAI）。CAI 是指利用计算机来辅助教学工作。CAI 改变了传统的教学模式，它使用计算机作为教学工具。

（5）人工智能（Artificial Intelligence，AI）。AI 是指用计算机来模拟人的智能，代替人的部分脑力劳动。人工智能既是计算机当前的重要应用领域，也是今后计算机发展的主要方向。20 余年来，围绕 AI 的应用主要表现在以下几个方面。

① 机器人。机器人可分为两类：一类叫"工业机器人"，它由事先编制好的过程控制，只能完成规定的重复动作，通常用于车间的生产流水线上；另一类叫"智能机器人"，具有一定的感知和识别能力，能说话和回答一些简单问题。

② 定理证明。借助计算机来证明数学猜想或定理，这是一项难度极大的人工智能应用。最著名的例子是四色猜想的证明。

③ 专家系统。专家系统是一种能够模仿专家的知识、经验、思想，代替专家进行推理和判断，并做出决策处理的人工智能软件。著名的"关幼波肝病诊疗程序"就是根据我国著名中医关幼波的经验制成的一个医疗专家系统。

④ 模式识别。这是 AI 最早的应用领域之一，是通过抽取被识别对象的特征，与存放在计算机内的已知对象的特征进行比较及判别，从而得出结论的一种人工智能技术。公安机关的指纹分辨、手写汉字识别、语音识别等都是模式识别的应用实例。

（6）网络应用。网络应用是计算机技术与通信技术结合的产物，计算机网络技术的发展将处在不同地域的计算机用通信线路连接起来，配以相应的软件，达到资源共享的目的。

1.1.3 计算机网络概述

1．计算机网络的发展

计算机网络是计算机技术和通信技术相结合的产物，计算机网络技术得到了飞速的发展和广泛的应用。

（1）计算机网络的定义。计算机网络就是将分布在不同地点的独立计算机的系统通过通信线路和通信设备连接起来，由网络操作系统和协议软件进行管理，以实现数据通信与资源共享为目的的系统。简单来说，网络就是通过电缆、电话线或无线通信连接起来的计算机的集合。

实现网络有以下 4 个要素：有独立功能的计算机、通信线路和通信设备、网络软件支持、实现数据通信与资源共享。

（2）网络的发展过程。计算机网络的发展过程是计算机与通信（Computer and Communication，C&C）的结合过程，其发展经历了一个从简单到复杂，又到简单（指入网容易、使用简单、网络应用大众化）的过程，共经历了 4 个阶段。

① 面向终端的计算机网络（20 世纪 50—60 年代）。将地理位置分散的多个终端通信线路连到一台中心计算机上，用户可以在自己办公室内的终端输入程序，通过通信线路传送到中心计算机，分时访问和使用资源进行信息处理，处理结果再通过通信线路回送到用户终端显示或打印。这种以单个计算机为中心的联机系统被称为面向终端的远程联机系统，这是计算机网络发展的第一阶段，被称为第一代计算机网络，如图 1-18 所示。

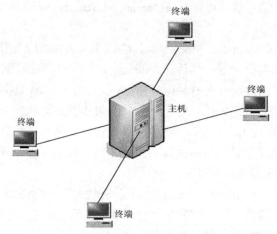

图 1-18　一台主机连接若干终端

第一代计算机网络的典型应用有美国半自动地面防空系统 SAGE 和美国飞机售票系统 SABRE-1。

20 世纪 50 年代初，美国为了自身的安全，在美国本土北部和加拿大境内，建立了一个半自动地面防空系统，简称 SAGE（Semi-Automatic Ground Environment）系统，译成中文叫赛其系统（见图 1-19）。

图 1-19　美国半自动地面防空系统 SAGE

20 世纪 60 年代初，美国建成了全国性航空飞机订票系统，用一台中央计算机连接 2 000 多个遍布全国各地的终端，用户通过终端进行操作。这些应用系统的建立，构成了计算机网络的雏形。

② 共享资源的计算机网络（20 世纪 60—70 年代）。随着计算机技术和通信技术的进步，将分布在不同地点的计算机通过通信线路连接起来，使联网用户可以通过计算机使用本地计算机的软件、硬件与数据资源，也可以使用网络中其他计算机的软件、硬件与数据资源，即每台计算机都具有自主处理能力，这样就形成了以共享资源为目的的第二代计算机网络，如图 1-20所示。

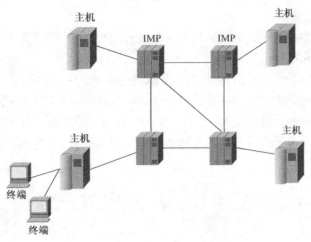

图 1-20　共享资源的计算机网络

第二代计算机网络的典型代表是 ARPA 网络（ARPANET）。ARPA 网络的建成标志着现代计算机网络的诞生。

ARPA 网通过有线、无线与卫星通信线路，覆盖了从美国本土到欧洲与夏威夷的广阔地域，ARPA 网是计算机网络技术发展的一个重要里程碑。

③ 计算机网络标准化（20 世纪 70—80 年代）。20 世纪 70 年代以后，局域网得到了迅速发展，人们对组网的技术、方法和理论的研究日趋成熟。为了促进网络产品的开发，各大计算机公司纷纷制定自己的网络技术标准，最终促成国际标准的制定。

1984 年，国际标准化组织 ISO（International Standards Organization）正式颁布了一个使各种计算机互连成网的标准框架——开放系统互联参考模型 OSI（Open System Interconnection Reference Model）。OSI 标准确保了各厂家生产的计算机和网络产品之间的互连，推动了网络技术的应用和发展。

 知识扩展

OSI将网络通信工作分为七层，由低到高依次为物理层、数据链路层、网络层、传输层、会话层、表示层和应用层，如图1-21所示。

7	应用层
6	表示层
5	会话层
4	传输层
3	网络层
2	数据链路层
1	物理层

图 1-21　OSI 七层参考模型

④ 网络互联阶段（20 世纪 90 年代以后）。20 世纪 90 年代，各种网络进行互联，形成更大规模的互联网络。计算机网络发展成了全球的网络——因特网（Internet），网络技术和网络应用得到了迅猛的发展。

Internet 最初起源于阿帕网，由阿帕网研究而产生的一项非常重要的成果就是传输控制协议/网际协议（Transmission Control Protocol/Internet Protocol，TCP/IP），使得连接到网上的所有计算机能够相互交流信息。

计算机网络已成为当今世界最热门的学科之一，其未来的发展方向正朝着高速网络，多媒体网络，开放性、高效安全的网络管理以及智能化网络方向发展。

2．计算机网络的功能

不同的计算机网络是为不同的目的和需求而设计与组建的，它们所提供的服务和功能也有所不同。计算机网络可以提供的功能如下。

（1）资源共享。用户可以共享计算机网络范围内的系统硬件、软件、数据、信息等各种资源。

（2）数据通信。网络中的终端与计算机、计算机与计算机之间能够进行通信，交换各种数据和信息，从而方便地进行信息收集、处理、交换。自动订票系统、银行财务及各种金融系统、电子购物、远程教育、电子会议等都具有选择的功能，如图 1-22 所示。

小秦材料　　在小王的打印机中打印

图 1-22　资源共享与数据通信

（3）分布式数据处理。分布式数据处理是指将一个大型复杂的计算问题分配给网络中的多台计算机分工协作来完成。

（4）提高系统的可靠性和可用性。可以调度另一台计算机来接替完成出现故障的计算机的计算任务，借助冗余和备份的手段提高系统可靠性。

3．计算机网络的分类

计算机网络可按不同的分类标准进行划分。

（1）按网络的覆盖范围划分。根据所覆盖的地理范围，计算机网络通常可以分为局域网、城域网和广域网。这种分法也是目前较为普遍的一种分类方法。

① 局域网（Local Area Network，LAN）的范围一般在几百米到十千米之内，如一座办公大楼内、大学校园内、几座大楼之间等。局域网简单、灵活、组建方便，如图 1-23 所示。

② 城域网（Metropolitan Area Network，MAN）的地理范围可以从几十千米到上百千米，通常覆盖一个城市或地区，如城市银行的通存通兑网。

③ 广域网（Wide Area Network，WAN）是网络系统中最大型的网络，它是跨地域性的网络系统，大多数的 WAN 是通过各种网络互连而形成的，Internet 就是最典型的广域网。WAN 的连接距离可以是几百千米到几千千米或更多，如图 1-24 所示。

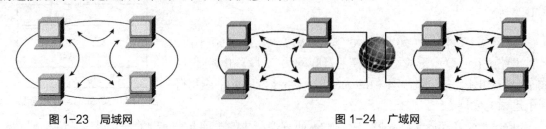

图 1-23　局域网　　　　　　　　　　　　图 1-24　广域网

（2）按数据传输方式划分。根据数据传输方式的不同，计算机网络可以分为"广播网络"和"点对点网络"两大类。

（3）按拓扑结构划分。网络拓扑结构是指网络上的计算机、通信线路和其他设备之间的连接方式，即指网络的物理架设方式。计算机网络中常见的拓扑结构有总线型结构、环型结构、星型结构、树型结构和网状结构等。除这些之外，还有包含了两种以上基本拓扑结构的混合结构。

① 总线型结构。总线型结构的网络使用一根中心传输线作为主干网线（即总线 BUS），所有计算机和其他共享设备都连在这条总线上，如图 1-25 所示。

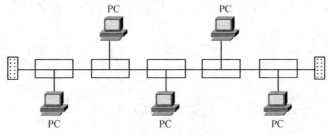

图 1-25　总线型结构

　　总线型结构的优点：布局非常简单且便于安装，价格相对较低，网络上的计算机可以很容易地增加或减少而不影响整个网络的运行，适用于小型、临时的网络。

　　总线型结构的缺点：网络稳定性差，如果电缆发生断裂，整个网络将陷于瘫痪，故不适合大规模的网络。

　　② 环型结构。环型结构是指将各台联网的计算机用通信线路连接成一个闭合的环，在环型结构中，每台计算机都要与另外两台相连，信号可以一圈一圈按照环型传播，如图 1-26 所示。

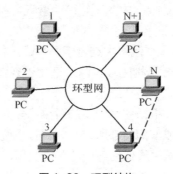

图 1-26　环型结构

　　环型结构的优点：信息在网络中沿固定方向流动，两个节点间有唯一的通路，可靠性高，实时性强，安装简便，有利于进行故障排除。

　　环型结构的缺点：网络的吞吐能力差，仅适用于数据信息量小和节点少的情况。此外，由于整个网络构成闭合环，所以网络扩充起来不方便。

　　③ 星型结构。星型结构的每个节点都由一条点到点链路与中心节点相连。信息的传输是通过中心节点的存储转发技术实现的，并且只能通过中心节点与其他站点通信，如图 1-27 所示。

　　星型结构的优点：系统稳定性好，故障率低，增加新的工作站时成本低，一个工作站出现故障不会影响其他工作站的正常工作。

　　星型结构的缺点：与总线型和环型结构相比，星型结构的电缆消耗量较大，同时需要一个中心节点（集线器或交换机），而中心节点负担较重，必须具有较高的可靠性。

　　④ 树型结构。树型结构从总线型结构演变而来，形状像一棵倒置的树，如图 1-28 所示。树根接收各站点发送的数据，然后再广播到整个网络。

　　树型结构的优点：易于扩展，这种结构可以延伸出很多分支和子分支，并且新节点和新分支都能很容易地加入网络中来。

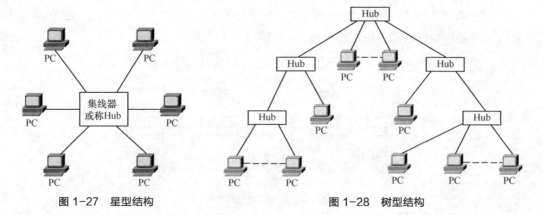

图 1-27　星型结构　　　　　　　　　　　　图 1-28　树型结构

树型结构的缺点：各个节点对根的依赖性太大，如果根发生故障，则整个网络不能正常工作。树型结构的可靠性类似于星型结构。

⑤　网状结构。网络中任意一个节点应至少和其他两个节点相连，它是一种不规则的网络结构，如图 1-29 所示。

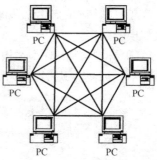

网状结构的优点：单个节点及链路的故障不会影响整个网络系统，可靠性最高。主要用于大型的广域网。

网状结构的缺点：结构比较复杂，成本比较高，管理与维护不太方便。

图 1-29　网状结构

⑥　混合结构。混合结构泛指一个网络中结合了两种或两种以上标准拓扑形式的拓扑结构。混合结构比较灵活，适用于现实中的多种环境。广域网中通常采用混合拓扑结构。

（4）按使用网络的对象划分。根据使用网络的对象可分为专用网和公用网。专用网一般由某个单位或部门组建，属于单位或部门内部所有，如银行系统的网络。而公用网由电信部门组建，网络内的传输和交换设备可提供给任何部门和单位使用，如 Internet。

4．计算机网络的组成

对于计算机网络的组成，一般有两种分法：一种是按照计算机技术的标准，将计算机网络分成硬件和软件两个组成部分；另一种是按照网络中各部分的功能，将网络分成通信子网和资源子网两部分。

按照计算机技术的标准划分，计算机网络系统和计算机系统一样，也是由硬件和软件两大部分组成的。

（1）网络硬件

网络硬件是计算机网络系统的物质基础。要构成一个计算机网络系统，首先要将计算机及其附属硬件设备与网络中的其他计算机系统连接起来。

①　服务器

服务器（见图 1-30）作为硬件来说，通常是指那些具有较高计算能力，能够提供给多个用户使用的计算机。网络服务器分为文件服务器、通信服务器、打印服务器和数据库服务器等。

②　工作站

工作站是连接在局域网上的供用户使用网络的微机。它通过网卡和传输介质连接至文件服务器上。每个工作站一定要有自己独立的操作系统及相应的网络软件。工作站可分为有盘工作站和无盘工作站。图 1-31 所示为一体化工作站。

图 1-30　服务器

图 1-31　一体化工作站

③ 连接设备

网络连接设备有网络适配器——网卡、调制解调器、中继器和集线器、网桥、交换机、路由器、网关、防火墙等。

● 网卡也叫网络适配器，网卡是局域网中最基本的部件之一，它是连接计算机与网络的硬件设备。无论使用什么样的传输介质，都必须借助于网卡才能实现数据的通信。

● 调制解调器（Modem，俗称"猫"，见图 1-32）是一种计算机硬件，它能把计算机的数字信号翻译成可沿普通电话线传送的脉冲信号，这一过程被称为**调制**。而这些脉冲信号又可被线路另一端的另一个调制解调器接收，并译成计算机可识别的数字信息，这一过程被称为**解调**。

● 中继器（Repeater，见图 1-33）是连接网络线路的一种装置，常用于两个网络节点之间物理信号的双向转发工作。中继器是一个用来扩展局域网的硬件设备，它把两段局域网连接起来，并把一段局域网上的电信号增强后传输到另一段上，主要起到信号再生放大、延长网络距离的作用。

图 1-32　Modem

图 1-33　中继器

● 集线器（Hub，见图 1-34）是中继器的一种形式，区别在于集线器能够提供多端口服务，也称为多口中继器，它对 LAN 交换机技术的发展产生直接的影响。

● 网桥（Bridge，见图 1-35），又称桥接器，工作在数据链路层，将两个局域网（LAN）连起来，根据物理地址来转发帧。网桥通常用于连接数量不多的、同一类型的网段。

图 1-34　集线器

图 1-35　网桥

● 交换机（Switch，见图 1-36）是集线器的升级换代产品。交换机的功能，是按照通信两端传输信息的需要，用人工或设备自动完成的方法把要传输的信息送到符合要求的相应路由上。简单来说，交换机就是一种在通信系统中完成信息交换功能的设备。

● 路由器（Router，见图 1-37）的功能是在两个局域网之间接收并转发帧数据，转发帧时需要改变帧中的地址。路由器比网桥更复杂，也具有更大的灵活性，它的连接对象可以是局域网或广域网。

● 网关（Gateway，见图1-38），又称为网间连接器、协议转换器。换言之，就是一个网络连接到另一个网络的"关口"。按照不同的分类标准，网关可以分成多种。其中，TCP/IP里的网关是最常用的。

图1-36　交换机

图1-37　路由器

图1-38　网关

● 防火墙（Firewall）是一种访问控制技术，可以阻止保密信息从受保护的网络上被非法输出。换言之，防火墙是一道门槛，控制进出双方的通信。防火墙由软件和硬件两部分组成，防火墙技术是近年来发展起来的一种保护计算机网络安全的技术性措施。图1-39所示为硬件防火墙。

图1-39　硬件防火墙

④ 传输介质

传输介质是通信网络中发送方和接收方之间的物理通路。

常用的传输介质有双绞线、同轴电缆、光缆、无线传输介质。

双绞线（见图1-40）是现在最普通的传输介质，它是由两根以螺旋状扭合在一起的绝缘铜导线组成的。两根线扭合在一起，目的在于减少相互间的电磁干扰。双绞线分为两大类：屏蔽双绞线（Shielded Twisted Pair，STP）和无屏蔽双绞线（Unshielded Twisted Pair，UTP）。

同轴电缆（见图1-41）分为基带同轴电缆和宽带同轴电缆。基带同轴电缆的阻抗为50Ω（指沿电缆导体各点的电磁电压对电流之比），通常用于数字信号的传输，有粗缆和细缆之分；宽带同轴电缆的阻抗为75Ω，用于宽带模拟信号的传输。

通信领域的重大进展是光缆（见图1-42）的广泛应用。光缆的主要介质是光纤，光纤是软而细的、利用内部全反射原理来传导光束的传输介质，有单模和多模之分。

图1-40　双绞线

图1-41　同轴电缆

图1-42　光缆

（2）网络软件

网络软件是实现网络功能不可缺少的软环境。网络软件通常包括网络操作系统、网络协议和各种网络应用软件等。

① 网络操作系统

网络操作系统（Web-based Operating System，Web OS）的作用在于实现网络中计算机之间的通信，对网络用户进行必要的管理，提供数据存储和访问的安全性，提供对其他资源的共享和访问，以及提供其他的各种网络服务。

目前，UNIX、Linux、NetWare、Windows NT/Server 2000/Server 2003等网络操作系统都

被广泛应用于各类网络环境中，并各自占有一定的市场份额。

② 网络协议

在计算机网络中，两个相互通信的实体处在不同的地理位置，其上的两个进程相互通信，需要通过交换信息来协调它们的动作和达到同步，而信息的交换必须按照预先共同约定好的过程进行。网络协议就是为计算机网络中进行数据交换而建立的规则、标准或约定的集合。

局域网常用的 3 种网络协议有：TCP/IP、NetBEUI 和 IPX/SPX。

● TCP/IP 是这 3 个协议中最重要的一个；作为互联网的基础协议，没有它就根本不可能上网，任何和互联网有关的操作都离不开 TCP/IP。

● NetBEUI，即 NetBios Enhanced User Interface，或 NetBios 增强用户接口。它是 NetBIOS 协议的增强版本，曾被许多操作系统采用，如 Windows for Workgroup、Windows 9x 系列、Windows NT 等。

● IPX/SPX 协议本来就是 Novell 公司开发的专用于 NetWare 网络中的协议，但是现在也很常用，大部分可以联机的游戏（如星际争霸、反恐精英等）都支持 IPX/SPX 协议。

 阶段总结

网络硬件是计算机网络系统的物质基础，对网络的运行性能起着决定性的作用；网络软件是支持网络运行、提高效率和开发网络资源的工具，是实现网络功能不可缺少的软件环境。计算机网络系统的组成如图 1-43 所示。

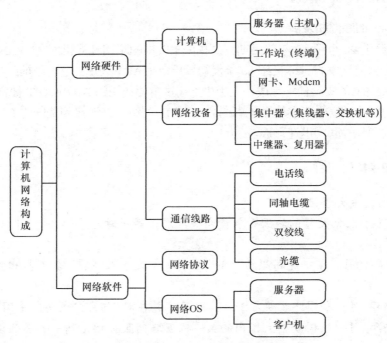

图 1-43 计算机网络系统结构图

按照网络中各部分的功能划分，计算机网络可被分成通信子网和资源子网两部分。

通信子网主要负责整个网络的数据传输、加工、转换等通信处理工作。它主要包括通信线路（传输介质）、网络连接设备、网络通信协议、通信控制软件等。

资源子网的功能是负责整个网络面向应用的数据处理工作，向用户提供数据处理能力、数据存储能力、数据管理能力、数据输入/输出能力以及其他的数据资源。它主要是由各计算机系统、终端控制器和终端设备、软件和可供共享的数据库组成的。

将计算机网络分为通信子网和资源子网，简化了网络的设计，如图 1-44 所示。

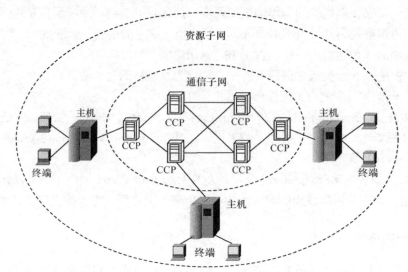

图 1-44　通信子网与资源子网构成计算机网络

1.1.4　Internet 基础

1．Internet 的起源和发展

Internet 起源于 20 世纪 60 年代后期，是在美国较早的军用计算机网 ARPANET 的基础上经过不断发展变化而形成的。20 世纪 80 年代初，开始在 ARPANET 上全面推广 TCP/IP 协议。1990 年，ARPANET 的实验任务完成，在历史上起过重要作用的 ARPANET 被宣布关闭。

此后，其他发达国家也相继建立了本国的 TCP/IP 网络，并连接到美国的 Internet。于是，一个覆盖全球的国际互联网迅速形成。

 知识扩展

中国互联网发展大事记

（1）1987年，北京大学的钱天白教授向德国发出第一封电子邮件，当时中国还未加入互联网。

（2）1991年10月，在中美高能物理年会上，美方发言人怀特·托基提出把中国纳入互联网络的合作计划。

（3）1994年3月，中国终于获准加入互联网，并在同年5月完成全部中国联网工作。

（4）1995年5月，张树新创立国内的第一家互联网服务供应商——瀛海威，中国的普通百姓开始进入互联网络。

（5）2000年4月至7月，中国三大门户网站——搜狐、新浪、网易成功在美国纳斯达克挂牌上市。

（6）2002年第二季度，搜狐率先实现盈利，宣布互联网的春天已经来临。

（7）2006年年底，市值最高的中国互联网公司——腾讯的价值已经达到了60亿美元。

（8）截至2010年12月31日，中国网民数量达4.57亿，其中，手机网民规模达3.03亿。IPv4地址数达2.78亿个，域名总数866万个，其中.cn域名数为435万个。

2．IP 地址和域名

（1）IP 地址

网络上的两台计算机之间在相互通信时，必须给每台计算机都分配一个 IP 地址作为网络标识。为了不造成通信混乱，每台计算机的 IP 地址必须是唯一的，不能重复。

目前 IP 技术下可能使用的 IP 地址最多有约 42 亿个。

IP 地址由两部分组成，一部分为网络号，另一部分为主机号。

IP 地址分为 A、B、C、D、E 共 5 类，如图 1-45 所示。最常用的是 B 和 C 两类。

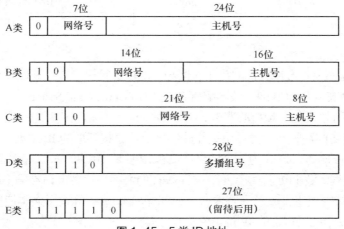

图 1-45　5 类 IP 地址

 知识扩展

目前使用的互联网为第一代，采用的是IPv4技术。下一代互联网需要使用IPv6技术，其地址空间将由32位扩展到128位，几乎可以给世界上每一样可能的东西分配一个IP地址，真正让数字化生活变为现实。

（2）域名

域名同 IP 地址一样，都是用来表示一个单位、机构或个人在网络上的一个确定名称或位置。所不同的是，它与 IP 地址相比更有亲和力，容易被人们记忆并且乐于使用。

互联网中域名的一般格式：主机名.[二级域名.]一级域名（也叫顶级域名）。如域名为www.cctv.com（中央电视台的网站），其中，www.cctv 为主机名（www 表示提供超文本信息的服务器，cctv 表示中央电视台）；com 为顶级域名（表示商业机构）。

 　　　　　主机名和顶级域名之间可以根据实际情况进行默认设置或扩充。

顶级域名有国家、地区代码和组织、机构代码两种表示。常见的代码及对应含义，如表 1-2 所示。

表 1-2　常见代码及其含义

国家、地区代码	表示含义	组织、机构代码	表示含义
.au	澳大利亚	.com	商业机构（任何人可以注册）
.ca	加拿大	.edu	教育机构
.ru	俄罗斯	.gov	政府部门
.fr	法国	.int	国际组织
.it	意大利	.mil	美国军事部门
.jp	日本	.net	网络组织（现在任何人都可以注册）
.uk	英国	.org	非营利组织（任何人都可以注册）
.sg	新加坡	.info	网络信息服务组织
默认	美国	.pro	用于会计、律师和医生

（3）DNS

域名比 IP 地址直观，方便我们的使用，但却不能被计算机所直接读取和识别，必须将域名翻译成 IP 地址，才能访问互联网。域名解析系统（Domain Name System），就是为解决这一问题而诞生的，它是互联网的一项核心服务，将域名和 IP 地址相互映射为一个分布式数据库，能够使人们更方便地访问互联网，而不用记住能够被机器直接读取的 IP 地址。

例如，www.wikipedia.org 作为一个域名，便和 IP 地址 208.80.152.2 相对应。DNS 就像是一个自动的电话号码簿，我们可以直接拨打 wikipedia 的名字来代替电话号码（IP 地址）。DNS 在我们直接呼叫网站的名字以后，就会将像 www.wikipedia.org 一样便于人类使用的名字转化成像 208.80.152.2 一样便于机器识别的 IP 地址。

3．URL 地址和 HTTP

（1）统一资源定位器（Uniform Resource Locator，URL）

它是用来指示某一信息资源所在的位置及存取的方法，它从左到右分别由下述部分组成。

URL 的一般格式为：服务类型://服务器地址（或 IP 地址）[端口][路径]。例如，http://www.cctv.com 就是一个典型的 URL 地址。

提示

WWW 上的服务器都是区分大小写字母的，书写 URL 时需注意大小写。

（2）HTTP

当我们想浏览一个网站的时候，只要在浏览器的地址栏里输入网站的地址就可以了，如 www.baidu.com。但是在浏览器的地址栏里面出现的却是 http://www.baidu.com，为什么会多出一个"http://"？

Internet 的基本协议是 TCP/IP，然而在 TCP/IP 模型最上层的是应用层，它包含所有高层的协议。高层协议有文件传输协议 FTP、电子邮件传输协议 SMTP、域名系统服务 DNS、网络新闻传输协议 NNTP 和 HTTP 等。

超文本传输协议（Hypertext Transfer Protocol，HTTP）是用于从 WWW 服务器传输超文本到本地浏览器的传送协议。它可以使浏览器更加高效，使网络传输减少。它不仅能保证计算机正确快速地传输超文本文档，还能决定传输文档中的哪一部分以及哪部分内容首先显示（如文本先于图形）等。这就是为什么在浏览器中看到的网页地址都是以"http://"开头的原因。

4．Internet 接入

互联网接入技术的发展非常迅速，带宽由最初的 14.4kbit/s 发展到目前的 10Mbit/s 甚至 100Mbit/s；接入方式由过去单一的电话拨号方式，发展成现在多样的有线和无线接入方式；接入终端开始向移动设备发展。根据接入后数据传输的速度，Internet 的接入方式可分为宽带接入和窄频接入。

宽带接入方式有 ADSL（非对称数字专线）接入、有线电视上网（通过有线电视网络）接入、光纤接入、无线（使用 IEEE 802.11 协议或使用 3G 技术）宽带接入和人造卫星宽带接入等。

窄频接入方式有电话拨号上网（20 世纪 90 年代网络刚兴起时比较普及；因速度较慢，逐渐被宽带连线所取代）、窄频 ISDN 接入、GPRS 手机上网和 CDMA 手机上网等。

截至 2005 年年底，全球互联网用户中有 56%是通过宽带上网的。下面具体介绍如何在 Windows 7 下设置宽带连接。

 **操作步骤**

【**步骤 1**】 单击计算机任务栏中的"开始"按钮，打开"控制面板"。单击"网络和 Internet"，选中"网络和共享中心"，如图 1-46 所示。

图 1-46 "网络和共享中心"窗口

【**步骤 2**】 在"更改网络设置"中选择"设置新的连接或网络"，打开图 1-47 所示的"设置连接或网络"向导，选择"连接到 Internet"，单击"下一步"按钮。

【**步骤 3**】 在图 1-48 所示的向导中选择"宽带"，单击"下一步"按钮。

图 1-47 "设置连接或网络"窗口

图 1-48 设置连接类型

【步骤 4】 在图 1-49 所示的向导中输入 ISP 提供的信息（用户名和密码）。

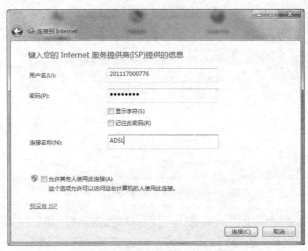

图 1-49 设置用户名和密码

【步骤 5】　在图 1-49 所示的向导中输入"连接名称",这里只是一个连接的名称,可以随便输入,如"ADSL",单击"连接"按钮。成功连接后,就可以使用浏览器上网了。

1.1.5　计算机网络应用

1．信息浏览与获取

信息浏览通常是指 WWW(World Wide Web)服务,它是 Internet 信息服务的核心,也是目前 Internet 上使用最广泛的信息服务。WWW 是一种基于超文本文件的交互式多媒体信息检索工具。使用 WWW,只需单击浏览器就可在 Internet 上浏览世界各地计算机上的各种信息资源。

常用浏览器有火狐浏览器、IE 浏览器、Opera 浏览器等。下面就以 IE 为例,介绍如何使用浏览器软件来进行信息的浏览和获取。

操作步骤

【步骤 1】　单击计算机任务栏中的"开始"按钮→"所有程序"→"Internet Explorer",打开 IE 浏览器。

【步骤 2】　如果我们要访问的网站是新浪网,则在 IE 浏览器窗口的地址栏中输入相应网址 www.sina.com.cn,然后按<Enter>键,实现对该网站的浏览,如图 1-50 所示。

图 1-50　IE 浏览器窗口

【步骤 3】　浏览区中显示的是超文本网页,移动鼠标至有超链接的位置,鼠标指针变为 状态,单击可自动实现页面之间的跳转。例如,单击"教育"超链接,就可以使浏览器窗口自动跳转到相应页面,如图 1-51 所示。

图 1-51　页面之间的跳转

【步骤4】　如果要回到查看过的页面，可以通过单击工具栏中的"←后退"按钮来实现。

【步骤5】　如果要查看更长时间范围内的已访问网站，可以单击工具栏中的★按钮，选择"历史记录"选项卡，这时在 IE 窗口的右端会显示"历史记录"窗格，如图 1-52 所示。

图 1-52　"历史记录"窗格

【步骤6】　使用收藏夹，将经常访问的 Web 站点放在便于访问的位置。这样，不必记住或键入网址就可到达该站点。首先打开要访问的页面，单击工具栏中的★按钮后选择"添加至收藏夹"命令，弹出"添加收藏"对话框，如图 1-53 所示，最后单击"添加"按钮。如果下次需要进入该网站时，只需单击"收藏夹"选项卡，选择相应要打开的网站即可。

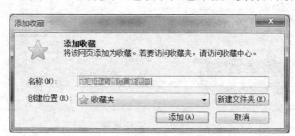

图 1-53　"添加到收藏夹"对话框

【步骤7】　网页的保存。如果要将当前网页保存下来，可以在浏览器窗口中单击工具栏"⚙工具"按钮，在下拉列表中选择"文件"→"另存为"，弹出"保存网页"对话框。在对话框的"保存类型"下拉列表中选择网页保存的格式，如保存为"网页，全部（*.htm; *.html）"，系统就会自动将这个网页的所有内容下载并存储到本地硬盘，并将其中所带的图片和其他格式的文件存储到一个与文件名同名的文件夹中。

【步骤8】　图片的保存。如果只想保存网页中的图片，可直接在该图片上单击鼠标右键，从弹出的快捷菜单中选择"图片另存为"命令，弹出"保存图片"对话框，填好各项内容后，单击"保存"按钮就可以保存图片至本地硬盘中。

【步骤9】　在某些网页中还提供直接下载文件的超链接。在页面上单击要下载文件的超链接，弹出"文件下载"对话框，如图 1-54 所示。单击"保存"选项，就可以选择文件下载完成后的保存位置并保存文件。

【步骤10】 打印网页内容。在浏览器窗口中单击工具栏"⚙工具"按钮,在下拉列表中选择"打印"→"打印(P)...",从弹出的"打印"对话框(见图1-55)中设置所需的打印选项,然后单击"打印"按钮,即可完成页面内容的打印。

图1-54 "文件下载"对话框

图1-55 "打印"对话框

2．电子邮件

电子邮件(Electronic mail,E-mail)是互联网上使用最为广泛的一种服务,是使用电子手段提供信息交换的通信方式,通过连接全世界的Internet,实现各类信号的传送、接收、存储等处理,将邮件送到世界的各个角落。E-mail不只局限于信件的传递,还可用来传递文件、声音及图形、图像等不同类型的信息。

E-mail像普通的邮件一样,也需要地址,它与普通邮件的区别在于它是电子地址。所有在Internet之上有信箱的用户都有自己的一个或几个电子邮箱地址,并且这些电子邮箱地址都是唯一的。邮件服务器就是根据这些地址,将每封电子邮件传送到各个用户的信箱中。Internet上的电子邮件的邮箱地址格式为:用户账号@主机地址,如jsjyyjc@126.com。

邮箱地址格式中的"@"符号表示"at",用户账号是通过向互联网服务提供商(Internet Service Provider,ISP)申请获得的,主机地址为提供邮件服务的服务器名。例如,某用户在ISP处申请了一个电子邮件账号jsjyyjc,该账号是建立在邮件服务器126.com上的,则电子邮件地址为jsjyyjc@126.com。

提示 　　填写邮箱地址时,不要输入任何空格,不要随便使用大写字符,不要漏掉分隔主机地址各部分的圆点符号。

(1)通过Web方式使用E-mail。在Internet上除了可以使用在ISP申请的邮箱外,还可以申请免费邮箱。一般的免费电子邮箱要到所在站点登记注册后方可使用,如在163网站(mail.163.com)上申请免费邮箱时,可在首页上(见图1-56)单击"注册"按钮。然后在"注册"页面(见图1-57)中的用户名框中填入自己取的用户名,再根据提示填写相关个人资料,注册成功后便拥有了"用户名@163.com"的邮箱地址。

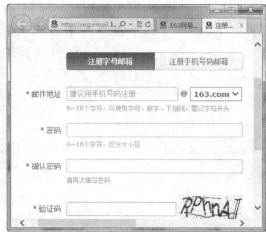

图 1-56 "163 网易免费邮"首页   图 1-57 "注册"页面

登录到注册过的邮箱，根据页面提供的使用说明，就可以收发邮件了。

（2）通过客户端工具软件使用 E-mail。收发电子邮件，既可以使用服务器端的在线方式，也可以使用客户端程序。常用的客户端工具软件有 Eudora、Netscape Mail、Outlook 等。Outlook 是 Windows 自带的一款电子邮件客户端，下面介绍如何利用 Outlook 实现电子邮件功能。

 **操作步骤**

【步骤 1】 单击计算机任务栏中的"开始"菜单→"所有程序"→"Microsoft Office"→"Microsoft Outlook 2010"，打开"Microsoft Outlook"窗口，如图 1-58 所示。

图 1-58 "Microsoft Outlook"窗口

【步骤 2】 首次使用 Outlook 前必须先设置收发邮件的服务器和电子邮件账号。在"账户信息"中单击"添加账户"按钮，在"添加新账户"对话框中选择"电子邮件账户"，如图 1-59 所示，单击"下一步"。

【步骤 3】 在"电子邮件账户"中输入"姓名""邮箱地址""密码"等信息，单击"下一步"（见图 1-60）。

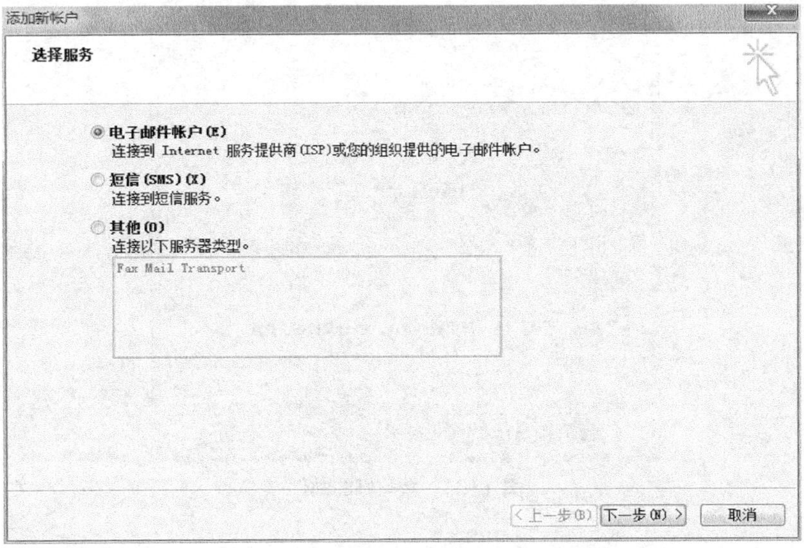

图 1-59 "添加新账户"对话框

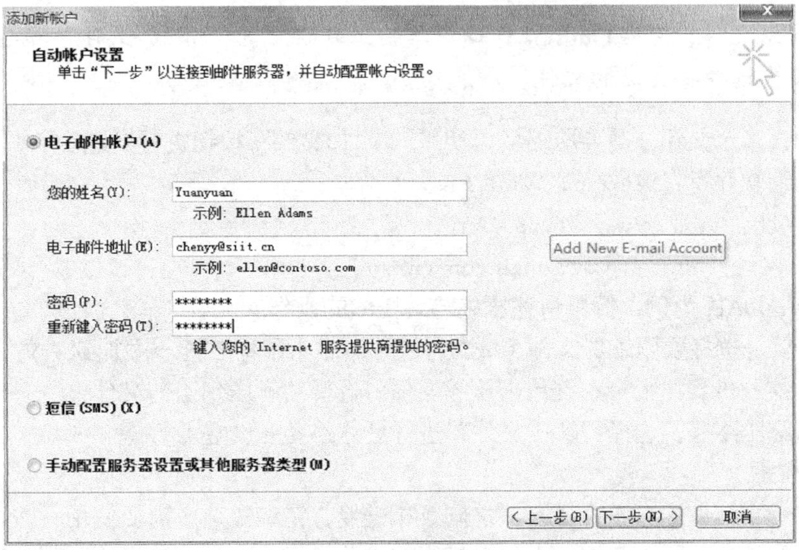

图 1-60 "电子邮件账户"设置

【步骤4】 配置成功后即可使用 Outlook 管理邮件。

【步骤5】 接收和阅读邮件。电子邮件可以在任何时候被发给收件人，即使此时对方的计算机是关闭的，邮件也不会丢失，它会被自动保存在 ISP 提供的服务器中，只要对方开机后进行接收，便会收到电子邮件。在 Outlook 窗口中单击"发送/接收"选项卡中的"发送/接收所有文件夹"按钮，新接收的邮件存放在"收件箱"中，同时显示新邮件数量。

【步骤6】 发送邮件。在"开始"选项卡中单击"新建电子邮件"按钮，从弹出的"邮件"窗口中，输入收件人、主题、邮件内容。图 1-61 所示为已经填写好的邮件。若要将此邮件发给多人，可在抄送栏中输入多个抄送者的地址，多个地址间用逗号分开。单击最左边的"发送"按钮即可完成发信过程。

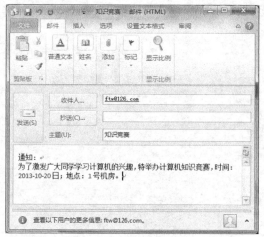

图 1-61　填写好的邮件

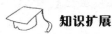　知识扩展

如果要发送文件，可在Outlook窗口中单击工具栏上的"附加文件"按钮。在"插入文件"对话框中选择要发送的文件。

如果要发送多个文件，需要压缩后再使用"附加文件"按钮进行发送。

常用的压缩软件有：WinZip、WinRAR。

WinZip 网址：http://www.winzip.com

WinRAR 网址：http://www.winrar.com.cn

下面以 WinRAR 为例，简单讲述压缩与解压缩的操作。

压缩的步骤：选择要压缩的文件（或文件夹）→单击鼠标右键→添加到"文件名.rar"→自动压缩；解压缩的步骤：鼠标右键单击压缩文件→选择"解压到当前文件夹"→确定→自动解压（如需设置解压路径，选择"解压文件"进行具体路径的设置）。

3．信息搜索

互联网是一个信息的海洋，各网页之间互相链接，错综复杂，需要使用一些方法来帮助我们找到所需要的信息，所以掌握网上信息搜索技术非常必要。这些技术可以帮助我们从巨大的资源库中迅速找到需要的网站和信息，从而大大提高上网效率，节约宝贵的时间。

网上有一种叫搜索引擎（Search Engine）的搜索工具，它是某些站点提供的用于网上查询的程序。搜索引擎为用户查找信息提供了极大的方便，用户只需输入几个关键词，任何想要的资料都会从世界各个角落汇集到你的屏幕上。

　知识扩展

常用搜索引擎网址：

百度——http://www.baidu.com

谷歌——http://www.google.com

雅虎——http://www.yahoo.com

下面以百度为例，介绍搜索引擎的使用方法。

 **操作步骤**

【步骤 1】 在 IE 窗口的地址栏中输入网址：www.baidu.com，按<Enter>键，如图 1-62 所示。

图 1-62 "百度"首页

【步骤 2】 在"搜索框"中输入要查找内容的关键词，如输入"计算机的发展史"，单击"百度一下"按钮后可得到一个搜索结果列表。该表中包含与"计算机的发展史"有关的 Web 站点，单击感兴趣的站点，可进入页面，进一步了解与"计算机的发展史"有关的信息。

4．下载工具软件的使用

下载就是通过网络将文件保存到本地电脑上的一种活动。随着网络的迅速发展，下载已经成为网络生活的一个重要组成部分。提供下载的软件也层出不穷，表 1-3 中比较了 3 款常用下载工具软件的不同特点。

表 1-3 3 款常用下载工具对比

常用下载工具软件	特点
快车 FlashGet	具备多线程下载和管理的软件
迅雷	新型的基于 P2SP 技术的下载软件
影音传送带	免费且功能强大的下载工具，支持网络影音下载

下面就以迅雷为例，介绍如何下载文件。

 **操作步骤**

【步骤 1】 首先打开下载页面，在下载链接上单击鼠标右键，从弹出的快捷菜单中选择"使用迅雷下载"，出现图 1-63 所示的对话框。

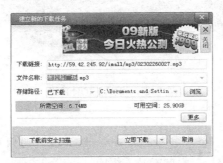

图 1-63 "建立新的下载任务"对话框

【步骤2】 单击"浏览"选择文件存储的目录，如果不选择，文件将会被下载到默认目录。选择好文件存储目录后，单击"立即下载"按钮即可进行下载。

1.2 计算机系统构成

项目情境

小王有个学财会的高中同学小秦，最近想 DIY 一台适合自己的组装机，求助小王后，小王很乐意帮忙。为了帮同学组装一台满意的计算机，小王还真下了不少工夫，仔细复习了装机必备的所有知识。

学习清单

计算机硬件、主板、CPU、内存条、ROM、RAM、Cache、显卡、声卡、网卡、硬盘、光盘、移动硬盘、U盘、输入设备、输出设备、系统软件、应用软件、工作原理。

具体内容

计算机系统是由硬件与软件两大部分组成的，硬件是计算机系统工作的物理实体，而软件控制硬件的运行。

1.2.1 计算机解剖图——硬件

计算机硬件（Computer Hardware）是指构成计算机系统的物质元器件、部件、设备以及它们的工程实现（包括设计、制造和检测等技术）。也就是说，凡是看得到、摸得着的计算机设备，都是硬件部分，如计算机主机（中央处理器 CPU、内存、网卡、声卡等）及接口设备（键盘、鼠标、显示器、打印机等），它们是组成计算机系统的主要组件。组装好的计算机如图 1-64 所示。

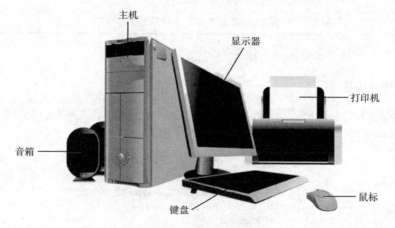

图 1-64　组装好的计算机

1．主板

主板又叫主机板（Mainboard）、系统板（Systemboard）和母板（Motherboard），它安装在机箱内，是微机最基本的部件之一。上面安装了组成计算机的主要电路系统，一般有 BIOS 芯片、

I/O 控制芯片、键盘和面板控制开关接口、指示灯插接件、扩充插槽、主板及插卡的直流电源供电插件等组件。简单来说，主板就是一个承载 CPU、显卡、内存、硬盘等全部设备的平台，并负责数据的传输、电源的供应等。主板在计算机中所处位置如图 1-65 所示。

图 1-65　主板在计算机中所处位置

 **知识扩展**

机箱作为计算机配件中的一部分，它起的主要作用是放置和固定各电脑配件，起到承托和保护的作用。

主板详解图如图 1-66 所示。

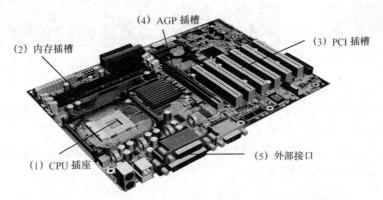

图 1-66　主板详解图

2．主板上所承载的对象

（1）CPU 插座——CPU

CPU 是中央处理器（Central Processing Unit）的英文缩写，主要由控制器和运算器组成。虽然只有火柴盒那么大，几十张纸那么厚，但它却是一台计算机的运算核心和控制核心，可以说是计算机的心脏。CPU 被集成在一片超大规模的集成电路芯片上，插在主板的 CPU 插槽中。图 1-67 为 CPU 的正面，图 1-68 所示为 CPU 的反面。

图 1-67　CPU 正面

图 1-68　CPU 反面

CPU 包括运算逻辑部件、寄存器部件和控制部件。

① 运算逻辑部件可以执行定点或浮点的算术运算操作、移位操作以及逻辑操作，也可执行地址的运算和转换。

② 寄存器部件包括通用寄存器、专用寄存器和控制寄存器。

③ 控制部件主要负责对指令译码，并且发出为完成每条指令所要执行的各个操作的控制信号。

 知识扩展

双核CPU技术（见图1-69）：在CPU内部封装两个处理器内核，双核和多核CPU是今后CPU的发展方向。

（2）内存插槽——内存条

内存条是连接 CPU 和其他设备的通道，起到缓冲和数据交换作用，是计算机工作的基础，位于主板上。在主板上可安装有若干个内存插槽，只要插入相应的内存条（见图 1-70），就可方便地构成所需容量的内存储器。

图 1-69　双核 CPU　　　　　　　　图 1-70　内存条

（3）PCI 插槽——显卡、声卡、网卡

① 显卡（Video Card）又称显示适配器，主要用于主机与显示器数据格式的转换，是体现计算机显示效果的必备设备，如图 1-71 所示。

② 声卡（Sound Card）是多媒体技术中最基本的组成部分，是实现声波/数字信号相互转换的一种硬件，如图 1-72 所示。

图 1-71　显卡　　　　　　　　图 1-72　声卡

③ 网卡（Network Interface Card, NIC）又称网络适配器（Network Interface Adapter, NIA）。用于实现联网计算机和网络电缆之间的物理连接，为计算机之间相互通信提供一条物理通道，并通过这条通道进行高速数据传输，如图 1-73 所示。

图 1-73　网卡

3．存储器

（1）内存储器

计算机的内存储器从使用功能上分为随机存储器（Random Access Memory，RAM，又称读写存储器）、只读存储器（Read Only Memory，ROM）和高速缓冲存储器（Cache）3 种。

① 随机存储器（RAM）。RAM 是计算机工作的存储区，一切要执行的程序和数据都要先装入该存储器内。随机存储器有以下特点：可以读出，也可以写入。读出时并不损坏原来存储的内容，只有在写入时才修改原来所存储的内容。断电后，存储内容立即消失，即具有易失性。

提示 通常所说的 2GB 内存就是指 RAM。RAM 是计算机处理数据的临时存储区，要想使数据长期保存起来，必须将数据保存在外存中。

② 只读存储器（ROM）。ROM 是只读存储器。顾名思义，它的特点是只能读出原有的内容，不能由用户再写入新内容。ROM 中的数据是由设计者和制造商事先编制好固化在里面的一些程序，使用者不能随意更改。它一般用来存放专用的固定程序和数据，不会因断电而丢失。

ROM 中的程序主要用于检查计算机系统的配置情况，并提供最基本的输入/输出控制程序，如存储 BIOS 参数的 CMOS 芯片。

③ 高速缓冲存储器（Cache）。缓存是位于 CPU 与内存间的一种容量较小但速度很高的存储器。缓存主要是为了解决 CPU 运算速度与内存读写速度不匹配的矛盾，如图 1-74 所示。

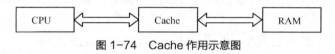

图 1-74　Cache 作用示意图

 **知识扩展**

计算机内、外存储器的容量是用字节（B）来计算和表示的。除B外，还常用KB、MB、GB作为存储容量的单位。其换算关系如下：

B（字节）　　　　　　1B=1个英文字符，1个中文字占2个字节。
KB（千字节）　　　　1KB=1024B，约是半页至一页的文字。
MB（兆字节）　　　　1MB=1024KB=1 048 576B，约是一本600页的书的内容。
GB（吉字节）　　　　1GB=1024MB=1 073 741 824B，约是1 000本书的容量。
此外，存储容量的最小单位为位（bit），1B=8bit。

（2）外存储器

外存储器属于外部设备的范畴，它们的共同特点是容量大、速度慢，具有永久性存储功能。常用的外存储器有磁盘存储器（硬盘）、光盘存储器、可移动存储器等。

① 硬盘。硬盘属于计算机硬件中的存储设备，是由若干硬盘片组成的盘片组，一般被固定在机箱内，如图 1-75 所示。其特点是存储容量大，工作速度较快。

② 光盘。它是一种利用激光将信息写入和读出的高密度存储媒体，如图 1-76 所示。光盘的特点是存储密度高，容量大，成本低廉，便于携带，保存时间长。衡量光盘驱动器传输数据速率的指标为倍速，1 倍速率=150kbit/s。

常见光盘的类型有：只读型光盘 CD-ROM、一次性可写入光盘 CD-R（需要光盘刻录机完成数据的写入）、可重复刻录的光盘 CD-RW。

③ 可移动存储器。目前，比较常见的可移动存储器有 U 盘和移动硬盘两种，如图 1-77 所示。

图 1-75　硬盘　　　　　　　图 1-76　光盘　　　　　　　图 1-77　U 盘

 知识扩展

关于U盘的使用。

操作系统是Windows 2000/XP/2003的话，只需将U盘直接插在机箱的USB接口上，系统便会自动识别。打开"我的电脑"，会看到一个叫"可移动磁盘"的图标，同时在屏幕的右下角，会有一个"USB设备"的小图标。

虽然 U 盘具有性能高、体积小等优点，但对需要较大数据量存储的情况，其容量就不能满足要求了，这时可以使用移动硬盘（见图1-78）。

移动硬盘由电脑硬盘改装而成，采用 USB 接口，移动硬盘的使用方法与 U 盘类似。

图 1-78　移动硬盘

 阶段总结

存储器容量与访问速度的比较如图 1-79 所示。

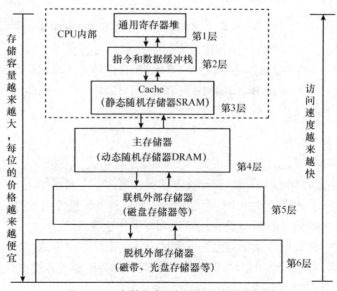

图 1-79　存储器容量与访问速度的比较图

4．输入设备

输入设备是将系统文件、用户程序及文档、运行程序所需的数据等信息输入到计算机的存储设备中以备使用的设备。常用的输入设备有键盘、鼠标、扫描仪、话筒等。

（1）键盘（Keyboard）

键盘是计算机最常用、也是最主要的输入设备，如图 1-80 所示。

图 1-80　键盘

（2）鼠标、操纵杆

① 鼠标，英文原名是"Mouse"，这是一个很难翻译的单词，很多人对于这个词有很多的理解，如"鼠标""电子鼠"等（见图 1-81）。鼠标的类型、型号很多，根据结构可分为机电式和光电式两类；根据按钮的数目不同可分为两键鼠标、三键鼠标和多键鼠标；根据接口可以分为 COM、PS/2、USB 3 类；根据连接方式，可以分为有线和无线两类。

② 操纵杆是将纯粹的物理动作（手部的运动）完完全全地转换成数学形式（一连串"0"和"1"所组成的计算机语言），如图 1-82 所示。

（3）扫描仪（Scanner，见图 1-83）

它是一种高精度的光电一体化的高科技产品，是将各种形式的图像信息输入计算机的重要工具。

图 1-81　鼠标

图 1-82　操纵杆

图 1-83　扫描仪

5．输出设备

输出设备用于输出计算机处理过的结果、用户文档、程序及数据等信息。常用的输出设备有显示器、打印机、绘图仪等。

（1）显示器是计算机的主要输出设备，用来将系统信息、计算机处理结果、用户程序及文档等信息显示在屏幕上，是人机对话的一个重要工具。

显示器按结构分为两大类：CRT 显示器（见图 1-84）和 LCD 显示器（见图 1-85）。

图 1-84　CRT 显示器

图 1-85　LCD 显示器

　　显示器的主要指标有屏幕大小、显示分辨率等。屏幕越大，显示的信息越多；显示分辨率越高，显示的图像就越清晰。

　　（2）打印机（Printer，见图 1-86）也是计算机系统中的标准输出设备之一，与显示器最大的区别是其将信息输出在纸上而非显示屏上。

　　衡量打印机好坏的指标有 3 项：打印分辨率、打印速度和噪声。

图 1-86　打印机

提示

　　将打印机与计算机连接后，必须安装相应的打印机驱动程序才可以使用打印机。

阶段总结

　　从外观上看，计算机硬件系统可以分为主机和外部设备两大部分；从功能结构上看，一个完整的硬件系统必须包括运算器、控制器、存储器、输入设备和输出设备这 5 个核心部分，每个功能部件各尽其职、协调工作。

　　计算机硬件系统的结构如图 1-87 所示。

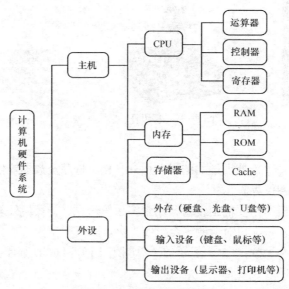

图 1-87　硬件系统结构图

1.2.2　计算机的灵魂——软件

一个完整的计算机系统是硬件和软件的有机结合。如果将硬件比作计算机系统的躯体，那么软件就是计算机系统的灵魂。

1．软件的概念

计算机软件（Computer Software）也称软件，是指能指挥计算机工作的程序与程序运行时所需要的数据，以及与这些程序和数据有关的文字说明和图表资料，其中文字说明和图表资料又称文档。

程序是计算任务的处理对象和处理规则的描述；文档是为了便于了解程序所需的阐明性资料。程序必须装入机器内部才能工作，文档一般是给人看的，不一定装入机器。

2．硬件与软件的关系

硬件和软件是一个完整的计算机系统中互相依存的两大部分，它们的关系主要体现在以下几个方面。

（1）硬件和软件互相依存。硬件是软件赖以工作的物质基础，同时，软件的正常工作是硬件发挥作用的唯一途径。计算机系统必须要配备完善的软件系统才能正常工作，且充分发挥其硬件的各种功能。

（2）硬件和软件无严格界线。随着计算机技术的发展，在许多情况下，计算机的某些功能既可以由硬件实现，也可以由软件来实现。因此，硬件与软件在一定意义上说没有绝对严格的界线。

（3）硬件和软件协同发展。计算机软件随硬件技术的迅速发展而发展，软件的不断发展与完善，又促进了硬件的新发展。

3．软件的分类

根据软件的用途可将其分为系统软件和应用软件两类。系统软件是软件系统的核心，应用软件以系统软件为基础。

（1）系统软件

系统软件是指控制计算机运行、管理计算机的各种资源，为计算机的使用提供支持和帮助的软件，可分为操作系统、程序设计语言、语言处理程序、数据库管理系统等，其中操作系统是最基本的软件。

① 操作系统（Operating System，OS），它是管理计算机硬件与软件资源的程序，同时也是计算机系统的内核与基石。目前常用的操作系统有 Windows 7、Windows Vista、Windows XP、Windows 2000、Linux、UNIX 等。

② 程序设计语言，它是用户用来编写程序的语言，它是人与计算机之间交换信息的工具。程序设计语言是系统软件的重要组成部分。一般可分为机器语言、汇编语言和高级语言 3 类。

③ 语言处理程序。由于计算机只认识机器语言，所以使用其他语言编写的程序都必须先经过语言处理（也称翻译）程序的翻译，才能使计算机接受并执行。不同的语言有不同的翻译程序。

● 汇编语言的翻译。用汇编语言编写的程序称为汇编语言源程序。必须用相应的翻译程序（称为汇编程序）将汇编语言源程序翻译成机器能够执行的机器语言程序（称为目标程序），这个翻译过程叫作汇编。图 1-88 所示为具体的汇编运行过程。

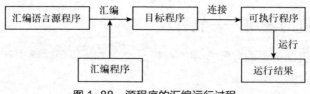

图 1-88　源程序的汇编运行过程

- 高级语言的翻译。用高级语言编写的程序称为高级语言源程序，高级语言源程序也必须先翻译成机器语言目标程序后，计算机才能识别和执行。高级语言翻译执行方式有编译方式和解释方式两种。

编译运行过程如图 1-89 所示。

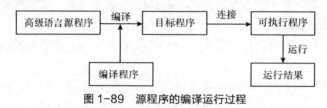

图 1-89　源程序的编译运行过程

解释执行过程如图 1-90 所示。

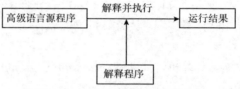

图 1-90　源程序的解释执行过程

④ 数据库管理系统。数据处理是计算机应用的重要方面，为了有效地利用、保存和管理大量数据，在 20 世纪 60 年代末，人们开发出了数据库系统（Data Base System，DBS）。

一个完整的数据库系统是由数据库（DB）、数据库管理系统（Data Base Management System，DBMS）和用户应用程序 3 部分组成。

目前，常用的数据库系统有 Access、SQL Server、MySQL、Orcale 等。

（2）应用软件

除了系统软件以外的所有软件都称为应用软件，是由计算机生产厂家或软件公司为支持某一应用领域、解决某个实际问题而专门研制的应用程序。例如，Office 组件、计算机辅助设计软件、各种图形处理软件、解压缩软件、反病毒软件等。

常见的应用软件如下。

- 文字处理软件：Office、WPS 等。
- 辅助设计软件：AutoCAD、Photoshop、Fireworks 等。
- 媒体播放软件：暴风影音、豪杰超级解霸、Windows Media Player、RealPlayer 等。
- 图形图像软件：CorelDraw、Painter、3DS MAX、MAYA 等。
- 网络聊天软件：QQ、MSN 等。
- 音乐播放软件：酷我音乐、酷狗音乐等。
- 下载管理软件：迅雷、快车、超级旋风等。
- 杀毒软件：360、卡巴斯基等。

计算机软件系统组成如图 1-91 所示，计算机系统结构关系如图 1-92 所示。

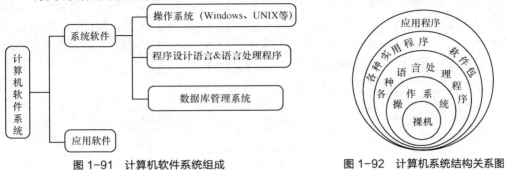

图 1-91　计算机软件系统组成　　　　　图 1-92　计算机系统结构关系图

计算机系统包含硬件系统和软件系统，硬件系统是计算机的基础，软件系统是计算机的上层建筑。一个完整的计算机系统必须包含硬件系统和软件系统，只有硬件系统没有软件系统的机器叫裸机。

1.2.3　计算机系统的主要技术指标

对计算机进行系统配置时，首先要了解计算机系统的主要技术指标。衡量计算机性能的指标主要有以下几个。

（1）字长：字长是 CPU 能够直接处理的二进制数据位数，它直接关系到计算机的计算精度、功能和速度。字长越长，系统处理能力就越强，精度就越高，速度也就越快。

（2）运算速度：运算速度是指计算机每秒中所能执行的指令条数，一般用每秒百万条指令（Million Instructions Per Second，MIPS）为单位。

（3）主频：主频是指计算机的时钟频率，单位用兆赫兹（MHz）或吉赫兹（GHz）表示。

（4）内存容量：内存容量是指内存储器中能够存储信息的总字节数，一般以 MB、GB 为单位。

（5）外设配置：外设是指计算机的输入/输出设备。

（6）软件配置：包括操作系统、计算机语言、数据库语言、数据库管理系统、网络通信软件、汉字支持软件及其他各种应用软件。

1.2.4　计算机的基本工作原理

计算机之所以能高速、自动地进行各种操作，一个重要的原因就是采用了冯·诺依曼提出的存储程序和过程控制的思想。迄今为止所有进入实用的电子计算机都是按冯·诺依曼提出的结构体系和工作原理设计制造的，故又称为"冯·诺依曼型计算机"。

1. 结构体系

计算机由 5 个基本部分组成：运算器、控制器、存储器、输入设备和输出设备。各基本部分的功能是：存储器能存储数据和指令；控制器能自动执行指令；运算器可以进行加、减、乘、除等基本运算；操作人员可以通过输入、输出设备与主机进行通信。

2．工作原理

计算机的基本工作原理可以简单概括为输入、处理、输出和存储 4 个步骤。我们可以利用输入设备（键盘或鼠标等）将数据或指令"输入"到计算机中，然后再由中央处理器（CPU）发出命令进行数据的"处理"工作，最后，计算机会把处理的结果"输出"至屏幕、音箱或打印机等输出设备。而且，由 CPU 处理的结果也可送到储存设备中进行"存储"，以便日后再次使用它们。这 4 个步骤组成一个循环过程，输入、处理、输出和存储并不一定按照上述的顺序操作。在程序的指挥下，计算机根据需要而决定采取哪一个步骤。

计算机各部分工作过程如图 1-93 所示。

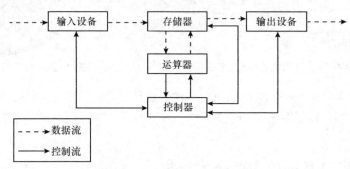

图 1-93　计算机各部分工作过程

 阶段总结

（1）计算机是借助事先编写的程序来完成任务的。
（2）计算机的程序被事先输入到存储器中，程序运算的结果也被存放在存储器中。
（3）计算机能自动连续地完成程序。
（4）程序运行所需要的信息和处理的结果可以通输入、输出设备输入和输出。
（5）计算机内部采用二进制来表示指令和数据。
（6）计算机由运算器、控制器、存储器、输入设备、输出设备所组成。

1.3　计算机病毒与防治

 项目情境

小秦面对刚刚配置好的计算机兴奋不已，每天都花很多时间从网站上下载各式各样好玩的程序。但好景不长，不到一周时间，计算机就罢工了。小秦又得找小王帮忙了。小王通过看书，到网上看求助帖，终于帮小秦修好了计算机。小王语重心长地对小秦说："一定要注意防范病毒"，并列了一份学习清单让小秦好好研究。

学习清单

网络安全，个人网络信息安全策略，计算机病毒的概念、特点、分类及防治，"欢乐时光"，《计算机软件著作权登记办法》。

具体内容

1.3.1 计算机网络安全

1．网络安全

当整个国家、社会乃至全人类赖以生存的空间都是建立在网络的基础之上时，网络安全问题就变成无论如何强调都不为过的大问题了。

在网络应用日益广泛和频繁的今天，了解网络在安全方面的脆弱性，掌握抵御网络入侵的基本知识，已经具有非常重要的现实意义。

网络安全问题主要有以下几个方面。

（1）网络运行系统安全，包括系统处理安全和传输系统安全。系统处理安全是指避免因系统崩溃或损坏对系统存储、处理和传输的信息造成破坏和损失。传输系统安全是指避免由于电磁泄漏，产生信息泄露所造成的损失和危害。

（2）网络系统信息安全，包括身份验证、用户存取权限控制、数据访问权限和方式控制、计算机病毒防治和数据加密等。

（3）网络信息传播安全，是指网络上信息传播后果的安全，包括信息过滤、防止大量自由传输的信息失控、非法窃听等。

（4）网络信息内容安全，主要是保证信息的保密性、真实性和完整性，本质上是保护用户的利益和隐私。

任何网络信息系统必须实质性地解决以上 4 个方面的技术实现问题，其安全解决方案才是可行的。

2．网络安全实用技术

网络信息系统的解决方案必须综合考虑网络安全、数据安全、数据传输安全、安全服务、安全目标等问题，包括政策上的措施、物理上的措施、逻辑上的措施。常用的网络安全技术有以下几个。

（1）网络隔离技术。网络隔离英文名为"Network Isolation"，主要是指把两个或两个以上可路由的网络（如 TCP/IP）通过不可路由的协议（如 IPX/SPX、NetBEUI 等）进行数据交换而达到隔离目的。

（2）防火墙技术。防火墙就是在可信网络（用户的内部网）和非可信网络（Internet、外部网）之间建立和实施特定的访问控制策略的系统。

防火墙可以由一个硬件、软件组成，也可以是一组硬件和软件构成。它是阻止 Internet 网络"黑客"攻击的一种有效手段。

（3）身份验证技术。系统的安全性常常依赖于对终端用户身份的正确识别与检验，以防止用户的欺诈行为。身份验证一般包括两个方面：一个是识别，另一个是验证。识别是指系统中的每个合法用户都有识别的能力；验证是指系统对访问者自称的身份进行验证，以防假冒，如用户登录。

（4）数据加密技术。采用数据加密技术，对通信数据进行加密，在网络中包括节点加密、链路加密、端对端加密。

（5）数字签名技术。如要求系统在通信双方发生伪造、冒充、否认和篡改等情况下仍能保证安全性，在计算机信息系统中就需要采用一种电子形式的签名——数字签名。

数字签名有两种方法，分别为利用传统密码和利用公开密钥。

3．个人网络信息安全策略

只要采取下列安全措施，就能解决一些个人网络信息安全问题。

（1）个人信息定期备份，以尽量避免损失有用信息。

（2）谨防病毒攻击，不要轻易下载来路不明的软件；安装的杀毒软件要定期进行升级。

（3）上网过程中发现任何异常情况，应立即断开网络，并对系统进行杀毒处理。

（4）借助防火墙功能。在专业技术人员或厂家的帮助下安装并设置合适参数，以达到网络安全的目的。

（5）关闭"共享"功能。

（6）及时安装补丁程序，使系统在防范恶意攻击方面的功能更加完善。

1.3.2 计算机病毒及其防治

几乎所有上网用户都经历过网上冲浪的喜悦，也同时经受过病毒袭击的烦恼。辛苦完成的电子稿件顷刻之间全没有了；刚才还好端端的机器突然不能正常运行了；程序正运行在关键时刻，系统莫名其妙地重新启动……所有这些意想不到的情况都有可能是计算机病毒惹的祸。

1．计算机病毒的概念

计算机病毒是人为编制的一种计算机程序，能够在计算机系统中生存并通过自我复制进行传播，在一定条件下被激活发作，从而给计算机系统造成一定的破坏。

 知识扩展

《中华人民共和国计算机信息系统安全保护条例》中明确将计算机病毒定义为："编制或者在计算机程序中插入的破坏计算机功能、数据，影响计算机使用并且能够自我复制的一组计算机指令、程序代码。"

2．计算机病毒的特点

计算机病毒的特点有很多，可以归纳为以下几点。

（1）潜伏性。计算机病毒具有依附于其他媒体而寄生的能力，依靠其寄生能力，病毒传染给合法程序和系统后，不立即发作，而是悄悄地隐藏起来，在用户不知不觉的情况下进行传播。

（2）隐藏性。隐藏是病毒的本能特性，为了避免被察觉，病毒制造者总是想方设法地使用各种隐藏术。

（3）传染性。传染是计算机病毒的重要特征，病毒为了继续生存，唯一的方法就是要不断地、传递性地感染其他文件。

（4）可激发性。当病毒的触发机制或条件满足时，就会以各自的方式对系统发起攻击。

（5）破坏性。无论何种病毒程序，一旦侵入系统就会对操作系统的运行造成不同程度的影响。破坏程度的大小主要取决于病毒制造者的目的，常见的有删除文件、破坏数据、格式化磁盘，甚至破坏主板。

（6）攻击的主动性。病毒对系统的攻击是主动的，无论采取多么严密的保护措施都不可能彻底地排除病毒对系统的攻击，保护措施只是一种预防的手段而已。

（7）病毒的不可预见性。从病毒的检测方面来看，病毒还有不可预见性。相对于反病毒软件，病毒永远都是超前的。

3．计算机病毒的分类

计算机病毒根据不同的内容可以分为不同的种类。

（1）根据计算机病毒产生的后果划分。

① 良性病毒：减少磁盘的可用空间，不影响系统。入侵目的不是破坏系统，只是发出某种声音或提示。

② 恶性病毒：造成干扰，但不会造成数据丢失和硬件损坏。只对软件系统造成干扰，窃取、修改系统信息。

③ 极恶性病毒：造成系统崩溃或数据丢失。感染后系统彻底崩溃，根本无法正常启动，硬盘数据损坏。

④ 灾难性病毒：系统很难恢复，数据完全丢失。破坏磁盘的引导扇区、修改文件分配表和硬盘分区表，系统无法启动。

（2）根据病毒入侵系统的途径划分。

① 源码型病毒：主要入侵高级语言的源程序，病毒在源程序编译之前插入病毒代码，最后随源程序一起被编译成可执行文件。

② 入侵型病毒：主要利用自身的病毒代码取代某个被入侵程序的整个或部分模块，以攻击特定的程序。这类病毒针对性强，不易被发现，清除起来比较困难。

③ 操作型病毒：主要用自身程序覆盖或修改系统中的某些文件来达到调用或替代操作系统中的部分功能，直接感染系统，危害较大，多为文件型病毒。

（3）根据病毒的传染方式划分。

① 引导区型病毒：病毒通过攻击磁盘的引导扇区，从而达到控制整个系统的目的，如大麻病毒。

② 文件型病毒：一般是感染扩展名为".exe"".com"等执行文件，如 CIH 病毒。

③ 网络型病毒：感染的对象不再局限于单一的模式和可执行文件，而是更加综合、隐蔽，如 Worm.Blaster 病毒。

④ 混合型病毒：同时具备了引导型病毒和文件型病毒的某些特点。

（4）根据病毒激活的时间划分。

根据病毒激活的时间，分为定时的和随机的。

4．防治病毒

要采取"预防为主，防治结合"的方针。以尽量降低病毒感染、传播的概率。

（1）病毒的预防。采用技术手段预防病毒主要包括以下措施。

① 安装、设置防火墙，对内部网络实行安全保护。

② 安装实时监测的杀毒软件，定期更新软件版本。

③ 不要随意下载来路不明的可执行文件（".exe"文件等）或 E-mail 附件中的可执行文件。

④ 使用聊天软件时，不要轻易打开陌生人传来的页面链接，以防受到网页陷阱的攻击。

⑤ 不用盗版软件和来历不明的磁盘。

⑥ 经常对系统和重要的数据进行备份。

⑦ 保存一份硬盘的主引导记录文档。

（2）病毒的清除。在检测出系统感染了病毒或确定了病毒种类后，就要设法消除病毒。消除病毒可采用手工消除和自动消除两种。

1.3.3 计算机信息系统安全法规

Internet 把全世界连接成了一个"地球村"，互联网上的网民是地球村的村民，他们共同拥有这个由"比特"组成的数字空间。

为维护每个网民的合法权益，必须有网络公共行为规范来约束每个人。

1. 行为守则

（1）不发送垃圾邮件。

（2）不在网上进行人身攻击。

（3）不能未经许可就进入非开放的信息服务器。

（4）不可以企图侵入他人的系统。

（5）不应将私人广告信件用 E-mail 发送给所有人。

（6）不在网上任意修改不属于自己的信息。

（7）不在网上结交身份不明的朋友。

2. 计算机软件的法律保护

（1）计算机软件受著作权保护

计算机软件作为作品形式之一，受到国家颁布的软件著作权法规的保护。计算机的工作离不开软件的控制指挥。软件具有开发工作量大、开发投资高，而复制容易、复制费用极低的特点，为了保护软件开发者的合理权益，鼓励软件的开发与流通，广泛持久地推动计算机的应用，需要对软件实施法律保护，禁止未经软件著作权人的许可而擅自复制、销售其软件的行为。

（2）软件著作权人享有的权利

① 发言权，即决定软件是否公之于众的权利。

② 署名权，即表明开发者身份，在软件上署名的权利。

③ 修改权，即对软件进行增补、删节，或者改变指令、语句顺序的权利。

④ 复制权，即将软件制作一份或者多份的权利。

⑤ 发行权，即以出售或赠与的方式向公众提供软件的原件或者复制件的权利。

⑥ 出租权，即有偿许可他人临时使用软件的权利。

⑦ 信息网络转播权，即以有线或者无线方式向公众提供软件，使公众可以在其个人选定的时间或地点获得软件的权利。

⑧ 翻译权，即将原软件从一种自然语言文字转换成另一种自然语言文字的权利。

⑨ 应当由软件著作权人享有的其他权利。

（3）相关法律法规

①《中华人民共和国计算机信息系统安全保护条例》。

②《计算机软件著作权登记办法》。

③《计算机软件保护条例》。

④《中华人民共和国标准化法》。

⑤《中华人民共和国保守国家秘密法》。

⑥《计算机机房用活动地板技术条件》。

⑦《计算机信息系统国际联网保密管理规定》。

1.4 计算机语言

项目情境

小王所在的系部组织了各种各样的培训班，小王是个计算机爱好者，希望好好学学编程语言方面的相关内容，可一看名称，什么 C 语言、C++、C#、VB、Java，这些名字可把小王搞糊涂了，不知道该学哪一门。这些语言具体是些什么呢？

学习清单

机器语言、汇编语言、高级语言、数制、基数、位权、数值、二进制（B）、八进制（O）、十六进制（H）、ASCII 码、国标码、机外码、机内码、字形码。

具体内容

1.4.1 计算机语言发展史

和人类语言发展史一样，计算机语言也经历了一个不断演化的过程，从最开始的机器语言到汇编语言再到各种结构化高级语言，最后到支持面向对象技术的面向对象语言。

1．机器语言

用一组 0 和 1 组成的代码符号替代手工拨动开关来控制计算机。

2．汇编语言

由于机器语言枯燥难以理解，人们便使用英文字母代替特定的 0 和 1 代码，形成了汇编语言。相比于 0 和 1 代码，汇编代码更容易学习。

汇编语言的实质和机器语言是相同的，都是直接对硬件进行操作，只不过指令采用了英文缩写的标识符，更容易识别和记忆。用汇编语言所能完成的操作不是一般高级语言所能实现的，而且源程序经汇编生成的可执行文件不仅比较小，执行速度也很快。

3．高级语言

高级语言主要是相对于汇编语言而言的，它并不是特指某一种具体的语言，而是包括了很多编程语言，如常用的 C++、Java、C#、VB、Pascal 等，这些语言的语法、命令格式都各不相同。

高级语言所编制的程序不能直接被计算机识别，必须经过转换才能被执行，按转换方式可将它们分为两类：解释类和编译类。

随着计算机程序的复杂度越来越高，新的集成、可视的开发环境越来越流行。它们减少了所付出的时间、精力和金钱。只要轻敲几个键，一整段代码就可以使用了。

4．计算机语言的发展趋势

面向对象程序设计以及数据抽象在现代程序设计思想中占有很重要的地位，未来语言的发展将不再是一种单纯的语言标准，将会完全面向对象，更易表达现实世界，更易为人编写。

计算机语言的未来可以描述为：只需要告诉程序你要干什么，程序就能自动生成算法，自动进行处理，这就是非过程化的程序语言。

阶段总结

计算机语言不断发展的动力就是不断地把机器能够理解的语言最大限度地提升到能模仿人类思考问题的形式。计算机语言的发展就是从最开始的机器语言到汇编语言，再到高级语言，如图 1-94 所示。

图 1-94　计算机语言发展示意图

1.4.2　计算机中数据的表示

1．数制的基本概念

按进位的原则进行计数称为进位计数制，简称"数制"，其特点有两个。

（1）逢 N 进 1。N 是指数制中所需要的数字字符的总个数，称为基数。例如，人们日常生活中常用 0、1、2、3、4、5、6、7、8、9，10 个不同的符号来表示十进制数值，即数字字符的总个数有 10 个，基数为 10，表示逢十进一。二进制数，逢二进一，它由 0、1 两个数字符号组成，基数为 2。

（2）采用位权表示法。处在不同位置上的数字所代表的值不同，一个数字在某个固定位置上所代表的值是确定的，这个固定位置上的值称为位权，简称"权"。

位权与基数的关系是：各进制中位权的值是基数的若干次幂，任何一种数制表示的数都可以写成按位权展开的多项式之和。

例如，我们习惯使用的十进制数，是由 0、1、2、3、4、5、6、7、8、9，10 个不同的数字符号组成，基数为 10。每一个数字处于十进制数中不同的位置时，它所代表的实际数值是不一样的，这就是经常所说的个位、十位、百位、千位……的意思。

【例 1.1】　2009.7 可表示成：

$2 \times 1000 + 0 \times 100 + 0 \times 10 + 9 \times 1 + 7 \times 0.1$

$= 2 \times 10^3 + 0 \times 10^2 + 0 \times 10^1 + 9 \times 10^0 + 7 \times 10^{-1}$

提示 位权的值是基数的若干次幂，其排列方式是以小数点为界，整数自右向左为 0 次幂、1 次幂、2 次幂，小数自左向右为 –1 次幂、–2 次幂、–3 次幂，以此类推。

2．计算机中采用的数制

所有信息在计算机中是使用二进制的形式来表示的，这是由计算机所使用的逻辑器件决定的。

计算机采用二进制数进行运算，可通过进制的转换将二进制数转换成人们熟悉的十进制数，在常用的转换中，为了计算方便，还会用到八进制和十六进制的计数方法。

一般我们用"（　）下标"的形式来表示不同进制的数。例如，十进制数用"（　）$_{10}$"表示，二进制数用"（　）$_2$"表示。也有在数字的后面，用特定字母表示该数的进制。不同字母代表不同的进制，具体如下：

B——二进制　　D——十进制（D 可省略）　　O——八进制　　H——十六进制

（1）十进制数。日常生活中人们普遍采用十进制，十进制的特点如下。

① 有 10 个数码：0、1、2、3、4、5、6、7、8、9。

② 以 10 为基数的计数体制。"逢十进一、借一当十"，利用 0 到 9 这 10 个数字来表示数据。例如，$(169.6)_{10} = 1 \times 10^2 + 6 \times 10^1 + 9 \times 10^0 + 6 \times 10^{-1}$。

（2）二进制数。计算机内部采用二进制数进行运算、存储和控制。二进制的特点如下。

① 只有两个不同的数字符号，即 0 和 1。

② 以 2 为基数的计数体制。"逢二进一、借一当二"，只利用 0 和 1 这两个数字来表示数据。例如，$(1\,010.1)_2 = 1 \times 2^3 + 0 \times 2^2 + 1 \times 2^1 + 0 \times 2^0 + 1 \times 2^{-1}$。

（3）八进制数。八进制数的特点如下。

① 有 8 个数码：0、1、2、3、4、5、6、7。

② 以 8 为基数的计数体制。"逢八进一、借一当八"，只利用 0 到 7 这 8 个数字来表示数据。例如，$(133.3)_8 = 1 \times 8^2 + 3 \times 8^1 + 3 \times 8^0 + 3 \times 8^{-1}$。

（4）十六进制数。十六进制数的特点如下。

① 有 16 个数码：0、1、2、3、4、5、6、7、8、9、A、B、C、D、E、F。

② 以 16 为基数的计数体制。"逢十六进一、借一当十六"，除利用 0 到 9 这 10 个数字之外，还要用 A、B、C、D、E、F 代表 10、11、12、13、14、15 来表示数据。

例如，$(2A3.F)_{16} = 2 \times 16^2 + 10 \times 16^1 + 3 \times 16^0 + 15 \times 16^{-1}$。

计算机中采用二进制数，二进制数书写时位数较长，容易出错。所以常用八进制、十六进制来书写。表 1-4 所示为常用整数各数制间的对应关系。

表 1-4　常用整数各数制间的对应关系

十进制	二进制	八进制	十六进制	十进制	二进制	八进制	十六进制
0	0 000	0	0	8	1 000	10	8
1	0 001	1	1	9	1 001	11	9
2	0 010	2	2	10	1 010	12	A
3	0 011	3	3	11	1 011	13	B
4	0 100	4	4	12	1 100	14	C
5	0 101	5	5	13	1 101	15	D
6	0 110	6	6	14	1 110	16	E
7	0 111	7	7	15	1 111	17	F

3. 常用进制数之间的转换

（1）十进制数转换成二进制数。将十进制整数转换成二进制整数时，只要将它一次一次地被2除，得到的余数由下而上排列就是二进制表示的数。

【例1.2】 将十进制整数 $(109)_{10}$ 转换成二进制整数的方法如下：

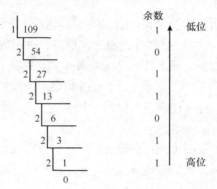

余数由下而上排列得到：1 101 101，于是，$(109)_{10}=(1\,101\,101)_2$。

如转换的十进制数有小数部分，则将十进制数小数部分乘基数取整数，直到小数部分的当前值为0，或者满足精度要求为止，将每次取得的整数由上而下排列就是二进制小数部分。

【例1.3】 将十进制数 $(109.687\,5)_{10}$ 转换成二进制数。

首先对整数部分进行转换。整数部分 $(109)_{10}$ 转换成二进制数的方法与例1.2一样，得到 $(1\,101\,101)_2$。

然后对小数部分进行转换。小数部分 $(0.687\,5)_{10}$ 转换成二进制数的方法如下：

$$
\begin{array}{rl}
 & 0.687\,5 \\
\times & 2 \\
\hline
 & 1.375\,0 \quad\quad 1 \\
 & 0.375\,0 \\
\times & 2 \\
\hline
 & 0.750\,0 \quad\quad 0 \\
\times & 2 \\
\hline
 & 1.500\,0 \quad\quad 1 \\
 & 0.500\,0 \\
\times & 2 \\
\hline
 & 1.000\,0 \quad\quad 1 \\
\end{array}
$$

取整数　高位　低位

每次取得的整数由上而下排列得到：1 011，于是，$(0.687\,5)_{10}=(0.101\,1)_2$。

整数、小数两部分分别转换后，将两部分合并即得到十进制 $(109.687\,5)_{10}=(1\,101\,101.101\,1)_2$。

 练习

将十进制数转换成二进制数：$(15)_{10}=(\quad)_2$；$(13.3)_{10}=(\quad)_2$。

（2）二进制数转换成十进制数。将一个二进制整数转换成十进制整数，只要将它的最后一位乘以 2^0，最后第二位乘以 2^1，依此类推，然后将各项相加，就得到用十进制表示的数。如果有小数部分，则小数点后第一位乘以 2^1，第二位乘以 2^{-2}，依此类推，然后将各项相加。

【例 1.4】 二进制数（1 101）₂用十进制数表示则为 13，如下所示：

$$（1 101）_2 = 1 \times 2^3 + 1 \times 2^2 + 0 \times 2^1 + 1 \times 2^0$$
$$= 8 + 4 + 0 + 1$$
$$= 13$$

【例 1.5】 二进制数（1 101.1）₂用十进制数表示则为 13.5，如下所示：

$$（1 101.1）_2 = 1 \times 2^3 + 1 \times 2^2 + 0 \times 2^1 + 1 \times 2^0 + 1 \times 2^{-1}$$
$$= 8 + 4 + 0 + 1 + 0.5$$
$$= 13.5$$

 练习

将二进制数转换成十进制数：（11 010）₂＝（ ）₁₀；（10 101.11）₂＝（ ）₁₀。

（3）八进制数（十六进制数）与十进制数之间的转换。八进制数（十六进制数）与十进制数之间的转换的方法与二进制数类似，唯一不同的是除数或乘数要换成相应的基数：8 或 16。

此外，十六进制数与十进制数之间转换时，要注意遇到 A、B、C、D、E、F 时要使用 10、11、12、13、14、15 来进行计算，反过来得到 10、11、12、13、14、15 数码时，也要用 A、B、C、D、E、F 来表示。

下面以一个具体例子来进行详细说明。

【例 1.6】 十六进制数（AE.9）₁₆用十进制数表示则为 174.562 5，如下所示：

$$（AE.9）_2 = A \times 16^1 + E \times 16^0 + 9 \times 16^{-1}$$
$$= 10 \times 16^1 + 14 \times 16^0 + 9 \times 16^{-1}$$
$$= 160 + 14 + 0.562 5$$
$$= 174.562 5$$

（4）二进制数与八进制数之间的转换。由于二进制数和八进制数之间存在的特殊关系，即 $8=2^3$，因此转换方法比较容易。二进制数转换成八进制数时，只要从小数点位置开始，向左或向右每三位二进制划分为一组（不足三位用 0 补足），然后写出每一组二进制数所对应的八进制数码即可。

【例 1.7】 将二进制数（10 110 001.111）₂转换成八进制数。

使用二进制数转换为八进制数的方法，得到八进制数是（261.7）₈。

向左划分 ← | → 向右划分

0 10 110 001 . 111
　2　6　1　　7

反过来，将每位八进制数分别用三位二进制数表示，就可完成八进制数和二进制数的转换。

【例 1.8】 将八进制数（237.4）₈转换成二进制数。

2　3　7 . 4
010 011 111 . 100

使用八进制数转换为二进制数的方法，得到二进制数是（10 011 111.1）₂。

二进制数转换成八进制数时，不足三位用 0 补足时要注意补 0 的位置，对于整数部分，如最左边一组不足三位时，补 0 是在最高位补充的；对于小数部分，最右边一组如不足三位时，补 0 是在最低位补充的。反过来，八进制数转换成二进制数时，整数部分的最高位或小数部分的最低位有 0 时可以省略不写。

　　（5）二进制数与十六进制数之间的转换。二进制数转换成十六进制数时，只要从小数点位置开始，向左或向右每四位（2^4=16）二进制数划分为一组（不足四位时可补 0），然后写出每一组二进制数所对应的十六进制数码即可。

　　【例 1.9】　将二进制数（11 011 100 110.110 1）$_2$ 转换成十六进制数。

0110 1110 0110. 1101

　6　E　6　　D

　　即二进制数（11 011 100 110.110 1）$_2$ 转换成十六进制数是（6E6.D）$_{16}$。反之，将每位十六进制数分别用四位二进制数表示，就可完成十六进制数和二进制数的转换。

　　（6）八进制数与十六进制数之间的转换。这两者转换时，可把二进制数作为媒介，先把待转换的数转换成二进制（或十进制）数，然后将二进制（或十进制）数转换成要求转换的数制形式。

 阶段总结

　　数制之间的相互转换，可以归纳为两大类：非十进制数（二、八、十六进制）与十进制数之间的相互转换和非十进制数之间的相互转换。具体转换方法如图 1-95 所示。

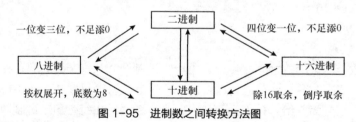

图 1-95　进制数之间转换方法图

1.4.3　字符与汉字编码

1．字符编码

　　在计算机中不能直接存储英文字母或其他字符。要将一个字符存放到计算机内存中，就必须用二进制代码来表示，也就是需要将字符和二进制内码对应起来，这种对应关系就是字符编码（Encoding）。由于这些字符编码涉及世界范围内的有关信息表示、交换、存储的基本问题，因此必须有一个标准。

　　目前，计算机中用得最广泛的字符编码是由美国国家标准学会（ANSI）制定的美国信息交换标准码（American Standard Code for Information Interchange，ASCII），它已被国际标准化组织（ISO）定为国际标准，有 7 位码和 8 位码两种形式。

　　7 位 ASCII 码一共可以表示 128 个字符，具体包括 10 个阿拉伯数字 0～9、52 个大小写英文字母、32 个标点符号和运算符以及 34 个控制符。其中，0～9 的 ASCII 码为 48～57，A～Z 为 65～90，a～z 为 97～122。

在计算机的存储单元中，一个 ASCII 码值占一个字节（8 个二进制位），其最高位（b_7）用作奇偶校验位，如图 1-96 所示。所谓奇偶校验，是指在代码传送过程中用来检验是否出现错误的一种方法，一般分奇校验和偶校验两种。

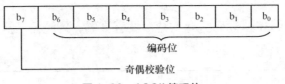

图 1-96　ASCII 编码位

ASCII 码的字符编码表一共有 $2^4=16$ 行，$2^3=8$ 列。低 4 位编码 $b_3b_2b_1b_0$ 用作行编码，而高 3 位 $b_6b_5b_4$ 用作列编码，如表 1-5 所示。

表 1-5　ASCII 码的字符编码表

$b_3b_2b_1b_0$ ＼ $b_6b_5b_4$	000	001	010	011	100	101	110	111
0000	NUL	DLE	SP	0	@	P	`	p
0001	SOH	DC1	!	1	A	Q	a	q
0010	STX	DC2	"	2	B	R	b	r
0011	ETX	DC3	#	3	C	S	c	s
0100	EOT	DC4	$	4	D	T	d	t
0101	ENQ	NAK	%	5	E	U	e	u
0110	ACK	SYN	&	6	F	V	f	v
0111	BEL	ETB	'	7	G	W	g	w
1000	BS	CAN	(	8	H	X	h	x
1001	HT	EM	)	9	I	Y	i	y
1010	LF	SUB	*	:	J	Z	j	z
1011	VT	ESC	+	;	K	[	k	{
1100	FF	FS	,	<	L	\	l	|
1101	CR	GS	-	=	M	]	m	}
1110	SO	RS	.	>	N	^	n	~
1111	SI	US	/	?	O	_	o	DEL

2. 汉字编码

汉字编码是指将汉字转换成二进制代码的过程。根据计算机操作不同，一套汉字一般应有四套编码：国标码（交换码）、机外码（输入码）、机内码和字形码。

（1）国标码。1980 年颁布的国家标准 GB2312-80，即《中华人民共和国国家标准信息交换汉字编码》，简称国标码。国标码中共收录一、二级汉字和图形符号 7 445 个。国标码中的每个字符用两个字节表示，第一个字节为"区"，第二个字节为"位"，共可以表示的字符（汉字）有 $94 \times 94 = 8\ 836$ 个。为表示更多汉字以及少数民族文字，国家标准于 2000 年进行了扩充，共收录了 27 000 多个汉字字符，采用单、双、四字节混合编码表示。

（2）机外码。机外码是指汉字通过键盘输入的汉字信息编码，就是我们常说的汉字输入法。常用的输入法有五笔输入法、全拼输入法、双拼输入法、智能 ABC 输入法、紫光拼音输入法、微软拼音输入法、区位码、自然码等。

提示 区位码与国标码完全对应，没有重码；其他输入法都有重码，通过数字选择。

（3）机内码。计算机内部存储、处理汉字所用的编码，通过汉字操作系统转换为机内码；每个汉字的机内码用 2 个字节表示，为与 ASCII 有所区别，通常将每个字节的最高位由 "0" 改为 "1"，大约可表示 16 000 多个汉字。尽管汉字的输入法不同，但机内码是一致的。

（4）字形码。汉字经过字形编码才能够正确显示，一般采用点阵形式（又称字模码），每一个点用 "1" 或 "0" 表示，"1" 表示有，"0" 表示无；一个汉字可以有 16 × 16、24 × 24、32 × 32、128 × 128 等点阵表示；点阵越大，汉字显示越清楚。

字形码所占内存比其机内码大得多，如 16 × 16 点阵汉字需要 16 × 16/8=32（字节），如图 1-97 所示。

机外码、机内码与字形码三者之间的关系如图 1-98 所示。

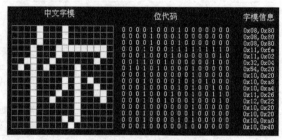

图 1-97　点阵形式

计算机在处理汉字的整个过程中都离不开汉字编码。输入汉字可以通过输入汉字的机外码（即各种输入法）来实现；存储汉字则是将各种汉字机外码统一转换成汉字机内码进行存储，以便于计算机内部对汉字进行处理；输出汉字则是利用汉字库将汉字机内码转换成对应的字形码，再输出至各种输出设备中。

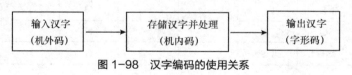

图 1-98　汉字编码的使用关系

PART 2

模块 2
Windows 7 操作系统

2.1　操作系统——Windows 7

项目情境

为了丰富寒假生活，学校组织同学们参加社区服务，分配给小王的任务是为社区里的老年居民进行计算机入门培训。面对爷爷奶奶辈的学生，小王要讲些什么内容，做些什么准备呢？

学习清单

桌面、鼠标操作、窗口、菜单、对话框、计算机重启、英文打字。

具体内容

2.1.1　初识 Windows 7

Windows 7 是微软公司推出的新一代操作系统平台，于 2009 年 10 月正式发布并投入市场。它继承了 Windows XP 的实用与 Windows Vista 的华丽，同时进行了一次大的改进。它能有效管理计算机系统的所有软硬件资源，能合理组织整个计算机的工作流程，为用户提供高效、方便、灵活的使用环境。它包括五大管理功能：处理器功能、存储功能、设备管理、文件管理、作业管理。

操作系统种类繁多，按照操作系统的使用环境及处理方式的不同，可划分为批处理操作系统、分时操作系统、实时操作系统、个人计算机操作系统、网络操作系统和分布式操作系统。

目前，常用的微机操作系统有 Windows 操作系统、OS/2 操作系统等。Windows 操作系统是在微机上最为流行的操作系统，它采用图形用户界面，提供了多种窗口。最常用的是资源管理器窗口和对话框窗口，用户可利用鼠标和键盘通过窗口完成对文件、文件夹、磁盘的操作以及对系统的设置等。

Windows 7 是 Windows 操作系统的 7.0 版本，但是它的核心版本号是 Windows 6.1。Windows

XP 的核心版本号是 5.1，尽管 Windows XP 是一次重大的升级，但是为了保持应用程序的兼容性，它并没有改变主要的版本号。Windows Vista 是另一个重大的变革。将版本号定义为 6.1，但 Windows 7 并不是 Windows Vista 的一个升级版，而是一次重大的创新，Windows 7 可以让用户更加快捷、简单地使用计算机。

Windows 7 主要围绕用户个性化的设计、娱乐视听的设计、用户易用性的设计以及笔记本电脑的特有设计等几方面进行改进，并新增了很多特色功能。其中最具特色的是 "跳转列表"、Windows Live Essentials、轻松实现无线联网、轻松创建家庭网络以及 Windows 触控技术等。

1. "跳转列表"

"跳转列表" 可以帮助用户快速访问常用的文档、图片、歌曲或网站。在 "开始" 菜单和任务栏中都能找到 "跳转列表"。用户在 "跳转列表" 中看到的内容完全取决于程序本身，例如 Word 程序的 "跳转列表" 显示的是用户最近打开的 Word 文件。

2. Windows Live Essentials

Windows Live Essentials 是微软提供的一个服务，Windows 7 用户可以免费下载 7 款功能强大的程序，其包括 Messenger、照片库、Mail、Writer、Movie Maker、家庭安全以及工具栏。Windows Live Essentials 可通过 Windows Live 网站获得。

3. 轻松实现无线联网

通过 Windows 7 系统，用户随时可以轻松地使用便携式计算机查看和连接网络。Windows 7 精彩的无线连接给用户带来了更加自由自在的网络体验。

4. 轻松创建家庭网络

Windows 7 系统中加入了一项名为家庭组（Home Group）的家庭网络辅助功能。通过这项功能，用户可以更轻松地在家庭计算机之间共享文档、音乐、照片及其他资源，也可以对打印机进行更加方便的共享。

5. Windows 触控技术

触控功能已在 Windows 系统中应用多年，只是功能相对有限。在 Windows 7 中首次全面支持多点触控技术。如今，用户可以丢掉鼠标，将 Windows 7 与触摸屏计算机配套使用，只需使用手指即可浏览在线报纸、翻阅相册以及拖曳文件和文件夹等。Windows 触控功能仅适用于家庭高级版、专业版和旗舰版版本的 Windows 7 系统。通过多点触控将令日常的工作更加容易，让用户可以享受到更多操作的乐趣。

2.1.2　Windows 7 的使用

1. Windows 7 的启动和退出

Windows 7 的启动和退出操作比较简单，但是对系统来说却是非常重要的。

（1）启动 Windows 7。对于安装了 Windows 7 的计算机，只要按下电源开关，没有设置密码的用户即可顺利登录；对于设置了密码的用户，用户在输入正确密码后按<Enter>键确认，方可进行登录。

（2）退出 Windows 7。如果用户需要退出 Windows 7 操作系统，可执行以下步骤。

① 关闭所有正在运行的应用程序。

② 单击 "开始" 按钮，在 "开始" 菜单中单击 "关机" 按钮。如果有文件尚未保存，系统会提示用户保存后再进行关机操作。

③ 如果用户在使用计算机过程中出现 "死机" "蓝屏" "花屏" 等情况，需要按下主机电源

开关不放，直至计算机关闭主机。

（3）切换用户。Windows 7支持多用户管理，如果要从当前用户切换到另一个用户，可以单击"开始"按钮，在"关机"按钮的关闭选项列表中单击"切换用户"选项，选择其他用户即可。

提示

在关闭选项列表中还有一项"睡眠"选项，与"休眠"类似，能够以最小的能耗保证计算机处于锁定状态。"睡眠"和"休眠"选项的不同在于，当启用"睡眠"功能后再次使用计算机的时候不需要按下主机电源键，而启用"休眠"功能后再次使用计算机时，需要按下主机电源键，系统才会恢复到"休眠"之前的状态。

2. Windows 7桌面布局

启动Windows 7后，屏幕显示如图2-1所示。Windows的屏幕被形象地称为桌面，根据用户的使用习惯和需要，也可以将一些常用的图标放在桌面上，以便快速启动相应的程序或打开常用文件。

图2-1　Windows 7的桌面

（1）桌面背景。用户可以根据自己的喜好更改桌面的背景图案。

（2）桌面图标。由一个形象的小图标和说明文字组成，图标作为它的标识，文字则表示它的名称或功能。

（3）任务栏。任务栏是桌面最下方的水平长条，它主要有"开始"按钮、程序按钮区、通知区域和"显示桌面"按钮4部分组成。

① "开始"按钮。单击任务栏最左侧的"开始"按钮可以弹出"开始"菜单，如图2-2所示。"开始"菜单中几乎包含了计算机中所有的应用程序，是启动程序的快捷通道。

图2-2　"开始"菜单

② 程序按钮区。程序按钮区主要放置的是已打开窗口的最小化图标按钮，单击这些图标按钮就可以在不同窗口间进行切换。

③ 通知区域。通知区域位于任务栏的右侧，除了系统时钟、音量、网络和操作中心等一组系统图标按钮之外，还包括一些正在运行的程序图标按钮。

④ "显示桌面"按钮。"显示桌面"按钮位于任务栏的最右侧，单击可以快速显示桌面或恢复显示打开的窗口。

3. 鼠标操作

鼠标的基本操作方式如图 2-3 所示。

（1）移动：不按鼠标的任何键移动鼠标。作用是指向将要操作的对象。

图 2-3　基本鼠标操作方式

（2）单击：按一下鼠标左键，选定对象或进行操作确认。

（3）双击：快速连续地按两下鼠标左键，启动程序或打开窗口。

（4）拖放：按住鼠标左键或右键不放并移动鼠标，移动对象的位置或弹出对象的快捷菜单以供选择操作。

（5）右击：按一下鼠标右键，弹出对象的快捷菜单。

4. 窗口操作

每个应用程序都有一个窗口，每个窗口都有很多相同的元素，但并不一定完全相同。下面以"库"窗口为例介绍窗口组成，如图 2-4 所示。

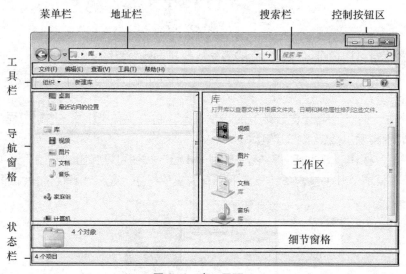

图 2-4　窗口界面

（1）打开窗口。在 Windows 7 系统中，打开窗口的方法有很多种，以"计算机"窗口为例进行介绍。

① 双击桌面上的"计算机"图标，打开"计算机"窗口。

② 单击"开始"按钮，从弹出的"开始"菜单中选择"计算机"菜单项，打开"计算机"窗口。

③ 单击任务栏"Windows 资源管理器"图标，打开"库"窗口，单击左侧"导航窗格"中的"计算机"按钮，打开"计算机"窗口。

（2）关闭窗口。当某些窗口不再使用时，可以及时关闭这些窗口，以免占用系统资源。

① 单击"关闭"按钮  。

② 在菜单栏中选择"文件"菜单下的"关闭"菜单项。

③ 在窗口标题栏的空白区域单击鼠标右键，从弹出的控制菜单中选择"关闭"菜单项，如图 2-5 所示。

图 2-5　控制菜单

（3）调整窗口的大小。在对窗口进行操作的过程中，用户可以根据需要对窗口的大小进行调整。将鼠标指针移至窗口四周的边框，当指针呈现双向箭头显示时，用鼠标拖动上、下、左、右 4 条边界的任意一条，可以随意改变窗口及工作区的大小；用鼠标拖动 4 个窗口对角中的任意一个，可以同时改变窗口两条邻边的大小。

 提示　双击标题栏，可以使窗口在"最大化"与"还原"之间转换。

（4）移动窗口。窗口的位置是可以根据需要随意移动的，当用户要移动窗口的位置时，只需将鼠标指针移至窗口的标题栏上，按住鼠标左键不放并拖曳到合适的位置再松开鼠标即可。

 提示　除了可以使用调整和移动的方法来排列窗口之外，用户也可以使用命令排列窗口：在任务栏的空白处单击鼠标右键，在弹出的快捷菜单中选择符合用户需求的"层叠窗口""堆叠显示窗口"或"并排显示窗口"其中之一的排列方式即可，最小化的窗口是不参与排列的。

（5）切换窗口。虽然在 Windows 7 中可以同时打开多个窗口，但是当前活动窗口只能有一个。因此，用户在操作过程中经常需要在当前活动窗口和非活动窗口之间进行切换。

① 利用<Alt + Tab>组合键。按住<Alt>键不放，再按<Tab>键逐一挑选窗口图标方块，当方框移动到需要使用的窗口图标方块时松开按键，即可打开相应的窗口。使用这种方式可以在众多程序窗口中快速地切换到需要的窗口。

② 利用<Alt + Esc>组合键。使用这种方法可以直接在各个窗口之间切换，但不会出现窗口图标方块。

③ 利用程序按钮区。每运行一个程序，就会在任务栏上的程序按钮区中出现一个相应程序的图标按钮。通过单击其中的程序图标按钮，即可在各个程序窗口之间进行切换。

5．菜单操作

Windows 操作系统的功能和操作基本上体现在菜单中，只有正确地使用菜单才能用好计算机。菜单有 4 种类型：开始菜单、标准菜单（指菜单栏中的菜单）、控制菜单和快捷菜单。下面介绍一些有关菜单的约定。

（1）灰色的菜单项：表示当前菜单命令不可用。

（2）后面有向下三角形的菜单：表示该菜单后还有子菜单。

（3）后面有"…"的菜单：表示单击它会弹出一个对话框。

（4）后面有组合键的菜单：表示可以用键盘按组合键来完成相应的操作。

（5）菜单之间的分组线：表示这些命令属于不同类型的菜单组。

（6）前面有"√"的菜单：表示该选项已被选中，又称多选项，可以同时选择多项，也可以不选。

（7）前面有"●"的菜单：表示该选项已被选中，又称单选项，只能选择且必须选中一项。

（8）变化的菜单是指因操作情况不同而出现不同的菜单选项。

6．对话框操作

在 Windows 中，当选择后面带有"…"的菜单命令时，会打开一个对话框。"对话框"是 Windows 和用户进行信息交流的一个界面，用于提示用户输入执行操作命令所需要的更详细信息以及确认信息。对话框有很多形式，主要包括的组件有以下几种。

（1）选项卡：把相关功能的对话框结合在一起形成一个多功能对话框，通常将每项功能的对话框称为一个"选项卡"，单击选项卡标签可以显示相应的选项卡页面。

（2）组合框：在选项卡中通常会有不同的组合框，用户可以根据这些组合框完成一些操作。

（3）文本框：需要用户输入信息的方框。

（4）下拉列表框：带下拉箭头的矩形框，其中显示的是当前选项，用鼠标单击右端的下拉箭头，可以打开供选择的选项清单。

（5）列表框：显示一组可用的选项，如果列表框中不能列出全部选项，可通过滚动条使其滚动显示。

（6）微调框：文本框与调整按钮组合在一起组成了微调框 0.75 厘，用户既可以输入数值，也可以通过调整按钮来设置需要的数值。

（7）单选框钮：即经常在组合框中出现的小圆圈◎，通常会有多个，但是用户只能选择其中的某一个。通过鼠标单击就可以在选中、非选中状态之间进行切换，被选中的单选钮中间会出现一个实心的小圆点◉。

（8）复选框：即经常在组合框中出现的小正方形□，与单选框不同的是，在一个组合框中用户可以同时选中多个复选框，各个复选框的功能是叠加的。当某个复选框被选中时，在其对应的小正方形中会显示一个勾号☑。

（9）命令按钮：单击对话框中的命令按钮将执行一个命令："确定"或"保存"按钮，执行在对话框中设定的内容然后关闭对话框；单击"取消"按钮表示放弃所设定的选项并关闭对话框；单击带省略号的命令按钮表示将打开一个新的对话框。

2.1.3　Windows 7 的基本操作练习

1．认识键盘结构

按功能划分，键盘总体上可分为 4 个大区，分别为主键盘区、编辑控制键区、功能键区和数字键区。

（1）主键盘区。主键盘区是平时最为常用的键区，通过它，可实现各种文字和控制信息的录入。主键盘区的正中央有 8 个基本键，即左边的<A>、<S>、<D>、<F>键和右边的<J>、<K>、<L>、<;>键，其中的<F>、<J>两个键上都有一个凸起的小横杠，以便于盲打时手指能通过触觉进行定位。

（2）编辑控制键区。该键区的键是起编辑控制作用的，其中：

① <Ins>键可以在文字输入时控制插入和改写状态的改变；

② <Home>键可以在编辑状态下使光标移到行首；

③ <End>键可以在编辑状态下使光标移到行尾；

④ <Page Up>键可以在编辑或浏览状态下向上翻一页；

⑤ <Page Down>键可以在编辑或浏览状态下向下翻一页；

⑥ <Delete>键用于在编辑状态下删除光标后的第一字符。

（3）功能键区。一般键盘上都有<F1>～<F12>这 12 个功能键，有的键盘可能有 14 个。

（4）数字键区。数字键区的数字只有在其上方的"Num Lock"指示灯亮时才能输入，这个指示灯是由<Num Lock>键控制的，当"Num Lock"指示灯不亮的时候，数字键区的作用变为对应的编辑键区的按键功能。

2．窗口操作

（1）打开"库"窗口，熟悉窗口各组成部分。

（2）练习"最小化""最大化"和"还原"按钮的使用。将"库"窗口拖放成最小窗口和同时含有水平、垂直滚动条的窗口。

（3）练习菜单栏的显示/取消，熟悉工具栏中各图标按钮的名称。

（4）观察窗口控制菜单，然后取消该菜单。

（5）再打开"计算机""控制面板"窗口。

（6）用两种方式将"库"和"计算机"切换成当前窗口。

（7）将上述 3 个窗口分别以层叠、横向平铺、纵向平铺的方式排列。

（8）移动"控制面板"窗口到屏幕中间。

（9）以 3 种不同的方法关闭上述 3 个窗口。

（10）打开"开始"菜单，再打开"所有程序"菜单，选择"附件"菜单，单击"Windows 资源管理器"，练习滚动条的几种使用方法。

3．菜单操作

在"查看"菜单中，练习多选项和单选项的使用，并观察窗口变化。

4．对话框操作

（1）打开"工具"中的"文件夹选项"，分别观察其中"常规"和"查看"两个选项卡的内容，然后关闭该对话框和"资源管理器"。

（2）打开"控制面板"中的"鼠标"选项，练习相关属性设置。

5．提高篇

要求将"计算器"程序锁定到任务栏。

2.2 个性化设置——控制面板

 项目情境

过完充实的寒假，大一下学期的生活拉开了序幕。小王带着寒假新置办的笔记本电脑来到学校。学生会办公室里，其他同学非常羡慕小王的笔记本的个性化设置，纷纷向小王请教。

 学习清单

控制面板、显示属性、墙纸、屏幕保护程序、打印机、中文输入。

 具体内容

2.2.1 个性桌面设置

要个性化设置计算机，主要使用的是"控制面板"。"控制面板"提供了丰富的专门用于更改 Windows 外观和行为方式的工具。有些工具可以用来调整计算机设置，从而使操作计算机变得更加有趣或更容易。

打开"控制面板"。可以单击"开始"按钮，在弹出的"开始"菜单中单击"控制面板"菜单项。如果打开"控制面板"时没有看到所需的项目，可将窗口右上角的查看方式切换为"图标"，如图 2-6 所示。

图 2-6 控制面板"类别"和"小图标"的切换

1．用户账户设置

Windows 支持多用户，即允许多个用户使用同一台计算机，每个用户只拥有对自己建立的文件或共享文件的读写权利，而对于其他用户的文件资料则无权访问。可以通过如下步骤在一台计算机上创建新的账户。

（1）在"控制面板"中单击"用户账户和家庭安全"，切换到"用户账户"窗口。

（2）单击"管理其他账户"选项，打开"管理账户"窗口。

（3）单击"创建一个新账户"选项，为新账户键入一个名字，选择"管理员"或"标准用户"账户类型。"管理员"账户拥有最高权限，可以查看计算机中的所有内容；如果设置为"标准用户"账户，有些功能将限制使用。

（4）单击"创建账户"按钮即可完成账户设置，如图 2-7 所示。

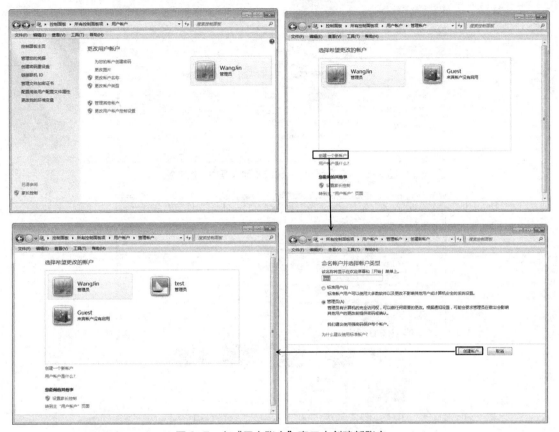

图 2-7　在"用户账户"窗口中创建新账户

2．更改外观和主题

在"控制面板"中，单击"个性化"选项，切换到"个性化"窗口，如图 2-8 所示。在这里可以设置计算机主题、桌面背景、屏幕保护程序、桌面图标、鼠标指针等。

（1）更换主题。在"个性化"窗口中的列表框中选择不同的主题，可以使 Windows 按不同的风格呈现，如图 2-8 所示。

（2）更换桌面背景。在"个性化"窗口中，单击"桌面背景"选项，打开"桌面背景"对话框，如图 2-9 所示。

提示

还有一种更加方便的设置桌面背景的方法，选择自己喜欢的图片，在图片上单击鼠标右键，从弹出的快捷菜单中选择"设置为桌面背景"菜单项。

图 2-8　在"个性化"窗口的列表框中更换主题

图 2-9　在"桌面背景"对话框中更改桌面

（3）设置屏幕保护程序。在"个性化"窗口中，选择"屏幕保护程序"选项，单击"屏幕保护程序"下方的下拉列表框箭头，选择一种屏幕保护程序，在"等待"框中键入或选择用户停止操作后经过多长时间激活屏幕保护程序，然后单击"确定"按钮。

（4）设置桌面图标。在"个性化"对话框中，单击左侧的"更改桌面图标"链接，打开"桌面图标设置"对话框，在"桌面图标"组合框中选中相应的复选框，可以将该复选框对应的图标在桌面上显示出来。

　　在桌面单击鼠标右键，从弹出的快捷菜单中选择"个性化"命令，也可以打开"个性化"窗口，进行以上各项设置。

提示

（5）设置鼠标。在"个性化"对话框中，单击左侧的"更改鼠标指针"链接，打开"鼠标属性"对话框，选择不同的选项卡，可以分别设置双击鼠标的速度、左手型或右手型鼠标、指针的大小形状、鼠标滑轮的滚动幅度等。

3．添加桌面小工具

在"控制面板"中，单击"桌面小工具"选项，打开小工具的管理界面，其中列出了系统自带的几款使用小工具，如图 2-10 所示。选择需要显示在桌面上的小工具，将其直接拖曳到桌面上即可。此外，通过小工具管理界面中的"联机获取更多小工具"链接，可以从网上下载更多实用的小工具。

图 2-10　桌面小工具的管理界面

4．自定义任务栏和"开始"菜单

（1）设置任务栏外观。在"控制面板"中，单击"任务栏和[开始]菜单"选项，打开"任务栏和[开始]菜单属性"对话框，切换到"任务栏"选项卡，在"任务栏外观"组合框中可以对是否锁定任务栏、是否自动隐藏任务栏、是否在任务栏中使用小图标、任务栏显示的位置和任务栏程序按钮区中按钮的模式进行设置。

（2）自定义通知区域。在"控制面板"中，单击"任务栏和[开始]菜单"选项，打开"任务栏和[开始]菜单属性"对话框，切换到"任务栏"选项卡，单击"通知区域"组合框中的"自定义"按钮，打开"通知区域图标"窗口，在"选择在任务栏上出现的图标和通知"列表框中设置通知区域内的图标及其行为。

（3）设置工具栏。用户可以将工具栏中的一些菜单项添加到任务栏中。在"控制面板"中，单击"任务栏和[开始]菜单"选项，打开"任务栏和[开始]菜单属性"对话框，切换到"工具栏"选项卡，选择要添加的选项，单击"确定"按钮，将相关选项添加到任务栏的通知区域中。

（4）个性化"常用程序"列表。用户平常使用的程序会在"常用程序"列表中显示出来，默认的设置为在该列表中最多显示 10 个常用程序，用户可以根据需要设置在该列表中显示的程序数量。

在"控制面板"中，单击"任务栏和[开始]菜单"选项，打开"任务栏和[开始]菜单属性"对话框，切换到"[开始]菜单"选项卡，在"隐私"组合框中，可以设置是否要存储并显示最近在"开始"菜单中打开的程序。单击"自定义"按钮，打开"自定义[开始]菜单"对话框，在"[开始]菜单大小"组合框中可以设置显示程序的数目以及跳转列表中显示的项目数。

（5）个性化"固定程序"列表。用鼠标右键单击想要添加到"固定程序"列表中的程序，在弹出的快捷菜单中选择"附到[开始]菜单"命令即可。要删除"固定程序"列表中的程序可通过鼠标右键单击，在弹出的快捷菜单中选择"从[开始]菜单解锁"命令实现。

（6）个性化"启动"菜单。将常用项目链接添加到"启动"菜单，可以在"控制面板"中单击"任务栏和[开始]菜单"选项,打开"任务栏和[开始]菜单属性"对话框,切换到"[开始]菜单"选项卡,单击"自定义"按钮,打开"自定义[开始]菜单"对话框,在中间的列表框中可以自定义显示在"启动"菜单中的项目链接。

5.设置打印机

用户在使用计算机的过程中,有时需要将一些文档或图片以书面的形式输出,这时就需要使用打印机了。

在 Windows 7 中,用户不但可以在本地计算机上安装打印机,如果用户连入网络,还可以安装网络打印机,使用网络中的共享打印机来完成打印。

(1)安装本地打印机。Windows 7 自带了一些硬件的驱动程序,在启动计算机的过程中,系统会自动搜索连接的新硬件并加载其驱动程序。如果连接的打印机的驱动程序没有在系统的硬件列表中显示,就需要进行手动安装。

(2)安装网络打印机。如果用户是处于网络中的,而网络中有已共享的打印机,那么用户也可以添加网络打印机驱动程序来使用网络中的共享打印机进行打印。

(3)打印文档。打印机安装完成后,就可以进行文档的打印了。打印文档比较常用的方法是选择文档对应的应用程序的"文件"菜单中的"打印"命令进行打印。除常规方法之外,也可以把要打印的文件拖曳到默认打印机图标上进行打印,或者直接在需要打印的文档上单击鼠标右键,选择"打印"命令。

6.添加或删除程序

应用软件的安装和卸载可以通过双击安装程序和使用软件自带的卸载程序完成。"控制面板"也提供了"卸载程序"功能。

在"控制面板"中,单击"程序和功能"项,打开"程序和功能"窗口,在"卸载或更改程序"列表中会列出当前安装的所有程序,选中某一程序后,单击"卸载"或"修复"按钮可以卸载或修复该程序。

7.设置日期和时间

单击"控制面板"中的"日期和时间"选项,打开"日期和时间"对话框,单击"更改日期和时间"按钮,可以设置日期和时间。

8.设置区域和语言选项

单击"控制面板"中的"区域和语言"选项,打开"区域和语言"对话框,选择"键盘和语言"选项卡,在"键盘和其他输入语言"区域中,单击"更改键盘"按钮,打开"文本服务和输入语言"对话框,可以根据需要安装或卸载输入法。

 练习

(1)查看并设置日期和时间。

(2)查看并设置鼠标属性。

(3)将桌面墙纸设置为"Windows",设置屏幕保护程序为"三维文字",将文字设置为"计算机应用基础",字体设为"微软雅黑",并将旋转类型设置为"摇摆式"。

(4)安装打印机"Canon LBP5910",设置为默认打印机,并在桌面上创建该打印机的快捷方式,取名"佳能打印"。

2.2.2 计算机里的"笔"

1．中文输入法分类

计算机上使用的中文输入法很多，可以分为键盘输入法和非键盘输入法两大类。

键盘输入法是通过键入中文的输入码方式输入中文，通常要敲击 1～4 个键来输入一个中文。它的输入码主要有拼音码、区位码、纯形码、音型码和形音码等，用户需要会拼音或记忆输入码才能使用，并且需要一定时间的练习才能达到令人满意的输入速度。键盘输入法的特点是速度快、正确率高，是最常用的一种中文输入方法。

非键盘输入方式是采用手写、听写等进行中文输入的一种方式，如手写笔、语音识别。Windows 7 集成了语音识别系统，用户可以使用它来代替鼠标和键盘操作电脑。启动语音识别功能可以在"控制面板"的"轻松访问中心"中进行设置。

中文的键盘输入法很多，最常见的输入法有五笔字型、搜狗拼音、中文双拼、微软拼音 ABC、区位码等。

2．在 Windows 中选用中文输入法

（1）使用键盘操作。<Ctrl+退格键>组合键：在当前中文输入法与英文输入法之间切换。

<Ctrl+退格键>组合键表示同时按下<Ctrl>键和退格键。

提示

（2）使用鼠标操作。

① 单击输入法提示图标，选择相应输入法。

② 单击中/英文切换按钮。

3．微软拼音 ABC 中文输入法的使用

"微软拼音 ABC"是一种易学易用的中文输入法，只要会拼音就能进行中文输入。本节将以"微软拼音 ABC"为例来介绍中文输入法的使用。

（1）微软拼音 ABC 的状态条

选用了微软拼音 ABC 输入法后，屏幕右下方会出现一个"微软拼音 ABC"输入法的状态条，如图 2-11 所示。

中/英文切换按钮 ———  ——— 功能菜单

输入法提示图标　全角/半角切换按钮　中/英文标点切换按钮　软键盘按钮

图 2-11　"微软拼音 ABC"输入法的状态条

输入法状态条表示当前的输入状态，可以通过单击对应的按钮来切换不同的状态，按钮对应的含义如下。

① 中/英文切换按钮。用来表示当前是否是中文输入状态。单击该按钮，在弹出的快捷菜单中选择"英语"，按钮变为，表示当前可进行英文输入。再单击该按钮一次，在弹出的快捷菜单中选择"中文"，按钮变为，表示当前可进行中文输入。

② 输入法提示图标。单击该按钮，可以在弹出的快捷菜单中选择本机已安装的各种输入法。

③ 全角/半角切换按钮。用于输入全角/半角字符，单击该按钮一次可进入全角字符输入状

态，全角字符即中文的显示形式。再单击按钮一次即可回到半角字符状态。

④ 中/英文标点切换按钮。表示当前输入的是中文标点还是英文标点。

⑤ 软键盘按钮。单击该按钮打开软键盘，可以通过软键盘输入字符，还可以输入许多键盘上没有的符号。再单击软键盘按钮，则关闭软键盘。

⑥ 功能菜单。单击功能菜单，在弹出的快捷菜单上可以选择不同的软键盘，不同的软键盘提供了不同的键盘符号。选择相应的键盘类型后键盘在屏幕上显示，如图 2-12 所示。

（2）微软拼音 ABC 的使用方法

① 中文输入界面。"候选"窗口，提供选择的中文，用<+>键和<->键（或<Page Up>键和<Page Down>键）可前后翻页，如图 2-13 所示。

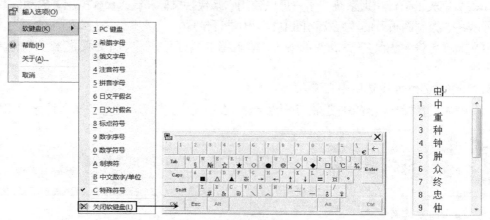

图 2-12 "特殊符号"软键盘提供的键盘符号

图 2-13 "微软拼音 ABC"
输入中文时的"候选"窗口

提示

用<Esc>键可关闭"候选"窗口，取消当前输入。

② 大/小写切换。在输入中文时，应将键盘处于小写状态，并且确保输入法状态框处于中文输入状态。在大写状态下不能输入中文，利用<Caps Lock>键可以切换到小写状态。

③ 全角/半角切换。全角/半角切换按钮或<Shift+退格键>组合键。

④ 中/英文标点切换。单击中/英文标点切换按钮或<Ctrl+.>组合键。图 2-14 是中文标点对应的键位表。

中文标点	键位	说明	中文标点	键位	说明
。句号	。		）右括号	）	
，逗号	，		《单双书名号	《	自动嵌套
；分号	；		》单双书名号	》	自动嵌套
：冒号	：		……省略号	^	双符处理
？问号	？		——破折号	-	双符处理
！叹号	！		、顿号	\	
""双引号	"	自动配对	间隔号	@	
''单引号	'	自动配对	—联接号	&	
（左括号	（		￥人发币符号	$	

图 2-14 中文标点键位表

练习

（1）添加/删除输入法。

（2）用Windows的记事本在桌面上建立"打字练习.txt"，在该文件中正确输入以下文字信息（英文字母和数字采用半角，其他符号采用全角，空格全角、半角均可）。

在人口密集的地区，由于很多用户有可能共用同一无线通道，因此数据流量会低于其他种类的宽带无线服务。它的实际数据流量为500kbit/s至1Mbit/s，这对于中小客户来说已经比较理想了。虽然这项服务的使用方法非常简单，但是网络管理员必须做到对许多因素，包括服务的可用性、网络性能和服务质量等心中有数。

2.3　资源管理——文件

项目情境

某日，小王接到一位学妹的求助电话，说自己的一份很重要文件怎么也找不到了，问小王有没有什么办法，请他来帮帮忙。小王去了一看，难怪文件找不到了，这位学妹的计算机还真是够乱的呀！

学习清单

文件、文件夹、命名规则、属性、存储路径、盘符、树型文件夹结构、计算机、显示方式、排列方式、磁盘属性、Windows 资源管理器、选定、新建、复制、移动、删除、还原、重命名、搜索、通配符。

具体内容

2.3.1　计算机里的信息规划

用户存储的信息是以文件的形式存放在磁盘上的。计算机中的文件非常多，如果将这些文件统统放到一个地方，查找、添加、删除、重命名等操作都会非常麻烦。只有将磁盘上的这些文件合理地放入文件夹中，操作时才能很快速找到文件的位置，因此建议用户将文件分门别类地存储。

1．文件和文件夹

文件是具有名字的相关联的一组信息的集合。任何信息（如声音、文字、影像、程序等）都是以文件的形式存放在计算机的外存储器上的，每一个磁盘上的文件都有自己的属性，如文件的名字、大小、创建或修改时间等。

磁盘中可以存放很多不同的文件，为了便于管理，一般把文件存放在不同的"文件夹"里，就像在日常工作中把不同的文件资料保存在不同的文件夹中一样。在计算机中，文件夹是放置文件的一个逻辑空间，文件夹里除了可以存放文件，也可以存放文件夹，存放的文件夹称为"子文件夹"，而存放子文件夹的文件夹则叫作"父文件夹"，磁盘最顶层的文件夹称为"根文件夹"。

2．文件和文件夹的命名规则

（1）文件名由主文件名和扩展名组成，形式为"主文件名.扩展名"。

（2）文件类型由不同的扩展名来表示，分为程序文件（.com、.exe、.bat）和数据文件。

（3）文件名允许长达 255 个字符，可用汉字、字母、数字和其他特殊符号，但不能用"\""/"":""*""?"""""<"">"
"|"，如图 2-15 所示。

图 2-15　文件名不能包含的字符

（4）保留用户指定的大小写格式，但不能利用大小写区分文件名，如 ABC.DOC 与 abc.doc 表示同一个文件。

（5）文件夹与文件的命名规则类似，但是文件夹没有扩展名。

提示

不同类型的文件有不同的扩展名；如文本文件的扩展名为".txt"，声音文件的扩展名为".wav"".mp3"".mid"等；图形文件的扩展名为".bmp"".jpg"".gif"等，视频文件的扩展名为".rm"".avi"".mpg"".mp4"等；压缩包文件的扩展名为".rar"".zip"等；网页文件的扩展名为".htm"".html"等；Word 文档的扩展名为".docx"；Excel 工作表的扩展名为".xlsx"；PowerPoint 演示文档的扩展名为".pptx"。

3．文件和文件夹的属性

在 Windows 环境下，文件和文件夹都有其自身特有的信息，包括文件的类型、在磁盘上的位置、所占空间的大小、创建和修改时间，以及文件在磁盘中存在的方式等，这些信息统称为文件的属性。

一般文件在磁盘中存在的方式有只读、存档和隐藏等属性："只读"指文件只允许读，不允许写；"存档"指普通的文件；"隐藏"指将文件隐藏起来，在一般的文件操作中不显示被隐藏的文件。

用鼠标右键单击文件或文件夹，在弹出的快捷菜单中选择"属性"命令，打开"属性"对话框，可以改变文件的属性。

提示

在 Windows 中，如果隐藏的文件和文件夹以及文件扩展名没有显示出来，可以选择"Windows 资源管理器"的"工具"菜单中的"文件夹选项"命令，打开"文件夹选项"对话框，在"查看"选项卡中，选中"隐藏文件和文件夹"选项中的"显示隐藏的文件、文件夹和驱动器"单选按钮和取消选择"隐藏已知文件类型的扩展名"复选框。

4．文件夹的树型结构和文件的存储路径

对于磁盘上存储的文件，Windows 是通过文件夹进行管理的。Windows 采用了多级层次的文件夹结构。前面已经讲过，对于同一个磁盘而言，它的最高级文件夹被称为根文件夹。根文件夹的名称是系统规定的，统一用反斜杠"\"表示。根文件夹中可以存放文件，也可以建立子文件夹。子文件夹的名称由用户指定，子文件夹下又可以存放文件和再建立子文件夹。这就像一棵倒置的树，根文件夹是树根，各个子文件夹是树的枝杈，而文件则是树的叶子，叶子上是不能再长出枝杈来的。这种多级层次文件夹结构被称为"树型文件夹结构"，如图 2-16 所示。

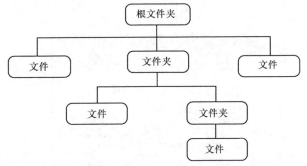

图 2-16 树型文件夹结构

访问一个文件时，必须要有 3 个要素，即文件所在的驱动器、文件在树型文件夹结构中的位置和文件的名字。文件在树型文件夹中的位置可以用从根文件夹出发，到达该文件所在的子文件夹之间依次经过一连串用反斜线隔开的文件夹名的序列来表示，这个序列称为"路径"。

2.3.2 计算机里的信息管家

Windows 7 主要是通过"计算机"和"资源管理器"来管理文件和文件夹。

1. 计算机

要使用磁盘和文件等资源，最方便的方法就是双击桌面上"计算机"图标，打开"计算机"窗口，如图 2-17 所示。

"计算机"的窗口组成，在 Windows 7 使用中的"窗口操作"部分已详细介绍过，主要包括菜单栏、工具栏、地址栏、导航窗格、细节窗格、状态栏、工作区等部分。

Windows 7 在窗口工作区域列出了计算机中各个磁盘的图标。下面以 C 盘为例说明磁盘的基本操作。

（1）查看磁盘中的内容。在"计算机"窗口中双击 C 盘图标，打开"C 盘"窗口，如图 2-18 所示。窗口的状态栏上显示出该磁盘中共有 9 个项目，如果要打开某一个文件或文件夹，只要双击该文件或文件夹的图标即可。

图 2-17 "计算机"窗口界面

图 2-18 "C 盘"窗口

（2）查看磁盘属性。在"计算机"窗口中，磁盘下方显示磁盘的可用空间和总容量。

如果要更加详细地查看磁盘属性，可以用鼠标右键单击该磁盘的图标，在弹出的快捷菜单中选择"属性"命令，打开"WIN7CN（C:）属性"对话框，如图 2-19 所示。选择"常规"选项卡，就能够详细了解该磁盘的类型、已用空间和可用空间、总容量等属性，同时还可以设置磁盘卷标。

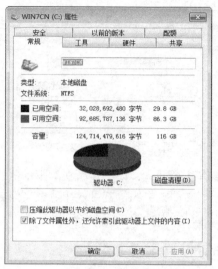

图 2-19　通过"WIN7CN（C：）属性"
对话框查看磁盘空间

2．Windows 资源管理器

Windows 的资源管理器一直是用户使用计算机的时候和文件打交道的重要工具。在 Windows 7 中，新的资源管理器可以使用户更容易地完成浏览、查看、移动和复制文件和文件夹的操作。

（1）启动"Windows 资源管理器"。启动"Windows 资源管理器"的方法很多，下面列举说明几种常用的方法。

① 单击任务栏程序按钮区的"Windows 资源管理器"按钮。

② 鼠标右键单击"开始"按钮，在弹出的快捷菜单中选择"打开 Windows 资源管理器"。

③ 使用<Windows+E>组合键。

（2）"Windows 资源管理器"窗口及操作。"Windows 资源管理器"窗口左侧的导航窗格用于显示磁盘和文件夹的树型分层结构，包含收藏夹、库、家庭组、计算机和网络这 5 大类资源。

在导航窗格中，如果磁盘或文件夹前面有"▷"号，表明该磁盘或文件夹下有子文件夹。单击该"▷"号可以展开其中包含的子文件夹，展开磁盘或文件夹后，"▷"号会变成"◢"号，表明该磁盘或文件夹已经展开。单击"◢"号，可以折叠已经展开的内容。

右侧工作区用于显示导航窗格选中的磁盘或文件夹所包含的子文件夹及文件，双击其中的文件或文件夹可以打开相关内容。

用鼠标拖动导航窗格和工作区之间的分隔条，可以调整两个窗格的大小。

3．管理方式——文件或文件夹的操作

（1）选择文件或文件夹

① 选定单个文件或文件夹。单击所要选定的文件或文件夹。

② 选定多个连续排列的文件或文件夹。单击所要选定的第一个文件或文件夹，按住<Shift>键的同时，用鼠标单击最后一个文件或文件夹。

选定多个连续排列的文件或文件夹也可以使用拖曳鼠标进行框选的方法。

③ 选定多个不连续排列的文件或文件夹。单击所要选定的第一个文件或文件夹，按住<Ctrl>键的同时，用鼠标逐个单击要选取的文件或文件夹。

④ 全选文件或文件夹。选择"编辑"菜单中的"全部选定"命令，或者使用快捷键<Ctrl+A>。

有时候需要选定的内容是窗口中的大多数文件或文件夹，此时也可以使用全部选定，再取消个别不需要选定的内容；或者灵活使用"编辑"菜单中的"反向选择"命令。

⑤ 取消已选择的文件或文件夹。按住<Ctrl>键不放的同时，单击该文件或文件夹即可。如果要取消全部文件或文件夹的选定，可以在非文件名或文件夹名的空白区域中单击鼠标左键即可。

（2）管理文件或文件夹

① 新建文件夹。在目标区域的空白区域单击鼠标右键，从弹出的快捷菜单中选择"新建"中的"文件夹"命令，这时在目标位置会出现一个文件夹图标，默认名称为"新建文件夹"，且文件名处于选中的编辑状态，输入自己的文件夹名，按<Enter>键或单击空白处确认。

② 复制文件或文件夹。

实现复制文件或文件夹的方法有很多，下面介绍几种常用操作。

● 使用剪贴板：选定要复制的文件或文件夹，在"编辑"菜单中选择"复制"命令，打开目标文件夹，选择"编辑"菜单中的"粘贴"命令，实现复制操作。也可以使用<Ctrl+C>组合键（复制）配合<Ctrl+V>组合键（粘贴）来完成操作。

● 使用拖动：选定要复制的文件或文件夹，按住<Ctrl>键不放，用鼠标将选定的文件或文件夹拖动到目标文件夹上，此时目标文件夹会处于蓝色的选中状态，并且鼠标指针旁出现"+复制到"提示，松开鼠标左键即可实现复制。

③ 移动文件或文件夹。移动文件或文件夹是指把一个文件夹中的一些文件或文件夹移动到另一个文件夹中。执行移动命令后，原文件夹中的内容都转移到新文件夹中，原文件夹中的这些文件或文件夹将不再存在。

移动操作与复制操作有一些类似。使用剪贴板操作时，将"编辑"菜单中的"复制"命令替换为"剪切"命令，或者将<Ctrl+C>组合键（复制）替换为<Ctrl+X>组合键（剪切）即可。使用拖动操作时，不按住<Ctrl>键完成的操作就是移动。

在同一磁盘的各个文件夹之间使用鼠标左键拖动文件或文件夹时，Windows 默认的操作是移动操作；在不同磁盘之间拖动文件或文件夹时，Windows 默认的操作为复制操作。如果要在不同磁盘之间实现移动操作，可以按住<Shift>键不放，再进行拖动。

④ 删除文件或文件夹。用户可以删除一些不再需要的文件或文件夹，以便对文件或文件夹进行管理。删除后的文件或文件夹被放到"回收站"中，用户可以选择将其彻底删除或还原到原来的位置。

删除操作有 3 种方法。

- 在要删除的文件或文件夹上单击鼠标右键，从弹出的快捷菜单中选择"删除"命令。
- 选中要删除的文件或文件夹，在"文件"菜单中选择"删除"命令，或者按键盘上的 <Delete>键进行删除。
- 将要删除的文件或文件夹直接拖曳到桌面上的"回收站"中。

执行上述任意操作后，都会弹出"确认删除"对话框，如图 2-20 所示。单击"是"按钮，则将文件删除到回收站中；单击"否"按钮，将取消删除操作。

提示　　如果在右键选择快捷菜单中的"删除"命令的同时按住<Shift>键，或者同时按<Shift+Delete>组合键，将跳出如图 2-21 所示的对话框，实现永久性删除，被删除的文件或文件夹将被彻底删除，不能还原。移动介质中的删除操作无论是否使用<Shift>键，都将执行彻底删除。

⑤ 删除或还原回收站中的文件或文件夹。"回收站"提供了一个安全的删除文件或文件夹的解决方案，如果想恢复已经删除的文件，可以在回收站中查找；如果磁盘空间不够，也可以通过清空回收站来释放更多的磁盘空间。

删除或还原回收站中的文件或文件夹可以执行以下操作。

图 2-20 "删除文件夹"对话框——删除到回收站

图 2-21 "确认删除"对话框——永久性删除

双击桌面上的"回收站"图标，打开"回收站"窗口，如图 2-22 所示。单击"回收站"工具栏中的"清空回收站"按钮，可以删除"回收站"中所有的文件和文件夹；单击"回收站"工具栏中的"还原所有项目"按钮，可以还原所有的文件和文件夹。若要还原某个或某些文件和文件夹，可以先选中这些对象，再进行还原操作。

图 2-22 "回收站"窗口

⑥ 重命名文件或文件夹。选中需要重命名的文件或文件夹，单击鼠标右键选择"重命名"命令。这时文件或文件夹的名称将处于蓝底白字的编辑状态，输入新的名称，按<Enter>键或单击空白处确认即可。也可以在选中的文件或文件夹名称处单击一次，使其处于编辑状态。

⑦ 搜索文件或文件夹。如果用户想查找某个文件夹或某种类型的文件时，不记得文件或文件夹的完整名称或者存放的位置，可以使用 Windows 提供的搜索功能进行查找，搜索步骤如下。

单击"开始"按钮，在"开始"菜单的"搜索"框中输入想要查找的内容，在"开始"菜单的上方将显示出所有符合条件的信息。

如果用户知道要查找的文件或文件夹可能位于某个文件夹中，可以使用位于窗口顶部的"搜索"框进行搜索，它将根据输入的内容搜索当前窗口。

提示

在不确定文件或文件夹名称时，可使用通配符协助搜索。通配符有两种：星号(＊)代表零个或多个字符，如要查找主文件名以"A"开头，扩展名为"docx"的所有文件，可以输入"A*.docx"；问号（？）代表单个字符，如要查找主文件名由 2 个字符组成，第 2 个字符为"A"，扩展名为".txt"的所有文件，可以输入"？A.txt"。

练习

（1）在桌面创建文件夹"fileset"，在"fileset"文件夹中新建文件"a.txt""b.docx""c.bmp""d.xlsx"，并设置"a.txt"和"b.docx"文件属性为隐藏，设置"c.bmp"和"d.xlsx"文件属性为只读，并将扩展名为".txt"文件的扩展名改为".html"。

（2）将桌面上的文件夹"fileset"改名为"fileseta"，并删除其中所有只读属性的文件。

（3）在桌面新建文件夹"filesetb"，并将文件夹"fileseta"中所有隐藏属性的文件复制到新建的文件夹中。

（4）在桌面上查找文件"calc.exe"，并将它复制到桌面上。

（5）在C盘上查找文件夹"Font"，将该文件夹中文件"华文黑体.ttf"复制到文件夹"C:\Windows"中。

（6）将C盘卷标设为"系统盘"。

2.4 资源管理——软硬件

项目情境

学生会各部门的工作都挺多的，但办公设备有限，一直是几个部门共用一台计算机。为了让各部门的干事都能方便、迅速地找到本部门的文件存放位置，提高工作效率，学生会主席让小王在桌面上创建好各部门文件夹的快捷方式，并顺便整理一下磁盘。

学习清单

快捷方式、磁盘清理、磁盘碎片整理、磁盘查错、U盘、写字板、记事本、计算器、画图。

 具体内容

2.4.1 快捷方式

快捷方式是 Windows 提供的一种快速启动程序、打开文件或文件夹的方法，是应用程序或文件、文件夹的快速链接，建立经常使用的程序、文件和文件夹的快捷方式可以节省不少操作时间。

快捷方式的显著标志是在图标的左下角有一个向右上弯曲的小箭头。它一般存放在桌面、"开始"菜单和任务栏中，当然用户也可以在任意位置建立快捷方式。

1. 在桌面上创建快捷方式

在要创建快捷方式的程序、文件或文件夹上单击鼠标右键，从弹出的快捷菜单中选择"发送到"下的"桌面快捷方式"命令，如图 2-23 所示，即可完成桌面快捷方式的创建。

图 2-23　在桌面上创建快捷方式

2. 在"开始"菜单中创建快捷方式

直接将要创建快捷方式的程序、文件或文件夹拖入"开始"菜单中，如图 2-24 所示，即可完成快捷方式的创建。

3. 在任务栏中创建快捷方式

直接将要创建快捷方式的程序、文件或文件夹拖入任务栏，如图 2-25 所示，即可完成快捷方式的创建。

图 2-24　直接将目标文件或文件夹拖入"开始"菜单　　图 2-25　直接将目标文件或文件夹拖入到任务栏中

4．在任意位置创建快捷方式

在任意位置创建快捷方式的方法如下。

（1）在存放快捷方式的目标文件夹的空白处单击鼠标右键，从弹出的快捷菜单中选择"新建"下的"快捷方式"命令，打开"创建快捷方式"对话框。

（2）单击"浏览"按钮，在弹出的"浏览文件或文件夹"对话框中，选择要创建快捷方式的程序、文件或文件夹，单击"确定"按钮，回到"创建快捷方式"对话框，单击"下一步"按钮，进入"快捷方式命名"对话框。

（3）输入快捷方式名称，单击"完成"按钮创建快捷方式。

 练习

（1）在任务栏中创建一个快捷方式，指向"C:\Program Files\Windows NT\Accessories\wordpad.exe"，取名"写字板"。

（2）将"C:\WINDOWS"下的"explorer.exe"的快捷方式添加到"开始"菜单的"所有程序\附件"下，取名为"资源管理器"。

（3）在"下载"文件夹中创建一个快捷方式，指向"C:\Program Files\Common Files\Microsoft Shared\MSInfo\Msinfo32.exe"，取名为"系统信息"。

（4）在桌面上创建一个快捷方式，指向"C:\WINDOWS\regedit.exe"，取名为"注册表"。

2.4.2　磁盘管理

在计算机的日常使用过程中，用户可能会非常频繁地进行应用程序的安装、卸载，文件的复制、移动、删除或者在 Internet 上下载程序、文件等各类操作。这样一段时间过后，计算机硬盘上会产生很多零散的空间和磁盘碎片以及大量的临时文件，这些文件在存储时可能会被存放在不同的磁盘空间中，访问时需要到不同的磁盘空间去寻找该文件的各个部分，从而影响了计算机的运行速度，性能明显下降。因此，用户需要定期对磁盘进行管理，让计算机始终处于较好的运行状态。

1．磁盘清理

使用磁盘清理程序可以删除临时文件、Internet 缓存文件和可以安全删除的不需要的文件，腾出它们占用的系统资源，提高系统性能。运行磁盘清理程序的方法如下。

（1）单击"开始"按钮，在弹出的"开始"菜单中选择"所有程序"→"附件"→"系统工具"→"磁盘清理"命令，打开"选择驱动器"对话框。

（2）在对话框中选择要进行清理的磁盘，单击"确定"按钮。经过扫描后，打开对应磁盘的"磁盘清理"对话框，如图 2-26 所示。

（3）"磁盘清理"选项卡中的"要删除的文件"列表框中列出了可以删除的文件类型及其所占用的磁盘空间。选中某文件类型前的复选框，在清理时即可将其删除；在"占用磁盘空间总数"区域中显示了若删除所有符合选中复选框文件类型的文件后可以释放的磁盘空间。

（4）单击"确定"按钮，将弹出"磁盘清理"确认对话框，单击"删除文件"按钮，弹出"磁盘清理"对话框，并开始清理磁盘，清理完成后，对话框会自动消失，如图 2-27 所示。

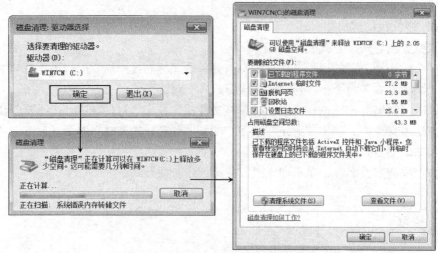

图 2-26　打开对应磁盘的"磁盘清理"对话框

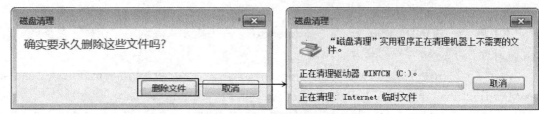

图 2-27　确认后进行磁盘清理

2．磁盘碎片整理

一切程序对磁盘的读写操作都有可能在磁盘中产生碎片，随着碎片的积累，会严重影响系统性能，造成磁盘空间的浪费。使用磁盘碎片整理程序可以重新安排文件在磁盘中的存储位置，将文件的存储位置整理到一起，同时合并未使用的空间，实现提高运行速度的目的。运行磁盘碎片整理程序的方法如下：单击"开始"按钮，在弹出的"开始"菜单中选择"所有程序"→"附件"→"系统工具"→"磁盘碎片整理程序"命令，打开"磁盘碎片整理程序"窗口，即可按提示操作。

除了使用硬盘空间之外，各类小巧便于携带、存储容量大且价格便宜的移动存储设备的应用也已经十分普及。下面就以 U 盘为例，介绍这类即插即用移动存储设备的使用。

U 盘是通过 USB 接口与计算机相连的。在一台计算机上第一次使用 U 盘时，系统会报告"发现新硬件"，不久后继续提示"新硬件已经安装并可以使用了"。这时打开"计算机"，可以看到一个新增加的磁盘图标，叫作"可移动磁盘"；若不是在某台计算机上第一次使用的 U 盘，可以直接打开"计算机"进行后续操作。U 盘的使用和硬盘的使用是一样的，就像平时在硬盘上操作文件那样，在 U 盘上进行文件和文件夹的管理即可。

U 盘插入 USB 接口后，在"通知区域"中会增加一个"安全删除硬件并弹出媒体"图标 ；若 U 盘使用完毕，要拔出 U 盘，需先停止 U 盘中的所有操作，关闭一切窗口，尤其是关于 U 盘的窗口，然后单击"拔下/弹出"图标 ，单击弹出的"弹出 DT 101 G2"命令，当右下角出现提示"USB 大容量存储设备现在可安全地从计算机移除"后，方可将 U 盘从 USB 接口拔下，如图 2-28 所示。

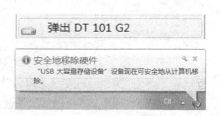

图 2-28　安全删除 U 盘

练习

（1）将C盘卷标设为"Test02"。

（2）用磁盘碎片整理程序分析C盘是否需要整理，如果需要，请进行整理。

2.4.3 计算机中"附件"的使用

Windows 7 "开始"菜单中的"附件"为用户提供了许多使用便捷而且功能丰富的工具。当用户要处理一些要求不是很高的任务时，使用专门的应用软件，运行程序要占用大量的系统资源。而附件中的工具都是非常小的程序，运行速度比较快，这样用户可以节省很多的时间和系统资源，有效地提高工作效率。

1. 写字板

写字板是一个使用简单却功能强大的文字处理程序，用户可以使用它进行日常工作中文档的编辑。它不仅可以进行中英文文档的编辑，而且还可以图文混排，插入图片、声音和视频剪辑等多媒体资料。

（1）启动"写字板"。单击"开始"按钮，在打开的"开始"→"所有程序"→"附件"→"写字板"命令，可以进入"写字板"界面。在 Windows 7 中，写字板的主要界面与 Word 2010 很相似。

（2）文档编辑。

① 新建文档。单击"写字板"的按钮，从弹出的下拉菜单中选择"新建"命令，即可新建一个文档进行文字的输入，也可以使用<Ctrl+N>组合键来完成。

② 保存文档。单击"写字板"的按钮，从弹出的下拉菜单中选择"保存"命令，弹出"保存为"对话框，选择要保存文档的位置，输入文档名称，选择文档的保存类型，单击"保存"按钮，也可以使用<Ctrl+S>组合键来完成。

③ 常用编辑操作如下。

- 选择：按下鼠标左键不放，在需要操作的对象上拖动，当文字呈反白显示时，说明已经选中对象。
- 删除：选定不再需要的对象，在键盘上按下<Delete>键。
- 移动：选定对象，按下鼠标左键拖到所需的位置后放手，即可完成移动操作。
- 复制：选定对象，单击"编辑"菜单中的"复制"命令，在目标位置处单击"编辑"菜单中的"粘贴"命令，也可以使用<Ctrl+C>组合键配合<Ctrl+V>组合键来完成。
- 查找和替换：如果用户需要在文档中寻找一些相关的字词，可以使用"查找"和"替换"命令轻松找到想要的内容。在进行查找时，可单击"主页"选项卡下"编辑"组中的"查找"按钮，打开"查找"对话框，如图 2-29 所示，用户可以在其中输入要查找的内容，单击"查找下一个"按钮即可。

全字匹配：针对英文的查找，勾选该项后，只有找到完整的单词，才会出现提示；区分大小写：勾选该项后，在查找过程中，会严格地区分大小写。这两项一般都默认为不选择。

如果用户需要替换某些内容时，可以选择"编辑"菜单下的"替换"命令，打开"替换"对话框，如图 2-30 所示。在"查找内容"中输入要被替换掉的内容，在"替换为"中输入替换后要显示的内容，单击"替换"按钮可以只替换一处的内容，单击"全部替换"按钮则在全文中都进行替换。

图 2-29 "查找"对话框

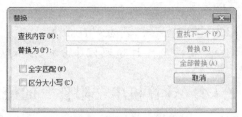

图 2-30 "替换"对话框

④ 设置字体及段落格式。用户可以直接在"字体"组中进行字体、字形、字号和字体颜色的设置。

缩进是指段落的边界到页边距之间的距离，分为 3 种。

● 左缩进：指文本段落的左侧边缘离左页边距的距离。

● 右缩进：指文本段落的右侧边缘离右页边距的距离。

● 首行缩进：指文本段落的第一行左侧边缘离左缩进的距离。

在对应的文本框中输入数值，即可完成缩进的调整。

对齐方式有 4 种：左对齐、右对齐、居中对齐和对齐。

⑤ 使用插入操作。要插入对象，可以单击"插入"菜单中的"对象"命令，打开"插入对象"对话框，选择要插入的对象，单击"确定"按钮后，系统将打开选中的程序，选择所需要的内容插入文档。

2．记事本

记事本用于纯文本文档的编辑，功能不多，适合编写一些篇幅短小的文档。因为它使用起来方便、快捷，应用也比较多。

提示

记事本是纯文本文档的编辑工具，不能插入图片，也不具备排版功能。

3．计算器

（1）启动"计算器"。单击"开始"按钮，在打开的"开始"菜单中选择"所有程序"→"附件"→"计算器"命令，打开"计算器"程序。

（2）"计算器"的使用。"计算器"可以完成数据的各类运算，它的使用方法与日常生活中所使用的计算器的方法一样。在实际操作时，可以通过鼠标单击计算器上的按钮来运算，也可以使用键盘按键来输入数据进行运算。

计算器有"标准计算器"和"科学计算器"两种。"标准计算器"可以完成简单的算术运算，"科学计算器"可以完成较为复杂的科学运算，如函数运算、进制转换等。从"标准计算器"切换到"科学计算器"的方法是选择"查看"菜单中的"科学型"命令。

4．画图

"画图"程序是一个比较简单的图形编辑工具，可以对各种位图格式的图画进行编辑，用户可以自己绘制图画，也可以对各类图片进行编辑修改。在编辑完成后，可以保存为 BMP、JPG、GIF 等多种图像格式。

（1）启动"画图"程序。单击"开始"按钮，在打开的"开始"菜单中选择"所有程序"→"附件"→"画图"命令，打开"画图"程序，可以看到如图 2-31 所示的"画图"操作界面。

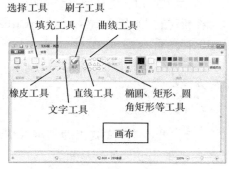

图 2-31 "画图"操作界面

（2）工具的使用。"主页"选项卡中提供了很多绘图工具，下面介绍几种常用工具。

① 选择工具：用于选中对象。使用时单击此按钮，拖动鼠标左键，可以通过拉出一个矩形选区选中要操作的对象，可以对选中范围内的对象进行复制、移动和剪切等操作。

② 橡皮工具：用于擦除画布中不需要的部分。可以根据要擦除的对象的大小，选择大小合适的橡皮擦。橡皮工具擦除的部位会显示背景颜色，当背景色改变时，橡皮擦出的区域会显示不同的颜色，功效类似于刷子工具。

③ 填充工具：可以对选区进行填充。填充时，一定要在封闭的范围内进行，在填充对象上单击左键填充前景色，单击鼠标右键填充背景色。前景色和背景色可以从颜料盒中选择，在选定的颜色上，左键单击改变前景色，右键单击改变背景色。

④ 刷子工具：可以用于绘制不规则的图形。在画布上按下左键并进行拖动即可绘制显示前景色的图画，按鼠标右键拖动可绘制显示背景色的图画，可以根据需要选择不同粗细、形状的笔刷。

⑤ 文字工具：可以用于在图画中加入文字。选择工具后，在文字输入框内输入文字，还可以在"文本"选项卡中设置文字的字体、字号、颜色，设置粗体、斜体、下划线、删除线以及背景是否透明等.

⑥ 直线工具：单击工具，选择需要的颜色和合适的宽度，拖动鼠标至目标位置再松开，可得到直线。在拖动的过程中，按住<Shift>键不放，可以画出水平、垂直或与水平成 45° 的线条。

⑦ 曲线工具：单击工具，选择需要的颜色和合适的宽度，拖动鼠标至目标位置再松开，然后在线条上选择一点，拖动鼠标，将线条调整至合适的弧度。

⑧ 椭圆工具、矩形工具、圆角矩形等工具：这几种工具的应用方法基本相同。选择工具后，在画布上拖动鼠标拉出相应的图形即可。可以通过轮廓按钮和填充按钮的下拉菜单设置形状的轮廓和填充方式，包括无轮廓线或不填充、纯色、蜡笔、记号笔、油画颜料、普通铅笔和水彩这几种选项。在拖动鼠标的同时如果按住<Shift>键不放，可以得到正圆、正方形和正圆角矩形等形状。

提示

"颜色"组中"颜色1"选项中的颜色都是前景色，需要按下鼠标左键进行绘制；而"颜色2"选项中的颜色是背景色，需要按下鼠标右键进行绘制。想要设置"颜色2"选项中的颜色，只需要选择"颜色2"选项，然后在颜色框中选择要设置的颜色即可。

（3）图像和颜色的编辑。除了使用工具进行绘图之外，用户还可对图像进行简单的编辑，主要的操作集中在"图像"组中。

（4）复制屏幕和窗口。配合使用"剪贴板"程序和"画图"程序可以复制整个屏幕或某个活动窗口。

① 复制整个屏幕。按下<Print Screen>键，复制整个屏幕。

② 复制窗口。选择要复制的窗口，按<Alt+Print Screen>组合键，复制当前的活动窗口。

在新建的"画图"文件中，按<Ctrl+V>组合键，得到复制的屏幕或活动窗口，使用"画图"程序保存画面。

 练习

（1）用记事本创建名为"个人信息"的文档，内容为自己的班级、学号、姓名，并设置字体、字号为楷体、三号。

（2）利用计算器计算：

$(1\,011\,001)_2 = ($　　　　　$)_{10}$

$(1\,001\,001)_2 + (7\,526)_8 + (2\,342)_{10} + (ABC18)_{16} = ($　　　　　　$)_{10}$

$\sin 60° =$

$12^{12} =$

（3）使用画图软件绘制主题为"向日葵"的图像。

（4）打开科学型计算器，将该程序窗口作为图片保存到桌面上，将文件命名为"科学型计算器.bmp"。

PART 3

模块 3
文档处理之
Word 2010 篇

3.1 科技小论文编辑

 技能目标

① 学会 Word 的基本操作。

② 学会对文字、段落进行格式设置。

③ 能完成科技小论文的格式设置。

④ 能做到举一反三。

 热身练习

新生入学后的第一个国庆节，作为班长的小王，需要制作放假通知并打印张贴出来，请大家来帮帮他。

3.1.1 Word 的基本操作

 知识储备

（1）启动 Word 程序。最常用的方法：① 单击"开始"按钮，出现"开始"菜单；② 单击"Microsoft Word 2010"，进入 Word 操作环境。如果在"开始"菜单中没有出现"Microsoft Word 2010"，则选择"所有程序"→"Microsoft Office"→"Microsoft Word 2010"。

（2）认识 Word 的基本界面。在使用 Word 之前，首先要了解它的操作界面，如图 3-1 所示。

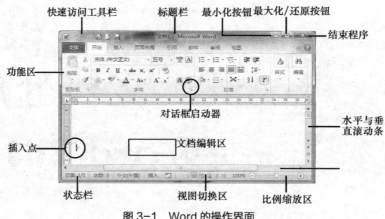

图 3-1　Word 的操作界面

① 标题栏：显示当前程序与文件名称（首次打开程序，默认文件名为"文档1"）。

② 快速访问工具栏：主要包括一些常用命令，单击快速访问工具栏的最右端的 下拉按钮，可以添加其他常用命令。

③ 功能区：用于放置常用的功能按钮以及下拉菜单等调整工具。

④ 对话框启动器：单击功能区中选项组右下角的" 对话框启动器"按钮，即可打开该功能区域对应的对话框或任务窗格。

⑤ 文档编辑区：用于显示文档的内容供用户进行编辑。

⑥ 状态栏：用来显示正在编辑的文档信息。

⑦ 视图切换区：用于更改正在编辑的文档的显示模式。

⑧ 比例缩放区：用于更改正在编辑的文档的显示比例。

⑨ 滚动条：使用水平或垂直滚动条，可滚动浏览整个文件。

（3）文件的保存。使用快速访问工具栏的" 保存"按钮或单击" 文件 文件"按钮，从弹出的下拉菜单中单击" 保存"按钮，从弹出的"另存为"对话框（见图 3-2）中设置保存位置、文件名与保存类型，最后单击"保存"按钮。

文件菜单中的"保存"与"另存为"是有区别的。① 保存：将文件保存到上一次指定的文件名称及位置，会以新编辑的内容覆盖原有文档内容；② 另存为：将文件保存到新建的文件名、位置或保存类型中，原文档不会发生改变。

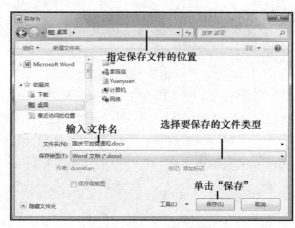

图 3-2　"另存为"对话框

为避免辛苦创建的内容丢失，需要养成每隔一段时间就保存一次的好习惯！此外，还有一个一劳永逸的好办法：单击"<kbd>文件</kbd>文件"按钮，从弹出的下拉菜单中单击"选项"按钮，在"Word 选项"对话框中的"保存"选项卡中将"保存自动恢复信息时间间隔"设置为合适大小，这样 Word 程序就会自动帮我们每隔一段时间保存一次。

（4）文件类型的相关说明。Word 文件可以使用多种类型来保存，不同的文件类型对应的扩展名，图标一般不相同。如默认类型为"Word 文档"，对应扩展名为".docx"，图标为"<kbd>W</kbd>"。

（5）关闭窗口与退出程序。保存文件后就可以放心地关闭文档窗口或退出程序了。关闭当前文档窗口时，Word 程序是不会关闭的。具体操作是：单击"<kbd>文件</kbd>文件"按钮，在弹出的下拉菜单中单击"关闭"按钮。

如要退出程序（关闭程序窗口），需单击标题栏最右端的"<kbd>X</kbd>关闭"按钮，或单击"<kbd>文件</kbd>文件"按钮，在弹出的下拉菜单中单击"<kbd>X</kbd>退出"按钮。退出程序后，程序窗口和文档窗口一起关闭。

如还需再次使用 Word 程序，使用"关闭"按钮可以提升打开文件的速度。

（6）打开文件。关闭文档窗口后，可以使用 Word 程序，将保存的文件再次在 Word 程序窗口中打开。单击"<kbd>文件</kbd>文件"按钮，在弹出的下拉菜单中单击"打开"按钮，可以从"打开"对话框中选择需要打开的文件。

打开文件时注意"文件类型"的选择，如果要打开的文件是".txt"文本文件，则应选择"所有文件（*.*）"。

（7）选取文本的方法。根据选取文本的区域及长短的不同，可以将常用的选取操作分为 6 种。

① 选取一段文本：在段落中任何一个位置，连续按 3 次鼠标左键。

② 选取所有内容：单击"编辑"→"全选"命令，或使用<Ctrl+A>组合键。

③ 选取少量文本：将鼠标移至需选取文本的首字符处，使用鼠标左键拖曳至欲选取的范围。

④ 选取大量文本：将鼠标移至需选取文本的首字符处并单击鼠标左键，然后按住<Shift>键的同时，在要选取文本的结束处单击鼠标左键。

⑤ 不连续选取文本：先用选取少量文本的方法，选取第一部分连续的文本；然后按住<Ctrl>键不放，继续使用鼠标左键拖曳选取另外的区域，直到选取结束。

⑥ 以列为单位选取文本：按住<Alt>键，使用鼠标拖动的方式选定一块矩形文本。

3.1.2 对文字、段落进行格式设置

 **操作步骤**

【步骤1】 新建文件。启动 Word 程序后，窗口中会自动建立一个新的空白文件。

【步骤2】 保存文件。单击快速访问工具栏的" 保存"按钮，在弹出的"另存为"对话框中设置保存位置（桌面）、文件名与保存类型（"国庆节放假通知.doc"），单击"保存"按钮。

【步骤3】 输入文本。在插入点处，依次输入通知内容，保持 Word 默认格式，使用<Enter>键另起一段，日期通过单击"插入"选项卡中的" 日期和时间"按钮自动生成（见图3-3），完成文本输入后的效果如图3-4所示。

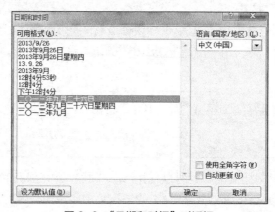

图3-3 "日期和时间"对话框

图3-4 输入文本后

【步骤4】 设置文字。选中标题，在"开始"选项卡中设置"字体、字号 黑体 · 二号 ·"及"居中 "；选中正文及落款，设置"字体、字号"为"仿宋_GB2312、小三"。

提示

　　在计算机的各类基本操作中，最重要的一条原则就是"先选定，后操作"。所谓"选定"，就是选取要处理的对象，可以是文本、图片和图表等；"操作"的方法其实有很多种，计算机操作不同于解数学题，其操作步骤也不可能有所谓的标准答案，本书中所提供的操作步骤也只是推荐操作，是众多操作方法中的一种。

【步骤5】　　设置段落。选中标题和正文两个段落，在"段落"选项组中单击"⬚对话框启动器"按钮。在"段落"对话框中，设置段前距为"1 行"；选中正文所在段落，设置特殊格式为"首行缩进"，度量值为"2 字符"（见图 3-5）；选中落款部分的两个段落，单击"段落"选项组中的"右对齐"按钮。

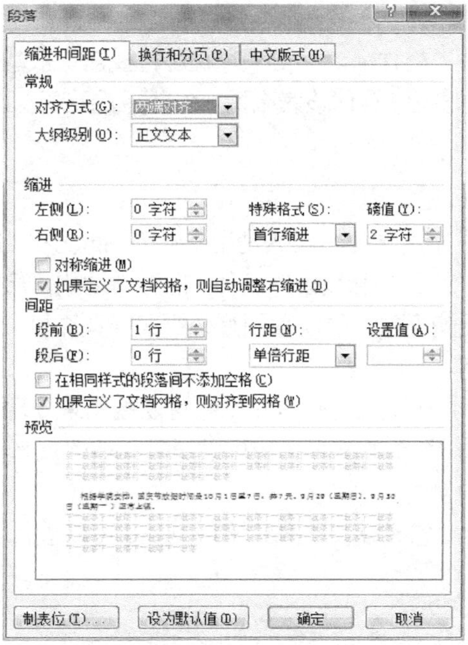

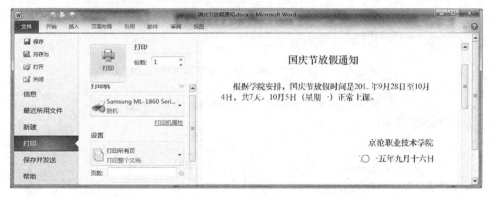

图 3-5　设置段落格式

【步骤6】　　打印预览。为确保打印效果，在正式打印前单击"⬚文件"按钮，从弹出的下拉菜单中单击"⬚打印⬚"按钮查看打印效果，如图 3-6 所示。

图 3-6　打印预览效果

【步骤7】　　打印。确保已连接本地或网络打印机，单击打印预览效果中的"⬚打印"按钮，即可打印通知。

　　通过以上的热身练习，我们已经掌握了 Word 文字处理软件的基本使用方法。下面以一个具体的项目来巩固并提高 Word 软件的使用能力，先来看一下该项目的具体情境。

3.1.3 对文档进行排版

项目情境

一年一度的科普月活动开始了，学院举办科技小论文比赛，要求大一的学生参加，并以电子文档的形式，通过 E-mail 上交作品。小王平时就对科技知识很感兴趣，写文章不成问题，可电子文档用什么工具来完成好呢？具体该怎么操作？相应的格式又怎么设置呢？

项目分析

① 使用什么工具来完成小论文呢？当然是用微软公司的办公自动化软件 Office。在 Office 组件中，Word 可以完成简单的文档和复杂的稿件，能够帮助用户轻松创建并编辑这些文档。学好 Word，对我们的就业也会有帮助。所以我们有必要学好计算机应用基础、学好 Office 办公软件、学好 Word 软件。

② Microsoft Word 软件具体能做些什么呢？它可以被用来处理日常的办公文档，排版，处理数据，建立表格，可以制作简单的网页，还可以通过其他软件直接发传真或者发 E-mail 等，能够满足普通人的绝大部分日常办公需求。

③ 在 Microsoft Word 中，怎么设置格式？使用 Word 可以进行字体格式、段落格式等编排。

重点集锦

1．字符、段落格式和奇数页眉

科技论文比赛

浅谈 CODE RED 蠕虫病毒

软件与服务外包学院　软件 13（1）　小王

【摘要】本文以"CODE RED"为例，对蠕虫病毒进行剖析。并将该病毒分为核心功能模块、hack web 页面模块和攻击 www.whitehouse.gov 模块以便阐述。

【关键词】"CODE RED" 蠕虫病毒 网络 线程

蠕虫是一种通过网络传播的恶性病毒，它具有病毒的一些共性，如传播性、隐蔽性、破坏性等等，同时具有自己的一些特征，如不利用文件寄生（有的只存在于内存中）、对网络造成拒绝服务、以及和黑客技术相结合等。

2．分栏和边框底纹

>From kernel32.dll:	>From infocomm.dll:
GetSystemTime	TcpSockSend
CreateThread	>From WS2_32.dll:
CreateFileA	socket
Sleep	connect
GetSystemDefaultLangID	send
VirtualProtect	recv
	closesocket

3. 脚注和页码页数

3

项目详解

项目要求 1：新建文件，命名为"科技小论文（作者：小王）.docx"，保存到桌面上。

操作步骤

【步骤 1】　　启动 Word 程序，窗口中会自动建立一个新的空白文件。

【步骤 2】　　单击快速访问工具栏中的"保存"按钮，在弹出的"另存为"对话框中设置保存位置（桌面）、文件名与保存类型（"科技小论文（作者：小王）.docx"），单击"保存"按钮。

项目要求 2：将新文件的页边距上、下、左、右均设置为 2.5 厘米，从"3.1 要求与素材.docx"中复制除题目要求外的其他文本到新文件。

知识储备

（8）页面设置。合理地进行页面设置，能使文档的页面布局符合具体的应用要求。单击"页面布局"选项卡，在"页面设置"选项组中单击" 对话框启动器"按钮，在"页面设置"对话框中进行相应设置。

①　"页边距"选项卡。

页边距：是指正文与页面边缘的距离，在页边距中也能插入文字和图片，如页眉、页脚等。

方向："纵向"是指打印文档时以页面的短边作为页面上边，"纵向"为默认设置。

②　"纸张"选项卡。

纸张大小：默认设置为"A4"，如需更改，单击右边的下拉按钮，可以修改为其他系统预置的纸张大小。如都没有合适的，还可以选择"自定义大小"，并在"宽度"和"高度"框中输入尺寸。

打印选项：单击"打印选项"按钮，通过"打印"对话框可以进行详细的打印设置。

③　"版式"选项卡。

在"页眉和页脚"部分可以设置"奇偶页不同"和"首页不同"。

（9）文本的移动、复制及删除。

对文本进行移动或复制有 3 种常用方法：鼠标、快捷菜单和组合键。

①　用鼠标左键拖曳的方式进行移动与复制：先选定要移动或复制的文本，鼠标指针移至被选定的文本上，鼠标指针形状变为向左的空心箭头 。按住鼠标左键并拖曳，可以看到一条虚线条的光标在提示目标位置，拖曳到目标位置后放开鼠标即可完成文本的移动；如果需要完成文本的复制，只需要在用鼠标拖曳的同时，按住<Ctrl>键即可。注意，空心箭头右下角会出现一个"+"号。

②　用快捷菜单的方式进行移动与复制：先选定要移动或复制的文本，鼠标指针移至被选定的文本上，鼠标指针形状变为向左的空心箭头 。单击鼠标右键，弹出快捷菜单，如果是移动文本就选择"剪切"；如果是复制文本就选择"复制"。将光标移动到要插入该文本的位置，单击鼠标右键，在快捷菜单中选择"粘贴"。

③ 用组合键的方式进行移动与复制：先选定要移动或复制的文本，使用组合键<Ctrl+X>完成文本的剪切或使用<Ctrl+C>组合键完成文本的复制，最后将光标移动到要插入文本的位置，按组合键<Ctrl+V>完成粘贴操作。

文本的删除有两种情况：整体删除和逐字删除。

● 整体删除：先选定要删除的文本，然后按<Delete>删除键或<Backspace>退格键。

● 逐字删除：将光标定在要删除文字的后面，每按一下<Backspace>键可删除光标前面的一个字符；每按一下<Delete>键则可删除光标后面的一个字符。

**操作步骤**

【步骤1】 在"科技小论文（作者：小王）.docx"文件中，单击"页面布局"选项卡，在"页面设置"选项组中单击" 对话框启动器"按钮，在"页边距"选项卡中分别将上、下、左、右页边距均设置为"2.5厘米"，如图3-7所示。

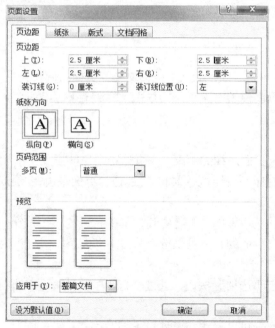

图3-7 "页边距"选项卡

【步骤2】 打开"3.1 要求与素材.docx"文件，使用选取大量文本的方法，按照要求选取指定文本。

【步骤3】 将鼠标指针移至反白显示的已选定文本上，单击鼠标右键，在弹出的快捷菜单中选择"复制"。

【步骤4】 在"科技小论文（作者：小王）.docx"文件中的光标闪烁处，单击鼠标右键，在弹出的快捷菜单中单击"粘贴选项"中的" 只保留文本"按钮。

使用"选择性粘贴"命令可进行无格式文本等多种方式的粘贴，详见本节后面的"知识扩展（3）选择性粘贴"。

项目要求 3：插入标题"浅谈 CODE RED 蠕虫病毒"，设置为"黑体，二号字，居中，字符间距加宽、磅值为 1 磅"。在标题下方插入系部、班级及作者姓名，设置为"宋体，小五号字，居中"。

 **知识储备**

在 Word 中，描述字体大小的单位有两种：一种是汉字的字号，如初号、小初、一号、……、七号、八号等；另一种是用国际上通用的"磅"来表示，如 4、4.5、10、12、…、48、72 等。中文字号中，"数值"越大，字就越小；而"磅"的"数值"则与字符的尺寸成正比。在 Word 中，中文字号共有 16 种，而用"磅"来表示的字号却很多，其磅值的数字范围为 1～1638。磅值可选的最大值为"72"，其余值需通过键盘输入。

操作步骤

【步骤 1】 在当前第一段段首处单击鼠标左键，将光标定在第一段段首，然后按<Enter>键产生新段落。

【步骤 2】 将输入法切换至中文输入状态，在新段落中输入标题"浅谈 CODE RED 蠕虫病毒"。

【步骤 3】 使用鼠标左键拖曳→ 的方式选取刚输入的标题文本。

【步骤 4】 在格式工具栏中按照要求设置"字体、字号 黑体 ▼ 二号 ▼"及"居中 ≣"。

【步骤 5】 标题文本被选中的状态下，从"字体"选项组中单击" 对话框启动器"按钮，在"字体"对话框的"高级"选项卡中设置"字符间距"，如图 3-8 所示。

图 3-8 "高级"选项卡

 提示　功能区中放置的是常用按钮，不能覆盖所有的格式设置。这时，我们就要在"字体"选项组中单击" 对话框启动器"按钮，在"字体"对话框中可以设置所有有关文本的格式。如"字体"选项卡中的"效果"部分，"高级"选项卡中的"位置"部分等。

【步骤 6】 将光标定在标题段末，然后按<Enter>键，再次产生新段落。在光标处输入系部、班级及作者姓名，并按照要求设置字体（宋体）、字号（小五）及居中。

项目要求 4： 设置"摘要"及"关键词"所在段落为"宋体，小五号字，左、右各缩进 2 字符"，并给这两个词加上括号，效果为：【摘要】。

 知识储备

（10）"缩进和间距"选项卡详解。"段落"对话框中的"缩进和间距"选项卡中，除了可以设置段落的左、右缩进外，还可以设置"对齐方式""特殊格式"的缩进以及"间距"。

① 对齐方式：包括左对齐、居中对齐、右对齐、两端对齐以及分散对齐。

② 特殊缩进：包括首行缩进和悬挂缩进，选择相应方式后可在"度量值"中输入具体数值。

③ 间距：包括段前、段后及行距。

> **提示** 所有"缩进"和"间距"的设置要注意度量单位，如果使用单位与默认的不同，还需输入相应的单位，如"1.5 厘米""厘米"就需要手工输入。

操作步骤

【步骤 1】 使用鼠标左键拖曳→的方式选取"摘要"及"关键词"所在的两个段落。

【步骤 2】 在格式工具栏中按照要求设置"字体、字号"。

【步骤 3】 从"段落"选项组中单击" 对话框启动器"按钮，在"段落"对话框中的"缩进和间距"选项卡中设置"缩进"部分的数值，具体如图 3-9 所示。

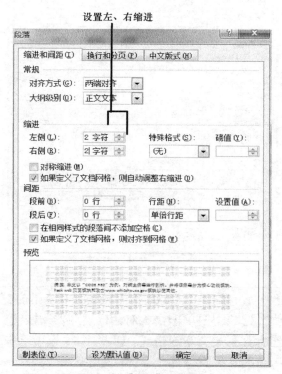

图 3-9 "段落"对话框

【步骤4】 将光标移至欲插入符号的位置，单击"插入"选项卡中的"Ω符号"按钮，从下拉菜单中选择"其他符号"命令，在"符号"对话框的"符号"选项卡中选择"子集"为"CJK符号和标点"，单击以选择所需符号，最后单击"插入"按钮，如图3-10所示。

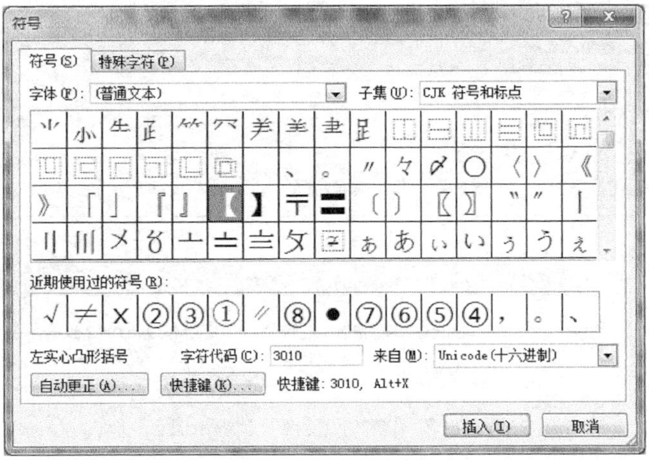

图3-10 插入特殊符号

【步骤5】 用同样的方法为"关键词"添加相应符号，完成后如图3-11所示。

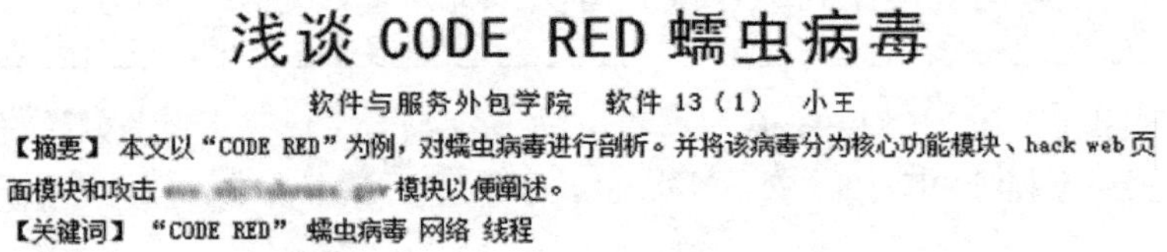

浅谈 CODE RED 蠕虫病毒

软件与服务外包学院 软件 13（1） 小王

【摘要】 本文以"CODE RED"为例，对蠕虫病毒进行剖析。并将该病毒分为核心功能模块、hack web 页面模块和攻击 ████████████ 模块以便阐述。

【关键词】 "CODE RED" 蠕虫病毒 网络 线程

图3-11 完成项目要求4后的效果

项目要求5：调整正文顺序，将正文"1.核心功能模块"中的（2）与（1）部分的内容调换。

 操作步骤

【步骤1】 使用鼠标左键拖曳→的方式选取"1.核心功能模块"中的（1）部分的全部内容，共17行。

【步骤2】 使用鼠标左键拖曳→的方式，将其移至"1.核心功能模块"中的（2）之前。

提示 拖曳至目标位置时注意虚线条的光标位置 "（2）建立起"。

项目要求6：将正文中第1、2段中所有的"WORM"替换为"蠕虫"。

 **操作步骤**

【步骤1】 选中正文中的第1、2段，共6行。

【步骤2】 从"开始"选项卡中单击"替换"按钮，在"查找和替换"对话框中设置"查找内容"为"WORM"，设置"替换为"为"蠕虫"。

【步骤3】 最后单击"全部替换"按钮。

【步骤4】 完成替换后会弹出一个信息框，提示替换 5 处。单击"否"取消搜索文档其余部分，如图 3-12 所示。

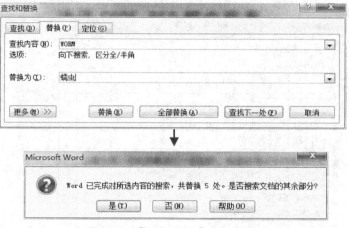

图 3-12 "查找和替换"及提示信息

 如果替换中涉及格式的替换，建议使用"查找和替换"对话框中的"更多>>"按钮或使用高级替换的方法来完成。

项目要求 7：设置正文为"宋体和 Times New Roman，小四号字，1.5 倍行距，首行缩进 2 字符"，正文标题部分（包括参考文献标题，共 4 个）为"加粗"，正文第一个字为"首字下沉"。

 **操作步骤**

【步骤1】 使用选取大量文本的方法，选取所有正文文本。

【步骤2】 在"字体"选项组中单击" 对话框启动器"按钮，在"字体"对话框的"字体"选项卡中完成"中文字体"和"英文字体"及字号的格式设置，如图 3-13 所示。

图 3-13 中/英文字体及字号设置

【步骤3】　在"段落"选项组中单击" 对话框启动器"按钮，在"段落"对话框中设置行距为"1.5 倍行距"，特殊格式中选择"首行缩进"，度量值为"2 字符"，如图 3-14 所示。

【步骤4】　使用不连续选取文本的方法，选择正文标题（1.核心功能模块；2.hack web 页模块；5.攻击网页模块）及参考文献标题（参考文献：），单击"字体"选项组中的"**B**加粗"按钮。

【步骤5】　将光标定在正文第一段的任何位置，在"插入"选项卡中单击" 首字下沉"下拉按钮，从下拉菜单中选择"首字下沉选项"命令，在"首字下沉"对话框中选择"位置"部分的"下沉"，最后单击"确定"按钮，具体如图 3-15 所示。

图 3-14　"段落"对话框

图 3-15　"首字下沉"对话框

提示　　如首字下沉中涉及"选项"部分中"字体"的设置、"下沉行数"及"距正文"的相关设置，需进一步在"首字下沉"对话框中进行相应设置。

项目要求 8：将"1.核心功能模块（3）装载函数"中从">From kernel32.dll:"开始的代码到"closesocket"的格式设为"分两栏、左右加段落边框，底纹深色 5%"。

知识储备

（11）字符、段落及页面添加边框的不同。

① 字符边框：把文字放在框中，以文字的宽度作为边框的宽度，如超过一行，则会以行为单位添加边框线。字符的边框是同时添加上下左右 4 条边框线，所有边框线的格式是一致的。

② 段落边框：是以整个段落的宽度作为边框宽度的矩形框。段落边框还可以单独设置上、下、左、右 4 条边框线的有无及格式。

③ 页面边框：是为整个页面添加边框，一般在制作贺卡、节目单等时会用到。

（12）填充与图案详解。在设置底纹时有"填充"和"图案"两部分，其中"图案"部分又分为"样式"和"颜色"。

　　"填充"是指对选定范围部分添加背景色;"图案"是指对选定范围部分添加前景色,前景色是广义的,包括各种"样式"。

　　"图案"部分的"样式",默认为"清除",是指没有前景色。"图案"部分的"颜色"默认为"黑色"。除默认外,可以设置不同的"样式"和"颜色"。

 **操作步骤**

【步骤1】　选取指定代码,共16行(包括一个空行)。

【步骤2】　在"页面布局"选项卡中单击"分栏"下拉按钮中的"两栏"按钮,或单击"更多分栏"命令,在"分栏"对话框中选择"预设"部分的"两栏",最后单击"确定"按钮,如图3-16所示。

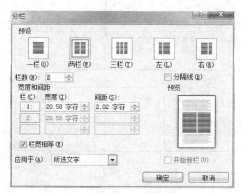

图3-16　"分栏"对话框

 提示　　如果分栏中涉及"栏数"的选择、是否显示"分隔线"以及"宽度和间距"等相关设置,需进一步在"分栏"对话框中进行相应设置。

【步骤3】　选中指定代码所在段落,单击"　"下拉按钮中的"边框和底纹"命令,从弹出的"边框和底纹"对话框中的"边框"选项卡中,在"设置"部分选择"自定义",在"预览"部分设置左、右两条边框线,如图3-17所示。

图3-17　"边框"选项卡

段落边框中如果四条边框线不是一致的格式，需要在"设置"部分选择"自定义"。此外，在设置边框线时，要遵循"边框"选项卡中"从左到右"设置的原则，即先选择"设置"部分，再选择"样式、颜色、宽度"，最后在"预览"中选择需要设置边框线的位置。其中特别要注意"应用于"的范围选择，如果选择的是段落（回车符在选择范围内），则默认就是段落；如果选择的是文本（回车符不在选择范围内），则默认就是文字。如果选择范围有误，可以在"应用于"部分进行修改。

【步骤4】　在"边框和底纹"对话框的"底纹"选项卡中，将"填充"部分设置为"深色5%"（见图3-18），边框和底纹均设置完毕后单击"确定"按钮。

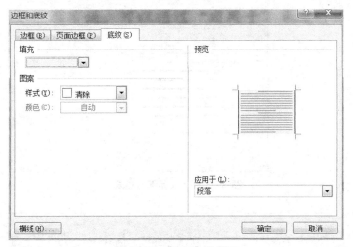

图3-18　"底纹"选项卡

如果对话框中的设置涉及几个选项卡，请在所有选项卡均设置完成后，最后单击"确定"按钮，以避免不必要的重复劳动。

项目要求9：使用项目符号和编号功能自动生成参考文献各项的编号："[1]、[2]、[3]…"。

 知识储备

（13）项目符号和编号。项目符号和编号是 Word 中的一项"自动功能"，可使文档条理清楚、重点突出，并且可以简化输入，从而提高文档编辑速度。

使用"项目符号和编号"时，每一次使用都会应用到前一次所使用过的样式。

清除项目编号时，除了可以在"项目符号和编号"下拉按钮中单击"无"之外，还有更快的两种方法。

① 选中设置项目编号的所有段落，单击格式工具栏中的"项目编号"按钮，使其处于弹出状态。选择"编号库"中的"无"即可。

② 将光标定在项目编号右边，按<Backspace>退格键，删除左边的项目编号。

 **操作步骤**

【步骤 1】 使用选取少量文本的方法，选取"参考文献"中的各段文本。

【步骤 2】 在"段落"选项组中单击"▤▪项目编号"下拉按钮，选择"编号库"中的"☐"的按钮，或单击"定义新编号格式"命令，在"定义新编号格式"对话框中设置"编号格式"，如图 3-19 所示。

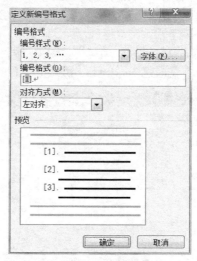

图 3-19 定义新编号格式

 提示

"编号格式"中的"1"为系统自动生成的，可使用"编号样式"及"起始编号"来修改。

项目要求 10：给"1.核心功能模块"的"（4）检查已经创建的线程"部分中的"WriteClient"加脚注，内容为"WriteClient 是 ISAPI Extension API 的一部分"。

 **知识储备**

脚注和尾注用于文档和书籍中，以显示所引用资料的来源或说明性及补充性的信息。脚注和尾注都是用一条短横线与正文分开的。脚注和尾注的区别主要是位置不同，脚注位于当前页面的底部；尾注位于整篇文档的结尾处。

要删除脚注或尾注，可在文档正文中选中脚注或尾注的引用标记，然后按<Delete>删除键。这个操作除了删除引用标记外，还会将页面底部或文档结尾处的文本删除，同时会自动对剩余的脚注或尾注进行重新编号。

 **操作步骤**

【步骤 1】 将光标定在"WriteClient"后。

【步骤 2】 从"引用"选项卡中单击"_{插入} 插入脚注"按钮，在当前页面底端的光标处（见图 3-20）输入脚注内容：WriteClient 是 ISAPI Extension API 的一部分。

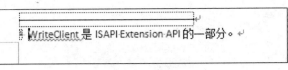

图 3-20　脚注

项目要求 11：设置页眉部分，奇数页使用"科技论文比赛"，偶数页使用论文题目的名称；在页脚部分插入当前页码，并设置为居中。

 **知识储备**

页眉：显示在页面顶端上页边区的信息。

页脚：显示在页面底端下页边区中的注释性文字或图片信息。

页眉和页脚通常包括文章的标题、文档名、作者名、章节名、页码、编辑日期、时间、图片以及其他一些域等多种信息。

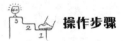 **操作步骤**

【步骤 1】　在"插入"选项卡中单击"页眉"下拉按钮中的"编辑页眉"命令，如图 3-21 所示。

图 3-21　编辑"页眉"

【步骤 2】　在"页眉和页脚工具"中勾选"奇偶页不同"选项，如图 3-22 所示。

图 3-22　设置奇偶页不同

【步骤 3】　在奇数页页眉中输入"科技论文比赛"，偶数页页眉中输入论文题目的名称，如图 3-23 所示。

图 3-23　奇偶页眉的输入

【步骤 4】　将光标分别定在奇数和偶数页脚区，在"页眉和页脚工具"中，单击"页码"按钮，在下拉列表中选择"页面底端"中的"普通数字 2"，如图 3-24 所示。

图 3-24 "页码"下拉列表

【步骤 5】 全部内容设置完成后，在"页眉和页脚工具"中单击"关闭页眉和页脚"按钮。

项目要求 12：保存该文件的所有设置，关闭文件并将其压缩为同名的 RAR 文件，最后使用 E-mail 的方式发送至主办方联系人的电子邮箱中。

 **操作步骤**

【步骤 1】 单击快速访问工具栏中的"💾保存"按钮，后再单击标题栏右侧的"关闭"按钮。

【步骤 2】 在"科技小论文（作者：小王）.docx"文件图标上单击鼠标右键，从弹出的快捷菜单中选择"添加到'科技小论文（作者：小王）.rar'"，如图 3-25 所示，完成文件的压缩。

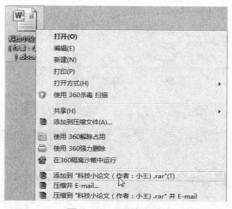

图 3-25 压缩文件

提示	复制源不同则对应可选的粘贴形式就不同。

 知识扩展

格式刷的使用。选定有格式的文本和段落，单击工具栏中的"🖌格式刷"按钮，鼠标指针形状会变成一把小刷子"🖌"。用刷子形状的鼠标指针选定要改变格式的文本或段落，相同的格式就被复制了，但内容不会发生变化。

使用鼠标指针单击"格式刷"按钮，复制格式的功能只能使用一次，若需多次使用，则应双击鼠标左键🖱。要取消格式刷时，按<Esc>键或再次单击"🖌格式刷"按钮即可。

项目符号。所谓"项目符号"，就是放在文本前面的圆点或其他符号。一般是列出文章的重点，不但能起到强调作用，使得文章条理更清晰，还可以达到美化版面的效果。

学会使用"项目编号"后，其实"项目符号"的设置方法也是相同的。先选定需要设置项目符号的所有段落，单击"段落"选项组，选择"三 项目符号"下拉按钮中的"定义新项目符号"，在"定义新项目符号"的对话框中设置项目符号字符，如图3-26所示。

首页不同的页眉与页脚的添加。首页不同的页眉与页脚的添加经常会用在论文、报告等有封面的文字材料中。要求正文部分有页眉和页脚，封面则不需要页眉和页脚。

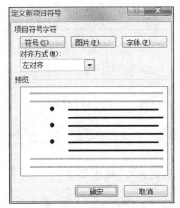

图3-26　定义新项目符号

3.2　课程表和统计表

技能目标

① 会使用 Word 创建表格。
② 能按要求对表格格式进行设置。
③ 会利用公式和函数实现表格中数据的运算。
④ 掌握一些自主学习的方法。

项目情境

小王在寒假期间浏览学院网站时，查到了下学期上课的课程，于是他想到了用 Word 来制作一张课程表，开学时打印出来贴到班级的墙上。

开学后，作为学生会纪检部干事的小王，承担了各班级常规检查的任务，并要定期完成系常规管理月统计报表的制作工作。

项目分析

① 有些繁杂的文字及数字资料，若以表格来处理，可以使文档看起来井然有序，更具完整性与结构性。
② 在 Word 中是如何创建表格的？
③ 表格内容是如何进行编辑修改的？
④ 表格的格式是如何设置的？
⑤ 表格内容是如何进行计算的？在 Word 表格中，不但能够对单元格中的数字进行加、减、乘、除四则运算，还能进行求和、求平均、求最大值和最小值等复杂运算。
⑥ 表格是怎样进行排序的？

重点集锦

（1）表格创建与格式设置
（2）表格中数据的运算

 项目详解

 项目要求1：创建10行、7列的表格。

 知识储备

（1）建立表格的方法。

① 在"插入"选项卡中单击"表格"下拉按钮，拖动鼠标进行表格行数与列数的设置，完成表格的建立，如图 3-32 所示。用这种方法创建表格时会受到行列数目的限制，不适合创建行列数目较多的表格。

② 在"插入"选项卡中单击"表格"下拉按钮中的"插入表格"命令。

③ 在"插入"选项卡中单击"表格"下拉按钮中的"绘制表格"命令，如图 3-27 所示。

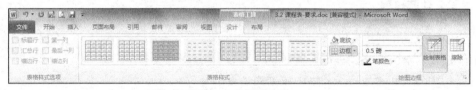

图 3-27　表格工具

前两种方法制作的都是规则表格，即行与行、列与列之间距离相等。有时候，我们需要制作一些不规则的表格，这时可以使用"绘制表格"来完成此项工作，如制作简历表等。

> **提示**　大多数的时候，第一种方法和第三种方法是配合使用的，先用第一种方法将表格的大致框架绘制出来，再使用第三种方法对表格内部的细节部分进行修改。

（2）选定表格对象。表格对象包括单元格、行、列和整张表格，其中单元格是组成表格的最基本单位，也是最小的单位。

① 选定单元格。将鼠标指针移至单元格的左下角，鼠标指针形状变为指向右上方的黑色箭头"➚"，单击鼠标左键，则整个单元格被选定，如果拖曳鼠标指针可以选定多个连续单元格。

② 选定行。将鼠标指针移至表格左边线左侧，鼠标指针形状变为指向右上方的空心箭头"➘"，单击鼠标左键，则该行被选定，如果拖曳鼠标可以选定多行。

③ 选定列。将鼠标指针移至表格上边线时，鼠标指针形状变为黑色垂直向下的箭头"↓"，单击鼠标左键，该列被选定，如果拖曳鼠标可以选定多列。

④ 选定整个表格。将光标定在表格中的任意一个单元格内，在表格的左上方会出现"✛"型图案，当鼠标指针移近此图案，鼠标指针形状变为"✥"时，单击该图案，则整个表格被选定。

（3）插入与删除行、列或表格。

① 插入行、列。光标定位在任意一个单元格中，在"表格工具"中单击"布局"选项卡，从"行和列"选项组中选择合适按钮完成插入操作，如图 3-28 所示。

② 删除行、列或表格。先选定需删除的行或列，在"表格工具"中单击"布局"选项卡，从"行和列"选项组中单击"删除"下拉按钮，选择合适的按钮完成删除操作，如图 3-29 所示。

图 3-28　插入行、列

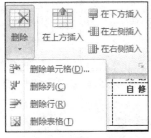

图 3-29　删除行、列或表格

 **操作步骤**

【步骤 1】　将光标定在要插入表格的位置。

 前面提到计算机操作的基本原则为"先选定，后操作"。

【步骤 2】　在"插入"选项卡单击"表格"下拉按钮中的"插入表格"命令，从"插入表格"对话框中设置表格行列数：10 行、7 列，如图 3-30 所示。

 这里设置的表格行列数不一定必须是 10 行、7 列，只要能绘制出课程表的大致框架即可。在具体操作过程中，如果发现需要修改行列数，还可以添加或删除行列。

项目要求 2：表格的编辑，合并拆分相应单元格。

 **知识储备**

合并与拆分单元格。① 合并单元格，选中要合并的相邻单元格（至少两个单元格），在选定的单元格区域上单击鼠标右键，从弹出的快捷菜单中选择"合并单元格"（见图 3-31）。单元格合并后，各单元格中数据将全部移至新单元格中并按照分段纵向排列。② 拆分单元格，可以将一个单元格拆分成多个单元格，也可以将几个单元格合并后再拆分成多个单元格。选定需要拆分的单元格（只能是一个），在选定的单元格区域上单击鼠标右键，从弹出的快捷菜单中选择"拆分单元格"命令。在"拆分单元格"对话框中，选择拆分后的行、列数，最后单击"确定"按钮，如图 3-32 所示。

图 3-30 "插入表格"对话框　　图 3-31 合并单元格　　　　图 3-32 拆分单元格

 操作步骤

【步骤 1】 按照课程表样图，同时选中第 2 列的第 2、3 行这两个单元格。

【步骤 2】 在选定的单元格区域上单击鼠标右键，从弹出的快捷菜单中选择"合并单元格"进行合并。

【步骤 3】 用同样的操作方法将第 2 列的第 4、5 行单元格，第 6、7、8 行单元格以及第 9、10 行单元格合并。

【步骤 4】 其他列的合并情况参照样图所示进行合并，完成后的效果如图 3-33 所示。

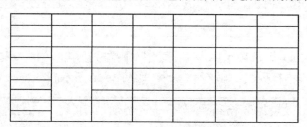

图 3-33 进行合并操作后的表格

【步骤 5】 在"表格工具"的"设计"选项卡中，单击"绘制表格"按钮。

【步骤 6】 此时，鼠标指针形状为"✏"，在第一列中间从第二行开始使用鼠标绘制一条直线，直至第 10 行结束。

【步骤 7】 单击"设计"选项卡中的"擦除"按钮，鼠标指针形状变为"🧽"，单击擦除当前表格第一列中的多余线条。

项目要求 3：表格内容的编辑。在对应单元格内输入文字，并设置相应格式。

 知识储备

（4）在单元格中输入文本。单元格是表格中水平的"行"和垂直的"列"交叉处的方块。用鼠标单击需要输入文本的单元格，即可定位光标；也可以使用键盘来快速移动光标。

① <Tab>制表键：移动到当前单元格的后一个单元格（如果在表格右下角，即最后一个单元格中按<Tab>键时，会在表格末尾处增加一新行）。

② 上、下、左、右方向键：在表格中移动光标至需要输入文本的单元格内。当光标定位后，

即可输入内容，文本内容既可用键盘输入，也可通过复制操作得到。

（5）单元格对齐方式详解。表 3-1 中给出了单元格的所有对齐方式及详细说明。

表 3-1　单元格的对齐方式

按钮	说明	按钮	说明
	靠上两端对齐		中部居中
	靠上居中		中部右对齐
	靠上右对齐		靠下两端对齐
	中部两端对齐		靠下居中
	靠下右对齐		

操作步骤

【步骤 1】　按照课程表样图中单元格的内容，依次在对应的单元格内输入相应文字，完成后的效果如图 3-34 所示。

		一	二	三	四	五	备注
上午	1	高等数学	大学英语	计算机	高等数学	机械基础	8:10-9:50
	2						
	3	机械基础	哲学	机械基础		大学英语	10:10-11:50
	4						
下午	5	计算机	体育	大学英语			13:20-15:00
	6						
	7		自修	自修			15:10-15:55
晚上	8	英语听力			CAD		18:30-20:00
	9						

图 3-34　输入文字后的表格

【步骤 2】　单元格中文本格式设置与 Word 文档中普通文本的格式设置方法一致。先使用鼠标左键拖曳 的方式选中需要设置格式的文本，在"开始"选项卡中单击"字体"选项组的"**B** 加粗"按钮和"**A** · 字体颜色"按钮将文本格式设置为"加粗、深蓝"。

【步骤 3】　在单元格中四个字的文本中的前两个字后，按<Enter>键另起一个段落。

【步骤 4】　选取整张表格，在选中区域上单击鼠标右键，从弹出的快捷菜单中选择"单元格对齐方式"→"中部居中"按钮。

项目要求 4：表格的格式设置。调整表格的大小，并设置相应的边框和底纹。

知识储备

（6）调整表格的行高与列宽。调整表格的行高、列宽有 3 种途径：鼠标左键拖曳、"表格属性"对话框和"自动调整"功能。

① 通过鼠标左键拖曳 来调整行高和列宽。当对行高和列宽的精度要求不高时，可以通过拖动行或列边线，来改变行高或列宽。

提示　　使用鼠标左键拖曳 来调整行高和列宽时，如需细微调整行高和列宽，可以在鼠标指针变为 " " 或 " " 形状时，使用鼠标左键拖曳 的同时按住<Alt>键，即可微调表格的行高或列宽。

② 通过"表格属性"对话框来设置精确的行高和列宽。先选中整个表格，在选定区域上单击鼠标右键，从弹出的快捷菜单中选择"表格属性"命令，在"表格属性"对话框中进行相应的格式设置，如图 3-35 所示。

图 3-35 "表格属性"对话框

③ 通过"自动调整"的功能调整表格的行高和列宽。先选中整个表格，在选定区域上单击鼠标右键，从弹出的快捷菜单中选择"自动调整"。在"自动调整"中有 3 种方式：根据内容调整表格、根据窗口调整表格以及固定列宽。可根据不同的需要，进行相应的选择。

（7）平均分布各列、行的使用。"平均分布各列"及"平均分布各行"必须在选定了多列（两列及以上）或多行的前提下才可以使用。

如果只是想调整整张表格的宽度，且要求每列的列宽均相同，那么可以按照下述方法来操作：首先减小最左边或最右边一列的宽度，然后选中表格，在选定区域上单击鼠标右键，从弹出的快捷菜单中选择"平均分布各列"命令，将所有列调至相同宽度。

"平均分布各行"与"平均分布各列"的使用方法类似，其作用是使所有行的行高均相同。

（8）单元格中文字方向的设置。选中要进行文字方向设置的单元格，在选定区域上单击鼠标右键，从弹出的快捷菜单中选择"文字方向"命令，在"文字方向—表格单元格"对话框中选中要设置的"方向"，最后单击"确定"按钮，如图 3-36 所示。

（9）表格的边框和底纹的设置。表格的边框和底纹设置与段落的边框和底纹设置是类似的，唯一的区别就是"应用于"选项的不同。在段落中，"应用于"有"文字"和"段落"两种选项；在表格中，"应用于"则有"单元格"和"表格"两种选项，具体如图 3-37 所示。

图 3-36 文字方向的设置

图 3-37 边框和底纹的设置

提示

对表格整体外框线、内框线进行设置时，建议使用"边框和底纹"对话框；而对表格中局部边框线进行格式设置时，建议使用"表格工具"来执行。

操作步骤

【步骤1】　选中整张表格，在选定区域上单击鼠标右键，从弹出的快捷菜单中选择"边框和底纹"命令。

【步骤2】　在"边框和底纹"对话框中的"设置"部分选择"自定义"。

【步骤3】　"线型"和"颜色"使用默认设置，"宽度"选择"1.5磅"，在"预览"部分直接在"预览图"中单击四条外边框线，单击"确定"按钮，如图3-38所示。

【步骤4】　单击"表格工具"的"设计"选项卡，在"绘图边框"选项组的"线型"下拉列表中选择"双实线"，如图3-39所示。

图3-38　预览的设置　　　　　图3-39　线型的设置

【步骤5】　鼠标形状为"✎"，在表格的第一行底部，使用鼠标左键拖曳→❚的方式从左到右画一条直线，第一行底部就变为双实线，如图3-40所示。

【步骤6】　使用同样的方法将表格中需要设置虚线的地方设置完毕。

【步骤7】　选中表格中的第一行，在选定区域上单击鼠标右键，从弹出的快捷菜单中选择"边框和底纹"命令。

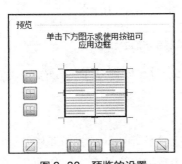

		一	二	三	四	五	备注
上午	1	高等数学	大学英语	计算机	高等数学	机械基础	8:10-9:50
	2						
	3	机械基础	哲学	机械基础		大学英语	10:10-11:50
	4						
下午	5	计算机	体育	大学英语			13:20-15:00
	6						
	7		自修	自修			15:10-15:55
晚上	8	英语听力			CAD		18:30-20:00
	9						

图3-40　第一行底部设置完毕后的表格

【步骤8】　在"边框和底纹"对话框中，选择"底纹"选项卡，在"填充"部分选择"深色5%"，单击"确定"按钮。

项目要求5：斜线表头的制作。

操作步骤

【步骤1】 将光标定在表格第一行、第一列的单元格内。把"表格工具"的"设计"选项卡中"宽度"改为"0.75磅",从左上角至右下角在当前单元格内绘制斜线。

【步骤2】 在"插入"选项卡中,单击"文本框"下拉按钮中的"绘制文本框"命令,鼠标变为十,拖曳鼠标左键绘制文本框,输入内容"星期"。调整文本框至合适大小,设置格式为"无填充"和"无线条"。

【步骤3】 复制文本框,将内容更改为"时间"。将两个文本框移至合适位置,最后的效果如图3-41所示。

时间 \ 星期		一	二	三	四	五	备注
上午	1	高等数学	大学英语	计算机	高等数学	机械基础	8:10-9:50
	2						
	3	机械基础	哲学	机械基础		大学英语	10:10-11:50
	4						
下午	5	计算机	体育	大学英语			13:20-15:00
	6						
	7		自修	自修			15:10-15:55
晚上	8	英语听力			CAD		18:30-20:00
	9						

图3-41 斜线表头绘制完毕后的表格

项目要求6: 删除无分数班级所在的行,统计出4月份每个班级常规检查的总分。

知识储备

（10）单元格编号。在表格中使用公式计算时,公式中引用的是单元格的编号,而不是单元格中具体的数据。这样做的好处在于:当单元格中数据发生改变时,公式是不需要修改的,只要使用"更新域"命令就可以得到新的结果,使工作效率大大提高,因此有必要为每一个单元格进行编号。

单元格编号的原则:列标用字母（A、B、C…）,行号用数字（1、2、3…）,单元格编号的形式为"列标+行号",即"字母在前,数字在后"。例如:信管10（2）班第8周的得分所在的单元格编号为"C4"。图3-42给出了单元格编号的示意图。

	A	B	C	D	E	F
1	班 级	第7周	第8周	第9周	第10周	总分
2	电艺10(1)	87.50	87.50	86.25	86.67	
3	信管10(3)	85.83	88.50	86.00	76.67	
4	信管10(2)	85.00	81.50	84.50	98.33	

图3-42 单元格编号示意图

（11）公式格式。公式格式为"=单元格编号 运算符 单元格编号"。

（12）函数格式。函数格式为=函数名（计算范围）,例如,=SUM（C2:C6）,其中SUM是求和的函数名,"C2:C6"为求和的计算范围。

常用函数有:SUM——求和,AVERAGE——求平均,MAX——求最大值,MIN——求最小值。

（13）计算范围的表示方法。计算范围一定要存在于公式中的一对小括号内,其表示方法一般有3种:

① 对于连续单元格区域:由该区域的第一和最后一个单元格编号表示,两者之间用冒号分隔。例如,C2:C6表示从C2单元格起至C6单元格共5个单元格。

② 对于多个不连续的单元格区域:多个单元格编号之间用逗号分隔。逗号还可以连接多个连

续单元格区域，与数学上的并集概念类似。例如，"C2,C6"表示 C2 和 C6 共两个单元格；"C2:C6,E2:E6"表示从 C2 单元格起至 C6 单元格，以及从 E2 单元格起至 E6 单元格共 10 个单元格。

③ 在输入计算范围过程中，还有另外一种方法，即使用 LEFT（左方）、RIGHT（右方）、ABOVE（上方）和 BELOW（下方）来表示。

Word 是以域的形式将结果插入选定单元格的。如果更改了某些单元格中的值，则不能像 Excel 那样自动计算，要先选定该域，按<F9>键（或单击鼠标右键，从快捷菜单中选择"更新域"），才能更新计算结果。

单元格编号以及表格公式中的所有字母是不区分大小写的，即"=AVERAGE（D2:D36）"与"=average（d2:d36）"是一样的。

 提示　　在"公式"对话框中输入公式时，要注意输入法为英文状态，否则会出现错误信息，如"语法错误：C3"表示输入的冒号为中文状态下的，因此导致公式出错。

 **操作步骤**

【步骤 1】　选中第 5 行，单击鼠标右键，从快捷菜单中选择"删除行"命令。

【步骤 2】　将光标定在"电艺 10（1）"的总分所在的单元格内。

【步骤 3】　在"表格工具"的"布局"选项卡中，单击"fx公式"按钮，在"公式"对话框中的"公式"部分默认为"=SUM（LEFT）"（见图 3-43），直接单击"确定"按钮即可得到总分。

【步骤 4】　将光标定在下一个班级的总分所在的单元格内。仍然选择"公式"，这时"公式"部分变为"=SUM（ABOVE）"，需将括号内的计算范围更改为"LEFT"后单击"确定"按钮。

【步骤 5】　其余班级的总分计算方法类似。

 提示　　可先选中最后一个班级的总分单元格，再使用公式时每次默认的都是"sum（left）"。

项目要求 7：表格末尾新增一行，在新行中将第 1、2 列的单元格合并，输入文字"总分最高"，在第 3 个单元格中计算出最高分；将第 4、5 列单元格合并，输入"总分平均"，在第 6 个单元格中计算出总分的平均分（平均值保留一位小数）。

 **操作步骤**

【步骤 1】　把光标移至表格最后一行的行末，按<Enter>键产生新行，按要求合并相应单元格，并输入相应文字内容。

【步骤 2】　将光标定位在最后一行的第 3 个单元格中，单击"fx公式"按钮，在"公式"对话框中的"公式"部分删除默认内容，保留"="号。

【步骤 3】　在"粘贴函数"部分单击下拉按钮，选择"MAX"，如图 3-44 所示。

图 3-43 "公式"对话框　　　　　　　　图 3-44 使用函数完成计算

【步骤4】 在计算范围的括号内输入 "f2:f12"，单击 "确定" 按钮得到总分最高，如图 3-45 左侧所示。

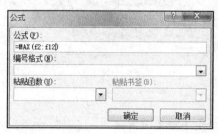

图 3-45 总分最高和平均的计算

【步骤5】 总分平均的计算方法与计算总分最高的方法类似，区别在于 "粘贴函数" 部分选择 "AVERAGE"，计算范围仍为 "f2:f12"。此外，还需在数字格式中输入 "0.0"，以保留一位小数，如图 3-45 右侧所示。

【步骤6】 计算完成后的结果如图 3-46 所示。

总分最高	370.88	总分平均	332.8

图 3-46 计算完成后的结果

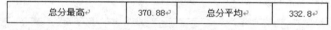

项目要求 8：将表格（除最后一行）排序，按第一关键字：第 10 周，降序；第二关键字：总分，降序。

 操作步骤

【步骤1】 选定表格中除最后一行外的所有行。

【步骤2】 在 "表格工具" 的 "布局" 选项卡中单击 "⟲排序" 按钮，在 "排序" 对话框中将 "主要关键字" 选择为 "第 10 周"，单击 "降序"；在 "次要关键字" 中选择 "总分"，单击 "降序"，完成后单击 "确定" 按钮，如图 3-47 所示。

 提示　　大多数的排序都需要选定标题行（即标识每列数据放置内容的单元格所在的行，一般为表格的第一行）。

 知识扩展

（1）表格转换成文本。选中需要转换的表格，在 "表格工具" 的 "布局" 选项卡中单

击"🔲转换为文本"按钮，从弹出的对话框（见图3-48）中选择"制表符"，最后单击"确定"按钮即可。

（2）文本转换成表格。选中需要转换为表格的文本，在"插入"选项卡中单击"🔲表格"下拉按钮中的"文本转换成表格"命令，弹出"将文字转换成表格"对话框（见图3-49）。在"自动调整"操作处可选择调整表格宽、高的方式，在"文字分隔位置"处可更改默认的文字分隔符，以产生不同的表格。

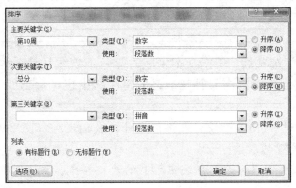

图 3-47　"排序"对话框

图 3-48　"表格转换成文本"对话框

提示

文字转换成表格操作的前提是，需使用特殊符号或空格把文本隔开才能转换为特定表格。

知识扩展

（3）单元格属性设置。在"表格属性"对话框的"单元格"选项卡（见图3-50）中可设置单元格的大小及垂直对齐方式。

图 3-49　"将文字转换成表格"对话框

图 3-50　"单元格"选项卡

单击"选项"按钮后，可设置单元格的边距，勾选"适应文字"（见图3-51），可使文本自动调整字符间距，使其宽度与单元格的宽度保持一致，具体效果如图3-52所示。

图 3-51 "单元格选项"对话框

序号	具 体 制 作 要 求
1	新建 Word 文档"个人简历.doc",进行页面设置,处理标题文字。
2	创建表格并调整表格的行高至恰当大小。

图 3-52 使用"适应文字"后的效果

提示　　　　使用"适应文字"选项后,单击文本生成的蓝色下划线只是系统的提示符号,光标离开此单元格即消失,且在最终的打印稿中也不会出现。

（4）表格样式。除了可以通过Word自己设置表格格式外,我们还可以使用Word自带的表格样式,来轻松制作出整齐美观的表格。

在"表格工具"的"设计"选项卡中可选择系统中已有的表格样式,共有140多种表格样式,如图3-53所示。

（5）表格在页面中的对齐设置。水平对齐的设置:选择表格后,在快捷菜单单击右键,选择"表格属性"命令,从"表格"选项卡的"对齐方式"处可选择"左对齐""居中"和"右对齐"。

垂直对齐的设置:单击"页面布局"选项卡,在"页面设置"选项组中单击"　"对话框启动器"按钮,弹出"页面设置"对话框,在"版式"选项卡的"页面"垂直对齐方式中进行选择,默认为"顶端对齐",如图3-54所示。

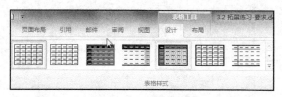

图 3-53　表格样式

图 3-54　"版式"选项卡中的"垂直对齐方式"

拓展练习

参照图3-55的个人简历示例,结合自身实际情况,完成本人的简历制作。总体要求:使用Word来布局表格,个人信息真实可靠,具体条目及格式可自行设计。具体制作要求如表3-2所示。

个　人　简　历

求职意向： <u>软件工程师</u>

姓名	小王	性　别	男	出生年月	1991/12	
文化程度	大专	政治面貌	团员	健康状况	健康	
毕业院校	××职业技术学院		专业	计算机应用技术		
联系电话	13013893588	电子邮件	littlecc@163.com			
通信地址	××清池大道国际教育园致能大道 1 号			邮政编码	215104	
技能特长	程序编写和网站设计					

学历进修	时　间	学校名称	学　历	专　业
	2003/9 – 2006/6	××新区实验中学	初　中	
	2006/9 – 2009/6	××高级工业学校	高　中	计算机应用技术
	2009/9 – 2012/6	××职业技术学院	大　专	计算机应用技术
	主修课程	C 语言程序设计、网页设计、计算机网络基础、动态网页设计、数据结构、关系数据库、C # .NET、Windows Server 配置与管理、Java 程序设计、交换机路由器配置		

实践与实习	英语水平	全国四级		计算机水平	全国二级	
	时间	单位			职位	评语
	2007/12 – 现在	××职业技术学院			机房管理	优秀
	2008/7 – 2008/8	××明翰电脑			计算机组装	良好
	2008/10 – 2009/5	××理想设计中心			网页制作	良好

专业证书	名称	主办单位	获取时间
	计算机一级	全国计算机等级考试中心	2007/12
	英语四级	全国英语等级考试中心	2008/6
	程序员	全国计算机等级考试中心	2008/7

获奖情况	荣誉称号	主办单位	获奖等级
	程序设计竞赛	××职业技术学院	一等奖
	院三好学生	××职业技术学院	
	院优秀学生干部	××职业技术学院	

个性特点 （包括个性、工作态度、自我评价）	**个性**：性格开朗，为人随和，善于与人交往 **工作态度**：对于工作总有充沛的精力，同时有探究精神，对自己的工作总想把它做得最完美 **自我评价**：做事认真负责，具有较强的责任心

图 3-55　个人简历示例

表 3-2   具体要求

序号	具体制作要求
1	新建 Word 文档"个人简历.docx",进行页面设置,处理标题文字
2	创建表格并调整表格的行高至恰当大小
3	使用拆分、合并单元格完成表格编辑
4	表格中内容完整,格式恰当
5	改变相应单元格的文字方向
6	设置单元格内的文本水平和垂直对齐方式
7	设置表格在页面为水平和垂直都为居中
8	为整张表格设置内外框线
9	完成简历表中图片的插入与格式设置

3.3   小报制作

 技能目标

① 插入各种对象(图片、文本框、艺术字、自选图形等)及进行相应的格式设置。

② 灵活运用所学知识,提升解决问题的能力。

③ 插入各种对象的绝对位置的设置。

④ 合理地对文档进行排版修饰,使之达到视觉上协调统一的效果(设计理论的学习渠道:网站、博客、广告、电影、电视剧、书;推荐书目:侯捷——《Word 排版艺术》)。

 项目情境

某日,小王无意中在图书馆看到一本名为《设计东京》的书,感慨于书籍精美的版式设计。联想到自己学过的 Word,就想用 Word 把自己喜欢的版面再现出来,看看自己的制作水平行不行。

 项目分析

① 插入图片的方法。

② 插入文本框的方法。

③ 插入艺术字的方法。

④ 插入自选图形的方法。

⑤ 插入对象后对格式进行设置的方法。

 重点集锦

电子小报效果一览

 项目详解

项目要求 1：新建 Word 文档，保存为"城市生活.docx"。

操作步骤

【步骤 1】　启动 Word 软件，如桌面上有快捷方式，则双击🖱️该快捷方式图标。

【步骤 2】　启动 Word 软件后，窗口中会自动建立一个新的空白文件。

【步骤 3】　单击快速访问工具栏上的"🖫保存"按钮，在弹出的"另存为"对话框中选择"保存位置"，输入"文件名"，完成设置后单击"保存"按钮。

项目要求 2：页面设置为"纸张：16 开，页边距：上下 1.9 厘米、左右 2.2 厘米"。

操作步骤

【步骤 1】　单击"页面布局"选项卡，在"页面设置"选项组中单击"🖼对话框启动器"按钮，弹出"页面设置"对话框，在"页面设置"对话框中进行设置。

【步骤 2】　在"页边距"选项卡中设置"上、下页边距"为"1.9 厘米"，"左、右页边距"为"2.2 厘米"，如图 3-56 所示。

【步骤 3】　在"纸张"选项卡中设置"纸张大小"为"16 开（18.4 厘米×26 厘米）"，如图 3-57 所示。

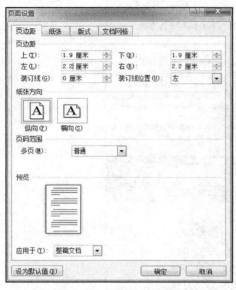

图 3-56　页边距的设置

图 3-57　纸张的设置

【步骤4】　全部设置完毕后，单击"确定"按钮完成页面的所有设置。

项目要求3：参考效果图，在页面左边插入矩形图形，图形格式为"填充色：酸橙色，边框：无"。

知识储备

（1）显示比例的调整。更改文档的显示比例可以使操作更加方便和精确。单击"视图"选项卡，在"显示比例"选项组中单击"🔍显示比例"按钮，从"显示比例"对话框（见图3-58）中进行相应设置。

图 3-58　"显示比例"对话框

（2）对象大小的调整。调整对象的大小也要遵循计算机操作的基本原则——"先选定，后操作"。在使用鼠标选定对象时，要注意鼠标指针的不同形状。

选定前一定要注意，鼠标指针要为"🖑"形状才可以正常选定。要使鼠标指针为此形状，鼠标指针必须在该对象的4个边线附近，然后单击鼠标左键选中对象。

选中对象时，会出现8个控制点，鼠标指针移至4个顶角的控制点，鼠标指针形状变为"↙""↘"。这时，使用鼠标左键拖曳→🖑的方式可以等比例缩放对象的大小。

鼠标指针移至边线中部的控制点，鼠标指针形状变为"↔"，使用鼠标左键拖曳→🖑的方式可以调整对象的宽度和高度。

（3）对象位置的调整。先选定要调整位置的对象，使用鼠标左键拖曳→的方式来改变对象的位置，在拖曳的过程中鼠标指针的形状为"✛"。

除了用鼠标可以调整对象的位置外，键盘的上、下、左、右方向键也可以进行调整。

 操作步骤

【步骤 1】　在"插入"选项卡的"插图"选项组中单击"形状"下拉按钮，选择"矩形"按钮，如图 3-59 所示，鼠标指针形状变为"十"。

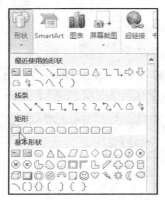

图 3-59　"形状"下拉按钮

【步骤 2】　参照最终效果图，使用鼠标左键拖曳绘制出矩形图形，并将矩形对象的大小和位置调整至合适。

【步骤 3】　选中该矩形对象单击右键，从弹出的快捷菜单中选择"设置形状格式"命令，在"设置形状格式"对话框（见图 3-60）中选择"填充颜色"为"其他颜色"。

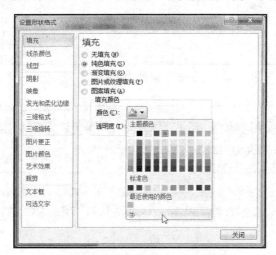

图 3-60　"设置形状格式"对话框

【步骤 4】 在"颜色"对话框（见图 3-61）中的"自定义"选项卡中设置"红色：153；绿色：204；蓝色：0"，单击"确定"按钮。

图 3-61 "颜色"对话框

【步骤 5】 在矩形上单击右键，从弹出的快捷菜单中选择"设置形状格式"命令，在"设置形状格式"对话框中选择"线条颜色"为"无线条"，如图 3-62 所示。

图 3-62 设置"线条颜色"

提示 　　无颜色即透明色，纸张页面是什么颜色就呈现什么颜色；白色是有颜色的，其 RGB 值为（255，255，255）。

项目要求 4： 参照效果图，在页面左侧插入矩形图形，添加相应文本（第一行末插入五角星），设置矩形格式为"填充色：深色 50%，边框：无"，设置文本格式为"Verdana、小四、白色、左对齐"（五角星为橙色）。

**操作步骤**

【步骤1】 参照本节"项目要求3"中的方法插入矩形图形。

【步骤2】 选中该矩形对象,单击鼠标右键,在弹出的快捷菜单中选择"添加文字"。

【步骤3】 在该矩形对象内部会出现一个光标,将"5.3 要求与素材.docx"中的文字素材复制粘贴到此光标所在处。

【步骤4】 将光标定在矩形对象内部文本的第一行末,单击"插入"选项卡,选择"符号"下拉按钮中的"其他符号"命令。在"符号"对话框的"符号"选项卡中,选择"子集"为"其他符号",单击"实心五角星",然后单击"插入"按钮,如图3-63所示。

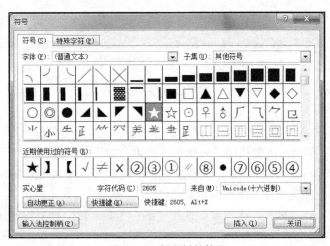

图3-63 插入其他符号

【步骤5】 选中矩形对象单击鼠标右键,从快捷菜单中选择"设置形状格式"命令,在"设置形状格式"对话框中设置填充颜色为"深色 50%",线条颜色为"无线条"。

【步骤6】 选中文本,将格式设置为"Verdana、小四、白色、左对齐"。选中插入的"五角星"符号,在"字体"选项组的"字体颜色"下拉列表中选择"标准色"的"橙色"。

【步骤7】 参照最终效果图,设定合适的显示比例,将矩形对象的大小和位置调整至合适。

项目要求5:插入两张图片,分别为"室内.png"和"室外.png",设置环绕方式为"四周型",大小及位置设置可参照效果图。

知识储备

(4)插入插图。Word 2010 中可以使用的插图,其来源可以是文件、剪贴画或屏幕截图等。

①来自文件。平时收藏整理的图片一般都存放在本地磁盘中,使用"插入"选项卡的"插图"选项组中的"图片"按钮,是 Word 排版中最常用的方法之一。

具体操作步骤:先将光标定在要插入图片的位置。单击"图片"按钮,在弹出的"插入图片"对话框中先选择图片所在的位置,单击所要插入的图片(可使用"大图标"的显示方式来查看),最后单击"插入"按钮,如图3-64所示。

图 3-64　插入来自文件的图片

②　剪贴画。Word 2010 提供了大量的插图、照片、视频、音频，在编辑文档时，可以根据需要将其插入文档中。

具体操作步骤：先将光标定在要插入图片的位置。单击"🔲剪贴画"按钮，窗口右侧显示"剪贴画"任务窗格。在此任务窗格中可以输入"搜索文字"，选择"结果类型"。最后选择所需要插入的图片，在当前光标处即可插入该图片（或者从"剪贴画"任务窗格中将图片使用鼠标左键拖曳→🔲的方法，拖至要插入图片的位置）。

（5）"图片工具"的"格式"选项卡。使用"图片工具"的"格式"选项卡（见图 3-65）中的按钮可对图片的格式进行详细设置。

如需对图片进行裁剪，可以选中图片，单击"🔲裁剪"按钮，在图片的 8 个控制点上按住鼠标不松开，使用鼠标拖曳来完成图片的裁剪，剪去图片多余的内容。

图 3-65　"图片工具"的"格式"选项卡

　**操作步骤**

【步骤 1】　单击"插入"选项卡的"插图"选项组中的"🔲图片"按钮，在弹出的"插入图片"对话框中选择图片所在的位置，选择"室内.png"，最后单击"插入"按钮。

　图片的常用格式有 BMP、JPG、GIF、PNG 等。

【步骤 2】　将鼠标移至图片上方，鼠标形状为"🔲"。单击鼠标左键选中图片，在"图片工具"的"格式"选项卡中单击"排列"选项组，选择"🔲位置"下拉按钮中的"其他布局选项"命令。

【步骤 3】　在"布局"对话框的"文字环绕"选项卡中选择"环绕方式"为"四周型"，如图 3-66 所示。

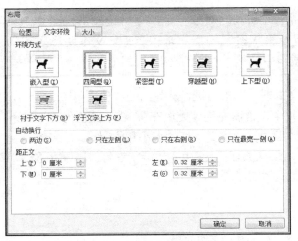

图 3-66 "文字环绕"选项卡

【步骤4】 在图片选中的状态下，通过鼠标拖曳图片四周的 8 个控制点来调整图片大小。

> 除了 4 个顶角的控制点之外，建议不要用其余的控制点来调整图片大小，否则会造成图片的变形。
>
> 提示

【步骤5】 参照效果图，使用鼠标调整该图片的大小和位置。

【步骤6】 另外一张图片"室外.png"的插入、大小及位置调整的操作与"室内.png"的操作类似。

> 项目要求 6：参照效果图，在页面右上角插入文本框，添加相应文本。设置主标题"MARUBIRU"的格式为"Arial、小初、加粗、阴影（其中"MARU"为深红色）"，副标题"玩之外的设计丸之内"的格式为"华文新魏、小三"，正文格式为"默认字体、字号为10、首行缩进 2 字符"，文本框格式为"填充色：无，边框：无"。

 知识储备

（6）插入文本框。文本框内可以放置文字、图片、表格等内容，文本框可以很方便地改变位置、大小，还可以设置一些特殊的格式。文本框有两种：横排和竖排文本框。

① 横排文本框。单击"插入"选项卡，在"文本"选项组的"文本框"下拉按钮中，选择"绘制文本框"命令，鼠标指针变为"十"形状。使用鼠标左键拖曳的方法，绘制出横排文本框。在文本框内的光标处可以插入文本、图片等各种对象。

② 竖排文本框。在"文本框"下拉按钮中，选择"绘制竖排文本框"命令，具体操作与横排文本框类似。

操作步骤

【步骤1】 单击"插入"选项卡，在"文本"选项组的"文本框"下拉按钮中，选择"绘制文本框"命令，鼠标指针变为"十"形状。使用鼠标左键拖曳的方法，绘制出横排文本框。

【步骤2】 在文本框中的光标处，粘贴从"3.3 要求与素材.docx"中复制得到的文本，并按照要求对文本进行格式设置。

提示 页面中可插入的对象（矩形等自选图形、图片、文本框等）的选取与大小、位置及格式设置的操作都很类似。文本阴影效果的设置：可以使用"字体"选项组中的"A 文字效果"按钮设置。

【步骤3】 选中文本框后单击右键，从弹出的快捷菜单中选择"设置形状格式"命令，在"设置形状格式"对话框中设置填充为"无填充"，线条颜色为"无线条"。

【步骤4】 参照效果图，调整文本框的大小和位置。

项目要求 7：参考效果图，在页面左上角插入艺术字，在艺术字样式中选择"第三行、第五列"，内容为"给我"，格式为"华文新魏、48磅、深红、垂直"。

🛒 **知识储备**

使用艺术字，可以给文字增加特殊效果。

（7）插入艺术字。在"插入"选项卡的"文本"选项组中单击"艺术字"下拉按钮，从"艺术字库"中选择一种"艺术字"样式，单击"确定"按钮，如图3-67所示。

在"艺术字样式"选项组中单击"A 文本效果"下拉按钮的"转换"命令，可弹出级联菜单（见图3-68），在此菜单中可对艺术字进行详细的格式设置。

（8）对象间的叠放次序。在页面上绘制或插入各类对象，每个对象其实都存在于不同的"层"上，只不过这种"层"是透明的，我们看到的就是这些"层"以一定的顺序叠放在一起的最终效果。如需要某一个对象存在于所有对象之上，就必须选中该对象，单击鼠标右键，在弹出的快捷菜单中选择"置于顶层"命令。

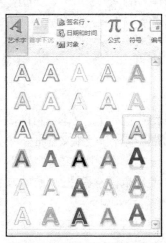

图3-67 选择"艺术字"样式

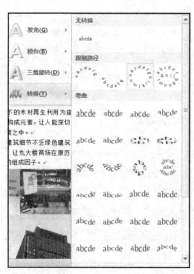

图3-68 "转换"命令

 **操作步骤**

【步骤1】 在"插入"选项卡的"文本"选项组中单击"艺术字"下拉按钮，从"艺术字库"中选择第三行、第五列的"艺术字"样式，单击"确定"按钮。

【步骤2】 将默认文本更改为"给我"，选中文本将"字体、字号、颜色"分别设置为"华文新魏、48磅、深红"。

【步骤 3】 在"绘图工具"的"设计"选项卡中,单击"⫼文字方向"下拉按钮中的"垂直"命令,参照效果图,将该艺术字移至适当位置。

项目要求 8:参考效果图,在艺术字"给我"的左边插入竖排文本框,内容参照效果图添加。英文格式为"Verdana、白色",文本框格式为"填充色:无,边框:无"。

操作步骤

【步骤 1】 单击"插入"选项卡,在"文本"选项组的"Ａ文本框"下拉按钮中,选择"绘制竖排文本框"命令,鼠标指针变为"十"形状。使用鼠标左键拖曳→的方法,绘制出竖排文本框。

【步骤 2】 在文本框中的光标处,粘贴从"3.3 要求与素材.docx"中复制得到的文本,并按照要求对文本进行格式设置。

【步骤 3】 选中文本框后单击右键,从弹出的快捷菜单中选择"设置形状格式"命令,在"设置形状格式"对话框中设置填充为"无填充",线条颜色为"无线条"。

【步骤 4】 参照效果图,将该竖排文本框移至适当位置。

项目要求 9:参照效果图,在艺术字"给我"的下方插入文本框,内容参照效果图添加。文本格式为"Comic Sans MS、30、行距:固定值为 35 磅",文本框格式为"填充色:无,边框:无"。

操作步骤

【步骤 1】 单击"插入"选项卡,在"文本"选项组的"Ａ文本框"下拉按钮中,选择"绘制文本框"命令,鼠标指针变为"十"形状。使用鼠标左键拖曳→的方法,绘制出横排文本框。

【步骤 2】 在文本框中的光标处,粘贴从"3.3 要求与素材.docx"中复制得到的文本,并按照要求对文本进行格式设置。

【步骤 3】 选中文本框中的所有文本,在"段落"对话框中的"行距"部分,选择"固定值",在"设置值"中输入"35 磅"。

【步骤 4】 选中文本框后单击右键,从弹出的快捷菜单中选择"设置形状格式"命令,在"设置形状格式"对话框中设置填充为"无填充",线条颜色为"无线条"。

【步骤 5】 参照效果图,将该文本框移至适当位置。

项目要求 10:参照效果图,插入圆角矩形,其中添加文本"MO2"。设置文本格式为"Verdana、五号",文本框格式为"填充色:深红,边框:无,文本框/内部边距:左、右、上、下均为 0 厘米"。

知识储备

(9)插入形状。在"插入"选项卡的"插图"选项组中单击"形状"下拉按钮,从下拉列表中可以根据需要选择对应的绘制对象。使用鼠标左键拖曳→的方法,绘制出各种自选图形,如图 3-69 所示。

(10)调整自选图形。鼠标移至黄色的竖菱形处,鼠标指针变为"◁"形状,使用鼠标左键拖曳→黄色的竖菱形,可以调整自选图形四角的"圆弧度"。

鼠标移至绿色的圆圈处,鼠标形状变为"⟳",使用鼠标左键拖曳→绿色的圆圈,可以调整自选图形的摆放"角度"。

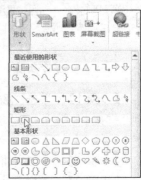

图 3-69 "形状"下拉按钮

 **操作步骤**

【步骤1】 单击"⬚形状"下拉按钮，在下拉列表中选择"矩形"中的"▢圆角矩形"按钮。

【步骤2】 使用鼠标左键拖曳→⬚的方法，绘制出圆角矩形。

【步骤3】 在该圆角矩形上单击右键，从弹出的快捷菜单中选择"添加文字"命令，在圆角矩形内部的光标处输入"MO2"。

【步骤4】 选中文本，设置格式为"Verdana、五号、居中"。其中字母"M"，设置颜色为"红色：153；绿色：204；蓝色：0"。

【步骤5】 选中该圆角矩形单击右键，从弹出的快捷菜单中选择"设置形状格式"命令。在"设置形状格式"对话框中选择"文本框"，将"内部边距"中的"左、右、上、下"均设置为"0厘米"，单击"确定"按钮，如图3-70所示。

图3-70　文本框内部边距的设置

【步骤6】 调整自选图形的大小和四角的圆弧度。

【步骤7】 选中该圆角矩形后单击右键，从弹出的快捷菜单中选择"设置形状格式"命令，在"设置形状格式"对话框中设置填充颜色为"深红"，线条颜色为"无线条"。

【步骤8】 参照效果图，将圆角矩形移至适当位置。

项目要求11： 参照效果图，在页面左下角插入竖排文本框，内容参照效果图添加。文本格式为"宋体、小五、字符间距：加宽1磅、首行缩进2字符"，文本框格式为"填充色：无，边框：无"。

 **操作步骤**

【步骤1】 单击"插入"选项卡，在"文本"选项组的"Ａ 文本框"下拉按钮中，选择"绘制竖排文本框"命令，鼠标指针变为"十"形状。使用鼠标左键拖曳→⬚的方法，绘制出竖排文本框。

【步骤2】 在文本框中的光标处，粘贴从"3.3 要求与素材.docx"中复制得到的文本。

【步骤3】 选中文本框中的所有文本，在"字体"选项组中设置相应的字体和字号。选中文本，在"字体"选项组中单击"▫ 对话框启动器"按钮，弹出"字体"对话框，在"高级"选项卡的"间距"部分选择"加宽"，磅值默认即为"1 磅"，单击"确定"按钮，如图 3-71 所示。

图 3-71　字符间距的设置

【步骤 4】　选中文本框后单击右键，从弹出的快捷菜单中选择"设置形状格式"命令，在"设置形状格式"对话框中设置填充为"无填充"，线条颜色为"无线条"。

【步骤 5】　参照效果图，将竖排文本框移至适当位置。

项目要求 12：选中所有对象进行组合，根据效果图调整至合适的位置。

操作步骤

【步骤 1】　从"绘图工具"的"格式"选项卡中单击"选择窗格"按钮，在"文档编辑区"右侧显示"选择和可见性"窗格，如图 3-72 所示。

【步骤 2】　按住<Ctrl>键，同时单击"此页上的形状"，选中所有对象。

【步骤 3】　在选定区域上单击右键，在弹出的快捷菜单中选择"组合"→"组合"命令，如图 3-73 所示。

图 3-72　"选择和可见性"窗格

图 3-73　组合对象

【步骤 4】　最后根据效果图对整个对象的位置进行调整。

知识扩展

（1）文本框的链接。有时文本框中的内容过多，不能完全显示时，可以借助多个文本框来完成内容的显示，这时就需要使用到文本框的链接。

提示　　　链接目标文本框必须是空的，且是同一类型（都是横排或竖排），并且尚未链接到其他文本框。

具体操作：选中链接源文本框，在"绘图工具"的"格式"选项卡中，单击"文本"选项组中的"✍创建链接"按钮，鼠标变为"🍶装满水的杯子形状"。将鼠标移入链接目标的空文本框中，这时鼠标会变成"🍶倾斜倒水形状"，单击就可将未显示的文本在链接目标文本框中显示。

需要链接多个文本框时，重复上面的步骤即可。如需要断开链接，可以选中链接源文本框，单击"文本"选项组中的"🔗断开链接"按钮即可。

（2）"形状填充"下拉按钮详解。除了常见的填充颜色外，各种对象（自选图形、图片、文本框、艺术字等）还可以使用"图片""渐变""纹理"来进行填充设置。

具体操作：在"🎨形状填充 ▾形状填充"下拉按钮中进行相应选择，如图3-74所示。

① "图片"。可在计算机中选择一张图片作为填充背景。

② "渐变"。可使用单色、双色和预设渐变，细节设置通过透明度进行调节，如图3-75所示。

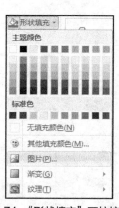

图3-74　"形状填充"下拉按钮

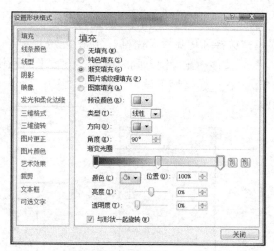

图3-75　设置"渐变填充"

③ "纹理"。单击相应纹理即可。

（3）页面背景的设置。如需设置整个页面的背景，可以在"页面布局"选项卡的"页面背景"选项组中单击"🎨页面颜色"下拉按钮（见图3-76），可以设置颜色或填充效果（见图3-77）。

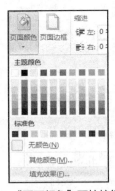

图 3-76　"页面颜色"下拉按钮

图 3-77　"填充效果"对话框

在"页面背景"选项组中还可以设置"水印"和"边框"。在" 水印"下拉按钮中选择"自定义水印"命令，在"水印"对话框（见图3-78）中可为页面背景设置两种水印：图片水印和文字水印。如需对设置好的水印进行修改，必须在"页眉和页脚工具"打开的情况下进行，文字水印是以艺术字的形式出现的。

（4）中文版式的设置。

① 拼音指南。选中要添加拼音的文字，从"字体"选项组中单击" 拼音指南"按钮，在"拼音指南"对话框（见图3-79）中，Word会自动添加拼音，还可以设置拼音的对齐方式、字体、偏移量和字号。如需将拼音删除，可以选中有拼音的文字，单击" 拼音指南"按钮，打开"拼音指南"对话框，单击"清除读音"按钮，单击"确定"按钮。

图 3-78　"水印"对话框

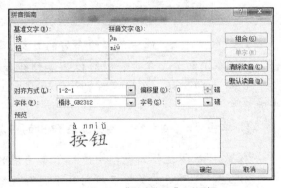

图 3-79　"拼音指南"对话框

② 带圈字符。选中文本或者将光标定在需要插入带圈字符的位置，在"字体"选项组中单击" 带圈字符"按钮，弹出"带圈字符"对话框，如图3-80所示。

在"带圈字符"对话框中，选择"样式"，可以用选中的文本内容，也可以在"文字"输入框中输入文字，选择"圈号"后，单击"确定"按钮，文档中就插入了一个带圈的文字。

如果要去掉这个圈，可以选中带圈文字，在"字体"选项组中单击" 带圈字符"按钮，打开"带圈字符"对话框，在"样式"中选择"无"，单击"确定"按钮即可。

图 3-80　"带圈字符"对话框

另外三种中文版式的设置均通过在"段落"选项组中单击"中文版式"下拉按钮来实现，如图3-81所示。

图 3-81 "中文版式"下拉按钮

③ 纵横混排。选中文本，单击"纵横混排"命令，弹出"纵横混排"对话框。如果选择的字数较多，可以清除"适应行宽"复选框，单击"确定"按钮。

如果要撤销"纵横混排"，需将光标定位在混排的文字中。打开"纵横混排"对话框，单击"删除"按钮，再单击"确定"按钮。

④ 合并字符。合并字符可以用于把几个字符集中到一个字符的位置上。选中要合并的文本，单击"合并字符"命令，弹出"合并字符"对话框。在"文字"输入框中也可以输入其他内容，调整字体和字号后，单击"确定"按钮，选定的文字即合并成一个字符。

如果要撤销"合并字符"，可以选中已合并的字符，在"合并字符"对话框中，单击"删除"按钮。

提示

"双行合一"同"合并字符"有些相似，不同的是，合并字符有6个字符的限制，而双行合一没有。合并字符可以设置合并字符的字体和字号，而双行合一不可以。

（5）取消组合。选中已经组合好的对象，单击鼠标右键，在弹出的快捷菜单中选择"组合"→"取消组合"命令，就可以恢复到组合前的状态。

（6）打印文档。在确定需要打印的文档正确无误后，即可打印文档。打印文档的操作步骤如下。

① 单击"文件 文件"按钮，在弹出的下拉菜单中单击"打印"按钮，如图3-82所示。

② 在"打印机"列表框中选择需要使用的打印机。

③ 在"打印所有页"下拉列表中还可选择"仅打印奇数页"或"仅打印偶数页"。

④ 在"页数"文本框中指定需要打印的页码范围。

⑤ 在"副本"的"份数"数值框中输入需打印的份数，默认为一份。

⑥ 全部设置完成后，单击"打印"按钮，完成打印。

提示

如不需要特别设置，而是采用默认值进行打印，只需要单击"打印"按钮，即可快速地打印一份文档。

图 3-82 "打印"选项

 拓展练习

参照图3-83的示例，完成信息简报的制作。总体要求：纸张为A3，页数为1页。根据提供的图片、文字、表格等素材，参照具体要求完成简报。内容必须使用提供的素材，可适当是网上搜索素材进行补充。完成的具体版式及效果可自行设计，也可参照示例完成。具体操作要求如表3-3所示。

表3-3　制作要求

序号	具体制作要求
1	主题为"创建文明城市"
2	必须要有图片、文字、表格三大元素
3	包含报刊各要素（刊头、主办、日期、编辑等）
4	必须使用到艺术字、文本框（链接）、自选图形、边框和底纹
5	素材需经过加工，有一定原创部分
6	色彩协调，标题醒目、突出，同级标题格式相对统一
7	版面设计合理，风格协调
8	文字内容通顺，无错别字和繁体字
9	图文并茂，文字字距、行距适中，文字清晰易读
10	装饰的图案与花纹要结合简报的性质和内容

图 3-83　信息简报示例

3.4　长文档编辑

项目情境

　　小王和其他几位同学由于计算机应用基础课程的成绩优异，实际操作能力较强，被系部"毕业论文审查小组"聘为"格式编辑人员"，帮助系部完成学生毕业论文的格式修订工作。同学们在老师的指导下，认真工作起来，原来 Word 还有这么多的功能呀！

项目分析

① 毕业论文内容长达几十页，文档中需要处理封面、生成目录，为正文中各对象设置相应格式。只学会前面 3 节的知识远远不够，还需要对 Word 软件进行更深入的学习和实践。

② 如何为段落、图片、表格等对象快速编号？可以使用 Word 中的项目符号和编号、插入题注等功能来实现。

③ 如何对同一级别的内容设定相同格式？可以使用 Word 中的样式和格式功能。

④ 如何自动生成带页码信息的目录？在为各级标题应用样式，设定对应大纲级别的前提下，使用 Word 中的"目录"可自动生成目录。

⑤ 如何为同一篇文档设定不同的页面设置、页眉页脚等？使用 Word 中的"节"，可在一页之内或两页之间改变文档的布局。

⑥ 理解 Word 中"域"的概念，并掌握简单的应用。

技能目标

① 会使用 Word 中的高级功能完成长文档的格式编辑。

② 熟练掌握高级替换的使用方法。

③ 学会使用"审阅"选项卡中的各项功能。

④ 能进行文档的安全保护。

重点集锦

1．调整后的封面效果

京沧市沧浪区"四季晶华"社区网站

（后台管理系统）

—— 毕业设计说明书

系　　部：	信息工程系
学生姓名：	杜玲玲
专业班级：	软件 08C2
学　　号：	083431208
指导教师：	陈莉莉

2010 年 10 月 10 日

2．组织结构图的绘制

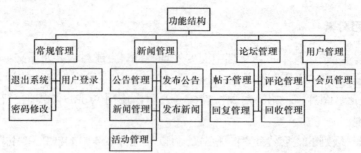

3．批注的使用

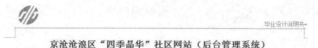

4．页眉中插入图片及指定页码的设置

京沧沧浪区"四季晶华"社区网站（后台管理系统）

内容摘要

京沧市沧浪区"四季晶华"社区网站后台管理系统本着为社区服务人员提供一个实现对社区的信息化管理和信息的快速传递的平台，从而节省大量的人力和物力，而且极大的丰富和方便了小区居民的日常生活。

本网站主要实现的功能是：实现小区信息的动态发布，小区意见栏的动态管理，论坛的管理等功能。系统的需求分析是在系统开发的总任务的基础上完成的，并从实际应用的角度考虑，能够极大方便的顺利完成日常的小区的管理工作。

本网站选用的主要开发软件技术是 ASP.NET，数据库的创建使用 SQL Server2000，以及 iframe 框架进行布局和三层架构实现数据的增加、删除、修改等功能操作。

本文主要介绍了京沧市沧浪区"四季晶华"社区网站后台管理系统的开发初衷和背景，系统的开发工具，结构化开发的具体步骤，其中包括框架图和一些必要的图形说明。

关键词：ASP.NET；iframe 框架；三层架构

--------------分页符--------------

 **项目详解**

项目要求 1：将"毕业论文-初稿.docx"另存为"毕业论文-修订.docx"，并将新文档页边距的上、下、左、右均设为"2.5 厘米"。

操作步骤

【步骤 1】　打开"毕业论文-初稿.docx"，单击" 文件 文件"按钮，从弹出的下拉菜单中单击"另存为"按钮，在弹出的"另存为"对话框中输入新的文件名"毕业论文-修订.docx"。

【步骤 2】　在"毕业论文-修订.docx"中，单击"页面布局"选项卡，在"页面设置"选项组中单击" 对话框启动器"按钮，在弹出的"页面设置"对话框中，设置上、下、左、右页边距均为"2.5 厘米"。

项目要求 2：将封面中的下划线长度设为一致。

 **知识储备**

（1）显示/隐藏编辑标记。所谓编辑标记，是指在 Word 2010 文档屏幕上可以显示，但打印时

却不被打印出来的字符，如空格符、回车符、制表位等。在屏幕上查看或编辑 Word 文档时，利用这些编辑标记可以很容易地看出在字词之间是否添加了多余的空格，或段落是否真正结束等。

如果要在 Word 窗口中显示或隐藏编辑标记，可以单击"▣文件文件"按钮，从弹出的下拉菜单中单击"选项"按钮，在弹出的"Word 选项"对话框中（见图 3-84），选择"显示"，在"始终在屏幕上显示这些格式标记"部分选中或取消要显示或隐藏的编辑标记复选框即可。

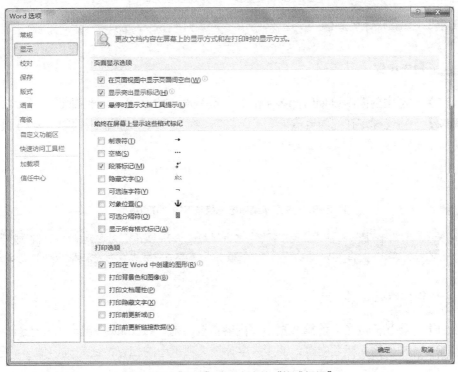

图 3-84　"视图"选项卡中的"格式标记"

提示

　　　　在"段落"选项组中单击"⤵显示/隐藏编辑标记"按钮可在显示或隐藏编辑标记状态之间切换。

操作步骤

【步骤 1】　以列为单位选取文本。按住<Alt>键的同时拖动鼠标选定多余的下划线，即一矩形区域，如图 3-85 所示。

系……部：……信息工程系………

学生姓名：……杜 玲 玲………

专业班级：……软件 08C2………

学……号：……083431208………

指导教师：……陈 莉 莉………

图 3-85　多余下划线的"矩形区域"

【步骤 2】　挍<Delete>冏渭雀遥争鋬凡尕，杜呪忾劂旎豰�艺剮缛，姞坚 3-86 拔禖。

系……部：……信息工程系_____

学生姓名：……杜　玲　玲_____

专业班级：……软件 08C2_____

学……号：……083431208_____

指导教师：……陈　莉　莉_____

图 3-86　删除多余下划线后的效果

项目要求 3：将封面底端多余的空段落删除，使用"分页符"完成自动分页。

 **操作步骤**

【步骤 1】　选中封面中日期后面多余的 3 个空段落，按<Delete>键删除。

【步骤 2】　将光标定在"内容摘要"4 个字前，在"插入"选项卡中单击"▤分页"按钮，自动分页，完成后的封面效果如图 3-87 所示。

2010年 10 月 10 日

………分页符………

图 3-87　在显示编辑标记状态下的"分页符"

项目要求 4：在"内容摘要"前添加论文标题：苏州沧浪区"四季晶华"社区网站（后台管理系统），格式为"宋体、四号、居中"。将"内容摘要"与"关键词："的格式一致设置为"宋体、小四、加粗"。

 **操作步骤**

【步骤 1】　将光标定在当前第 2 页中"内容摘要"前，按<Enter>键产生一个新段落。

【步骤 2】　输入论文标题内容，使用"字体"选项组中的相应按钮完成字体、字号及对齐的设置。

【步骤 3】　选中文本"关键词："，单击"剪贴板"选项组中的"✍格式刷"按钮，鼠标指针变为"▲["形状，用刷子形状的鼠标选定要改变格式的"内容摘要"。

项目要求 5：将"关键词"部分的分隔号由逗号更改为中文标点状态下的分号。设置"内容摘要"所在页中所有段落的行距为"固定值、20 磅"。

 **操作步骤**

【步骤 1】　选中"关键词"部分原来的分隔号"逗号"，在标点符号被选中的状态下，直接通过键盘输入"分号"。

提示　　输入"分号"前，标点状态为"中文。，"。

【步骤 2】　选中当前第 2 页中所有段落，在"段落"选项组中单击"▣对话框启动器"按钮，在弹出的"段落"对话框中设置行距为"固定值、20 磅"，具体如图 3-88 所示。

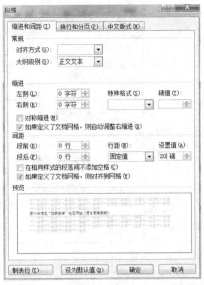

图 3-88　行距为"固定值、20 磅"

　　项目要求 6：建立样式对各级文本的格式进行统一设置。"内容级别"的格式为"宋体、小四、首行缩进 2 字符，行距：固定值、20 磅，大纲级别：正文文本"；以后建立的样式均以"内容级别"为基础，"第一级别"为"加粗，无首行缩进，段前和段后均为 0.5 行，大纲级别：1 级"；"第二级别"为"无首行缩进，大纲级别：2 级"；"第三级别"为"无首行缩进、大纲级别 3 级"；"第四级别"为"大纲级别：4 级"。最后，参照"毕业论文-修订.pdf"中的最终结果，将建立的样式应用到对应的段落中。

知识储备

　　（2）样式和格式。样式实际上就是段落或字符中所设置的格式集合（包括字体、字号、行距及对齐方式等）。

　　在 Word 中样式分为两种：内置样式和自定义样式。

　　① 内置样式。Word 已提供了多种样式，如"标题 1、标题 2、副标题、正文、引用"等。在"样式"选项组中单击"更多"按钮，如图 3-89 所示，在列表中显示的是 Word 中的内置样式（包括段落样式和字符样式）。

图 3-89　内置样式

　　如内置样式不能满足具体需要，可对内置样式进行修改。具体操作：在"样式"选项组中单击"🔲对话框启动器"按钮，显示"样式"窗格。在要应用的样式（如"标题 1"）上单击右侧的下拉框，从下拉菜单中选择"修改"命令（见图 3-90 左图），弹出"修改样式"对话框（见图 3-90 右图），按需要设置相应的格式。

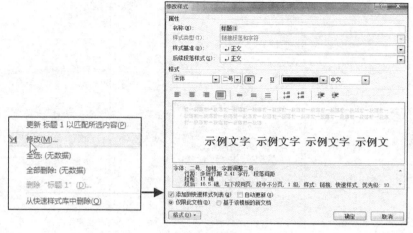

图 3-90　修改样式

② 自定义样式。如果不想破坏 Word 中的内置样式，可以使用自定义样式。具体操作：在"样式"窗格中，单击"新样式"按钮，弹出图 3-91 所示的"创建新样式"对话框。

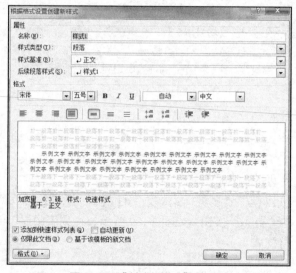

图 3-91　"创建新样式"对话框

"创建新样式"对话框中，在"名称"中可为新样式取一个有意义的名字；在"样式类型"中可选择"段落"或"字符"；单击"格式"按钮可进行更详细的格式设置。

　　如果要使用已经设置为列表样式、段落样式或字符样式的基础文本，需在"样式基于"中进行选择，然后再设置格式。

操作步骤

【步骤1】　在"样式"选项组中单击"对话框启动器"按钮，显示"样式"窗格。在该窗格中单击"新样式"按钮，从弹出的"创建新样式"对话框中输入名称：内容级别，样式

类型选择"段落"。

【**步骤 2**】 设置格式："宋体、小四"，单击"格式"按钮→"段落"，在弹出的"段落"对话框中设置格式："首行缩进 2 字符，行距：固定值 20 磅，大纲级别：正文文本"，对话框设置如图 3-92 所示。

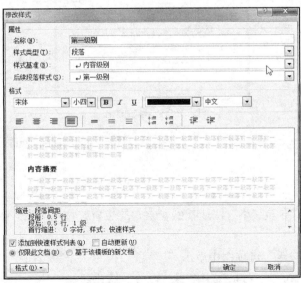

图 3-92 "内容级别"样式

【**步骤 3**】 其他 4 个新样式的创建与"内容级别"类似，区别在于需要在"样式基准"处选择"内容级别"，如图 3-93 所示。

图 3-93 "第一级别"样式

提示 光标必须定在文档中"内容级别"处，否则会与光标所在的格式有关联。

【步骤 4】 完成所有自定义样式后，"样式"选项组中列表处会显示出新样式的名称（见图 3-94）。应用样式时，只需要选定文本，在列表中单击对应样式名称即可。

AaBbC **AaBl** AaBbC AaBbCcI AaBbCcI AaBbCcI AaBbCcI
标题 标题 1 标题 2 第二级别 第三级别 第四级别 第一级别

图 3-94　样式列表

【步骤 5】 为了查看设置样式格式后的具体效果，单击"视图"选项卡，在"显示"选项组中勾选"□ 导航窗格导航窗格"，效果如图 3-95 所示。在"导航窗格"下查阅长文档最为便捷，只要在"导航窗格"中单击相应标题，右侧文档窗口中就会自动到达指定位置。

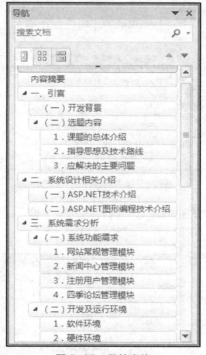

图 3-95　导航窗格

> **项目要求 7：** 将"三、系统需求分析（二）开发及运行环境"中的项目符号更改为"▣"符号。

 **操作步骤**

【步骤 1】 使用"导航窗格"快速找到要求中的位置，按住<Ctrl>键将项目符号所在的段落全部选中。

【步骤 2】 在"段落"选项组中单击"▤ 项目符号"下拉按钮中的"定义新项目符号"命令，从"定义新项目符号"对话框中单击"符号"按钮。

【步骤 3】 在弹出的"符号"对话框中（见图 3-96），从字体中选择"Wingdings"，在列表中找到"▣"符号，单击"确定"按钮，完成后的效果如图 3-97 所示。

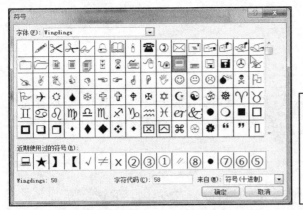

图 3-96 "符号"对话框

1．软件环境
  ■→操作系统：Windows 2000/XP
  ■→开发工具：Visual Studio 2005
  ■→数据库管理系统：SQL Server 2000
2．硬件环境
  ■→硬盘大小：20GB 以上磁盘空间
  ■→显示分辨率：800×600，建议 1024×768
  ■→具备 PentiumIV、512RAM 及以上配置的微型计算机一台

图 3-97 修改项目符号后的效果

项目要求 8：删除"二、系统设计相关介绍（一）ASP.NET 技术介绍"中的"分节符（下一页）"。

 **操作步骤**

【步骤 1】 在"草稿"视图下，将鼠标放在窗口左侧，鼠标变为向右倾斜的箭头。单击选中"分节符（下一页）"，如图 3-98 所示。

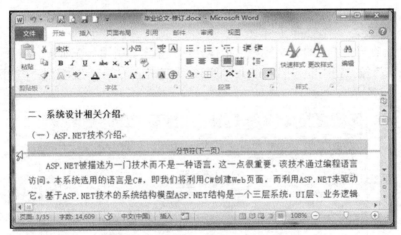

图 3-98 在"草稿"视图下删除分节符

【步骤 2】 按<Delete>键删除"分节符（下一页）"。

 提示

在显示编辑标记的前提下，将光标定在分节符的前面，按<Delete>键即可删除。

项目要求 9：在封面页后（即第 2 页开始）自动生成目录，目录前加上标题"目录"，格式为"宋体、四号、加粗、居中"，整体目录内容格式为"宋体，小四、行距：固定值、18 磅"。

 **知识储备**

（3）"域"的概念。域是 Word 中的一种特殊命令，它由花括号"{ }"、域名（如 DATE 等）及域开关构成。

域是 Word 的精髓，它的应用非常广泛，Word 中的插入对象、页码、目录、索引、表格公式计算等都使用到了域的功能。

（4）目录中的常见错误及解决方案。

① 未显示目录，却显示 "{TOC}"。

目录是以域的形式插入到文档中的。如果看到的不是目录，而是类似 "{ TOC }" 这样的代码，则说明显示的是域代码，而不是域结果。若要显示目录内容，可在该域代码上单击右键，从快捷菜单中选择"切换域代码"即可。

 提示　也可使用快捷键 < Shift + F9 > 完成域代码与显示内容的切换。

② 显示的是 "错误！未定义书签"，而不是页码。

需要更新目录。在错误标记上单击右键，从弹出的快捷菜单中选择 "更新域"，在"更新目录"对话框中选择更新的方式。

③ 目录中包含正文内容（图片）。

需要选中错误生成目录的正文内容（图片），重新设置其大纲级别为 "正文文本"。

 **操作步骤**

【步骤 1】　在当前第 2 页论文标题前定住光标，单击"引用"选项卡，在"目录"选项组中选择"目录"下拉按钮中的"插入目录"命令，从弹出的"目录"对话框中选择"目录"选项卡，如图 3-99 所示。

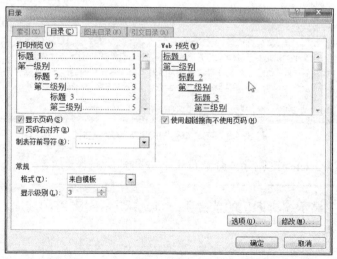

图 3-99　"目录"选项卡

【步骤 2】　在"目录"选项卡中可设置：是否显示页码、页码对齐方式及前导符、格式和显示级别，这里使用默认设置即可。

【步骤 3】　单击"确定"按钮后得到目录，如图 3-100 所示。

内容摘要......3
一、引言......4
（一）开发背景......4
（二）选题内容......4
1．课题的总体介绍......4
2．指导思想及技术路线......4
3．应解决的主要问题......4
二、系统设计相关介绍......4
（一）ASP.NET 技术介绍......4
（二）ASP.NET 图形编程技术介绍......5

（四）系统实现......15
1．管理员登录......15
2．密码修改......19
3．公告管理......21
4．公告添加模块......25
5．帖子管理......27
6．在线客服......32
六、总结......34
致谢......36
参考文献......36

图 3-100　生成目录后的效果

> **提示**　如显示“{ TOC }”，代表显示的内容为域，要显示目录则可按<Shift+F9>组合键。

【步骤 4】　目录前输入标题内容并设定相应格式，选定目录内容，根据要求设定格式。

项目要求 10：为文档添加页眉和页脚，页眉左侧为学校 Logo 图片，右侧为文本“毕业设计说明书”，页脚插入页码，居中。

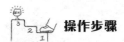

操作步骤

【步骤 1】　单击“插入”选项卡，在“页眉和页脚”选项组中，单击“页眉”下拉按钮中的“编辑页眉”命令。在页眉中插入图片，并输入相应文本。

【步骤 2】　将文本设置为右对齐。选中图片将其绕排样式设置为“四周型”后，移至页眉的左侧。

> **提示**　页眉中插入图片的操作方法与在文档中插入图片是一样的。

【步骤 3】　页脚区插入“页面底端”中“普通数字 2”的页码。

【步骤 4】　完成后关闭“页眉和页脚”选项组。

项目要求 11：目录后从论文标题开始另起一页，且从此页开始编页码，起始页码为“1”。去除封面和目录的页眉和页脚中所有内容。

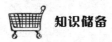

知识储备

（5）Word 中的“节”。

节：文档的一部分，可在不同的节中更改页面设置或页眉和页脚等属性。使用节时，只需在 Word 文档中插入"分隔符"中的"分节符"。

分节符：表示节的结尾而插入的标记。分节符包含节的格式设置元素，例如页边距、页面的方向、页眉和页脚，以及页码的顺序。将文档分成几节，然后根据需要设置每节的格式。

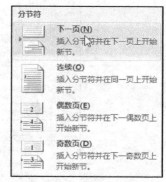

图 3-101 "分节符"类型

具体操作：单击"页面布局"选项卡，在"页面设置"选项组选择"分隔符 分隔符"下拉按钮中不同类型的"分节符"（见图 3-101），可选的类型有 4 种：

① "下一页"：插入一个分节符，新节从下一页开始。

② "连续"：插入一个分节符，新节从同一页开始。

③ "偶数页"或 ④ "奇数页"：插入一个分节符，新节从下一个奇数页或偶数页开始。

节中可设置的格式类型：页边距、纸张大小或方向、打印机纸张来源、页面边框、垂直对齐方式、页眉和页脚、分栏、页码编排、行号、脚注和尾注。

>
> **提示**　分节符控制其前面文字的节格式。如删除某个分节符，其前面的文字将合并到后面的节中，并且采用后者的格式设置。注意，文档的最后一个段落标记控制文档最后一节的节格式（如果文档没有分节，则控制整个文档的格式）。

（6）删除页眉线。插入页眉后，在其底部会加上一条页眉线，如不需要，可自行删除。具体操作：进入"页眉和页脚"视图，将页眉上的内容选中，单击"段落"选项组中的"边框和底纹"命令，在"边框"选项卡的"设置"中选择"无"，单击"确定"按钮即可。

操作步骤

【步骤 1】　将光标定在目录后的论文标题前，单击"页面布局"选项卡，在"页面设置"选项组选择"分隔符 分隔符"下拉按钮中"下一页"的"分节符"，插入分节符的同时完成分页。

【步骤 2】　整篇文档变为两节，封面和目录为第 1 节，内容摘要页开始至文档结束为第 2 节。在第 2 节的页眉处双击，效果如图 3-102 所示。

图 3-102 "第 2 节"的页眉

【步骤 3】　在"页眉和页脚工具"的"设计"选项卡中，单击"链接到前一条页眉"按钮（见图 3-103），可设置与第 1 节不同的页眉。

【步骤 4】　在第 2 节的页脚区，使用与页眉相同的方法，断开与第 1 节页脚的链接。选中页脚区的页码，在"页码"下拉按钮中选择"设置页码格式"命令，弹出"页码格式"对话框（见图 3-104），在"页码编号"处选择"起始页码：1"。

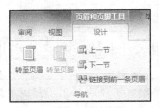

图 3-103　取消"链接到前一条页眉"　　　　　图 3-104　"页码格式"对话框

【步骤 5】　选中第 1 节页眉和页脚中的所有内容（图片、文本和页码），按<Delete>键删除，退出"页眉和页脚"视图。

项目要求 12：使用组织结构图将论文中的"图 7 系统功能结构图"重新绘制，并修正原图中的错误，删除多余的"发布新闻"。

操作步骤

【步骤 1】　将光标定在原图后，在"插入"选项卡中单击""按钮，弹出"选择 SmartArt 图形"对话框，如图 3-105 所示。

【步骤 2】　选择"层次结构"类型中的"组织结构图"，单击"确定"按钮，组织结构图即生成，如图 3-106 所示。

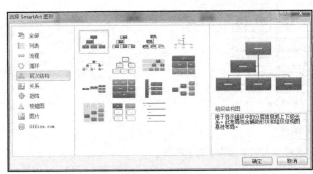

图 3-105　"选择 SmartArt 图形"对话框

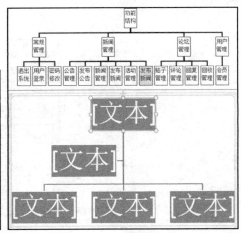

图 3-106　组织结构图

【步骤 3】　单击"SmartArt 工具"的"设计"选项卡，在"SmartArt 样式"选项组中单击"更改颜色"下拉按钮（见图 3-107），选择"主题颜色"的第 1 个。

【步骤 4】　选中"组织结构图"中第 2 层的对象，单击<Delete>键删除后的效果如图 3-108 所示。

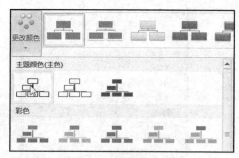

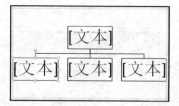

图 3-107 "更改颜色"下拉按钮　　　　　图 3-108　删除第 2 层对象后的效果

【步骤 5】　选中当前第 2 层的第 1 个对象，在"创建图形"选项组选择"添加形状"下拉按钮中的"在后面添加形状"命令（见图 3-109），完成后的效果如图 3-110 所示。

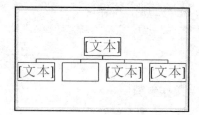

图 3-109　"添加形状"对话框　　　图 3-110　应用"在后面添加形状"命令后的组织结构图

【步骤 6】　选中当前第 2 层的第 1 个对象，在"创建图形"选项组选择"添加形状"下拉按钮中的"在下方添加形状"命令。使用同样的方法生成第 2 层中其他各对象的所有下方形状，输入文本后的效果如图 3-111 所示。

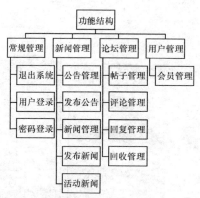

图 3-111　添加形状和输入文本后的组织结构图

【步骤 7】　选中组织结构图中第 2 层的各对象，在"创建图形"选项组的" 布局"下拉按钮中选择"两者"命令（见图 3-112）。

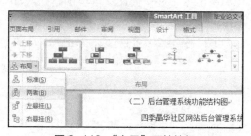

图 3-112　"布局"下拉按钮

【步骤8】 选中组织结构图,在"SmartArt样式"选项组中选择第8个SmartArt样式(见图3-113)。最后,调整组织结构图至合适大小,如图3-114所示。

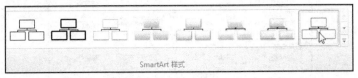

图3-113 SmartArt样式

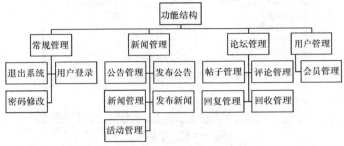

图3-114 完成后的组织结构图

 提示 组织结构图的默认版式为嵌入型,与图片默认的一致。

【步骤9】 选择原来的"图7 系统功能结构图",按<Delete>键删除。

项目要求13:修改参考文献的格式,使其符合规范。

 操作步骤

【步骤1】 将分隔号为逗号的更改为点号,去除多余的点号。

【步骤2】 调整文本顺序,使其符合"作者.书名.出版社.版本"的顺序。

【步骤3】 将多个作者之间原来的分隔符更改为空格。

 提示 著作类参考文献的格式为:[序号] 作者.书名[文献类型标志].出版地:出版者,出版年:引用部分页码;论文类:[序号]作者. 论文名称[文献类型标志].杂志名称.年.卷(册):引用部分页码。多个作者用半角逗号隔开。

项目要求14:将"三、系统需求分析(二)开发及运行环境"中的英文字母全部更改为大写。

 操作步骤

【步骤1】 选中要求中的文本,在"字体"对话框(见图3-115)中选择"效果"为"全部大写字母"。

【步骤2】 单击"确定"按钮,完成后的效果如图3-116所示。

图 3-115　字体效果

图 3-116　完成大写后的效果

项目要求 15： 对全文使用"拼写和语法"进行自动检查。

 **知识储备**

（7）输入时自动检查拼写和语法错误。在默认情况下，Word 会在用户输入的同时自动进行拼写检查。用红色波形下划线表示可能的拼写问题，用绿色波形下划线表示可能的语法问题。如需进一步设置，可以单击" 文件 文件"按钮，从弹出的下拉菜单中单击" 选项"按钮，在"Word 选项"对话框的"校对"选项卡中进行详细设置，如图 3-117 所示。

在文档中输入内容时，用鼠标右键单击有红色或绿色波形下划线的内容，在弹出的快捷菜单中选择所需的命令或可选的拼写。

（8）集中检查拼写和语法错误。完成文档编辑后再进行文档校对，具体操作：单击"审阅"选项卡，在"校对"选项组中单击" 拼写和语法"按钮，弹出"拼写和语法"对话框，如图 3-118 所示。"建议"中列出可能的正确内容，单击"更改"按钮可以修改成建议的正确内容；单击"忽略一次"或"全部忽略"按钮则不进行修改；单击"添加到词典"按钮可以把该内容添加到词典中去，以后就不会再提示为错误内容。

 **操作步骤**

【步骤 1】　选中整篇文档，单击"审阅"选项卡，在"校对"选项组中单击" 拼写和语法"按钮，可让 Word 软件进行拼写和语法的校对。

图 3-117 "校对"选项卡　　　　　　　　　　图 3-118 "拼写和语法"对话框

【步骤2】　修正"五、系统的详细设计（四）系统实现"中有多处上、下引号用错的地方以及单词拼写错误。

"拼写和语法"对话框还可以使用功能键<F7>快速打开。
提示

【步骤3】　完成拼写和语法的检查后，会弹出信息框。

项目要求 16：在有疑问或内容需要修改的地方插入批注。给"二、系统设计相关介绍（一）ASP.NET 技术介绍"中的"UI，简称 USL"文本插入批注，批注内容为"此处写法有逻辑错误，需要修改"。

知识储备

（9）"审阅"选项卡。批注是作者或审阅者为文档添加的注释，Word 在文档的左、右页边距中显示批注。在编写文档时，利用批注可方便地修改审阅和添加注释。

① 显示。在"修订"选项组中单击"📄 显示标记 ▾"下拉按钮，勾选"批注"。就能看到文档中的所有批注。反之，可以暂时关闭文档中的批注，也可显示/隐藏其他修订标记。

② 记录修订轨迹。在对文档进行编辑时，单击"修订"选项组中的"📝修订"下拉按钮可记录下所有的编辑过程，并以各种修订标记显示在文档中，供接收文档的人查阅。

③ 接收或拒绝修订。打开带有修订标记的文档时，可单击"更改"选项组中的"✅接收"或"❌拒绝"下拉按钮来有选择地接收或拒绝别人的修订。

如需退出"修订"状态，只需在"修订"选项组中再次单击"📝修订"按钮，使其处于弹出状态即可。
提示

操作步骤

【步骤1】　在文档中"二、系统设计相关介绍 （一）ASP.NET 技术介绍"处，选中"UI，简称 USL"文本。

【步骤 2】 从"审阅"选项卡的"批注"选项组中单击" 新建批注"按钮，在右侧批注框中输入内容："此处写法有逻辑错误，需要修改"，完成后的效果如图 3-119 所示。

用户表示层（[Ull，简称USL]）负责与用户交互，接收用户的输入并将服务器端传来的数据呈现给客户。

 批注[dl]：此处写法有逻辑错误，需要修改。

图 3-119　插入批注后的效果

提示
　　若要删除单个批注，用鼠标右键单击该批注，然后单击"删除批注"按钮即可。

项目要求 17：文档格式编辑完成后，更新目录页码。

操作步骤

【步骤 1】 将光标定在目录中，在单击右键弹出的快捷菜单中选择"更新域"（见图 3-120）。

【步骤 2】 在弹出的"更新目录"对话框（见图 3-121）中，选择"只更新页码"，单击"确定"按钮完成目录页码的自动更新。

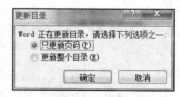

图 3-120　更新域　　　　　　　　　　图 3-121　更新目录

提示
　　如目录中的内容发生改变，则选择"更新整个目录"。

项目要求 18：同时打开"毕业论文-初稿.docx"和"毕业论文-修订.docx"两个文档，使用"并排查看"命令快速浏览完成的修订。

知识储备

（10）并排查看文档窗口。打开两个或两个以上 Word 2010 文档窗口，在当前文档窗口中切换到"视图"功能区，然后在"窗口"选项组中单击"并排查看"按钮，从弹出的"并排比较"对话框（见图 3-122）中，选择一个准备进行并排比较的 Word 文档，并单击"确定"按钮。

图 3-122 "并排比较"对话框

操作步骤

【步骤 1】 同时打开"毕业论文-初稿.docx"和"毕业论文-修订.docx"两个文档。

【步骤 2】 单击"毕业论文-修订.docx"文档的"视图"选项卡，然后在"窗口"选项组中单击"并排查看"按钮，从弹出的"并排比较"对话框中选择"毕业论文-初稿.docx"进行并排比较，单击"确定"按钮。

【步骤 3】 再次单击"并排查看"按钮，可退出并排查看状态。

知识扩展

（1）高级替换。在"查找和替换"对话框中单击"更多"按钮，可完成更复杂的"高级替换"。常用的是替换为"特殊格式"中的"剪贴板"内容，如图3-123所示。

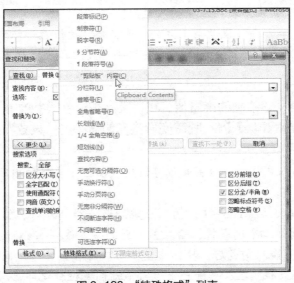

图 3-123 "特殊格式"列表

具体操作：只需要将最终的替换结果先完成一个效果，将此效果文本选中，单击鼠标右键，在快捷菜单中选择"复制"，此效果文本即自动保存到"剪贴板"内。从"编辑"选项组中单击"替换"命令，在"查找和替换"对话框中的"查找内容"处输入相应文本，单击"更多"按钮，将光标定在"替换为"输入框中，单击"特殊字符"按钮，在弹出的列表中选择"'剪贴板'内容"，此时"替换为"输入框中出现"^c"标记，如图3-124所示，最后单击"全部替换"按钮。

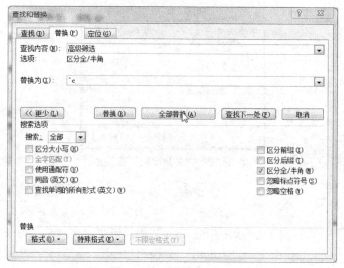

图 3-124 使用"剪贴板"内容替换

（2）制表位的设置。制表位是页面上放置和对齐输入内容的定位标记，使用户能够向左、向右或居中对齐文本行，或者将文本与小数字符或竖线字符对齐。也可在制表符前自动插入特定字符，如句号或划线等。

① 制表位类型。Word中有5种制表位类型：左对齐制表符□——输入的文本以此位置左对齐；居中制表符□——输入的文本以此位置居中对齐；右对齐制表符□——输入的文本以此位置右对齐；小数点对齐制表符□——小数点以此位置居中对齐；左竖线对齐制表符□——不定位文本，它在制表符位置插入竖线。

② 设置制表位。单击垂直滚动条上方的"□标尺"按钮显示标尺，单击水平标尺左端的制表位，将它更改为所需的制表符类型。在水平标尺上单击要插入制表位的位置。

提示

若要设置精确的度量值，在"段落"对话框中单击"制表位"按钮，从"制表位位置"下输入所需度量值，然后单击"设置"按钮。

③ 利用制表位输入内容。利用制表位可以输入类似于表格的内容，也可以把这些内容转变为表格。

制表位设置完成后，按<Tab>键，插入点跳到第一个制表符，输入第一列文字。再按<Tab>键，插入点跳到第二个制表符，输入第二列文字。再按<Tab>键，以同样的方法输入其他列的内容。第一行输入完成后，按回车键，第二行和第三行以同样的方法进行输入。

④ 移动和删除制表位。在水平标尺上左右拖动制表位标记即可移动该制表位。选定包含要删除或移动的制表位的段落，将制表位标记向下拖离水平标尺即可删除该制表位。

⑤ 改变制表位。在"制表位"对话框（见图3-125）的"制表位位置"下，输入新制表符的位置；在"对齐方式"中，选择在制表位输入的文本的对齐方式。在"前导符"下，单击所需前导符选项，然后单击"设置"按钮。制表位即可添加到"制表位位置"下面的列表框中。单击"清除"按钮可删除添加的制表位。

（3）多级符号列表。多级符号列表是用于为列表或文档设置层次结构而创建的列表。

文档最多可有9个级别。以不同的级别显示列表项，而不是只缩进一个级别。

　　① 多级符号的创建。具体操作：单击"段落"选项组中的"▤ 多级符号"下拉按钮（见图3–126）。选择一种列表格式，输入列表文本，每输入一项后按<Enter>键，随后的数字以同样的级别自动插入到每一行的行首。

图 3–125 "制表位"对话框　　　　图 3–126 "多级符号"选项卡

　　若要将多级符号项目移至合适的编号级别，可以在"段落"选项组中单击"▤增加缩进量"按钮将项目降至较低的编号级别；单击"▤减少缩进量"按钮可将项目提升至较高的编号级别。

提示

　　"增加缩进量"和"减少缩进量"也可以通过按<Tab>键或<Shift+Tab>组合键来实现。

　　② 定义新的多级列表。具体操作：在"段落"选项组的"▤ 多级符号"下拉按钮中选择"定义新的多级列表"命令，从弹出的对话框中单击"更多"按钮，勾选"制表位添加位置"（见图3–127），对不同级别设定不同的编号格式、样式、起始编号、位置等。

　　③ 位置详解。

　　对齐位置：项目符号与页面左边的距离。

　　制表位位置：第一行文本开始处与页面左边的距离。

提示

　　如果这个数字小于"对齐位置"或者太大，Word将会忽略你的选择。

　　文本缩进位置：文本第2行的开始处与左边的距离。如想让文本其他的行都与第一行对齐，可将此处的值与制表位位置设为相同大小，如图3–127所示。

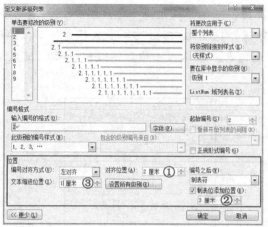

图 3-127　符号与文字的位置设置

④ 将级别链接到样式。每个级别的符号列表的格式均可与Word中的样式进行链接。在"定义新多级列表"对话框（见图3-127）的"将级别链接到样式"下拉列表中选择样式即可将当前级别的符号与相应样式进行链接。

（4）题注。题注是Word软件给文档中的表格、图片、公式等添加的名称和编号。插入、删除或移动题注后，Word会给题注重新编号。当文档中图、表数量较多时，由Word软件自动添加这些序号，既省力又可杜绝错误。具体操作分为手工插入和自动插入题注两种：

① 手工插入题注。选中需要添加题注的图或表，单击"引用"选项卡，在"题注"选项组中单击"插入题注"按钮，从弹出的"题注"对话框中（见图3-128）设置题注的标签及编号格式。

提示

"标签"也可使用"新建标签"按钮来自定义。

② 自动插入题注。在"题注"对话框中，单击"自动插入题注"按钮，在弹出的"自动插入题注"对话框（见图3-129）中选择自动添加题注的对象，如Microsoft Word表格，设定标签和位置，最后单击"确定"按钮。以后每次插入表格时都会在表格上方自动插入题注，并自动编号。

图 3-128　"题注"对话框

图 3-129　"自动插入题注"对话框

（5）设置超链接。超链接是指带有颜色和下划线的文字或图形，单击后可以转向其他文件或网页。

　　提示　　　　自动生成的目录，按住<Ctrl>键单击就可到达该标题在 Word 文档中的位置，这就是 Word 中的超链接。

　　具体操作：选中需要添加超链接的文本或图片，单击右键，从弹出的快捷菜单中选择"超链接"命令，在"插入超链接"对话框（见图3-130）中选择链接的目标（本文档中的位置、其他文件或网址等）。设置完成后，单击"确定"按钮即可。

图 3-130　"插入超链接"对话框

　　打开超链接：超链接设置完成后，按住<Ctrl>键的同时将鼠标移至有链接的文字或图片上时，它就会变成手的形状，单击即可跳转到指定位置。

　　删除超链接：在链接文本或图片上单击右键，从快捷菜单中选择"取消超链接"即可。

（6）文档保护。

① 设置文档密码。为了让Word文档免遭恶意的攻击或者修改，可以对文档设置密码。

单击" 文件 文件"按钮，在弹出的下拉菜单中选择"信息"，然后单击" 保护文档"按钮，在弹出的下拉列表中选择"用密码进行加密"命令，如图3-131所示。

图 3-131　用密码进行加密

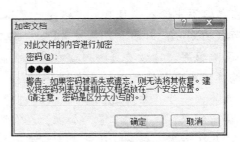

图 3-132　"加密文档"对话框

为了防止非授权用户打开文档，可以在"加密文档"对话框（见图3–132）中设置密码。

② 编辑限制。可以单击"保护文档"按钮，从弹出的下拉列表中选择"限制编辑"命令。在"限制格式和编辑"窗格（见图3–133）中可以设置格式限制、编辑限制。设定完成后，在"3.启动强制保护"下，单击"是，启动强制保护"按钮。在"启动强制保护"对话框（见图3–134）中设定密码后，单击"确定"按钮。

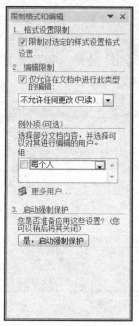

图 3–133 "限制格式和编辑"窗格　　图 3–134 "启动强制保护"对话框

 拓展练习

使用提供的文字和图片资料，根据以下步骤，完成产品说明书的制作。部分页面的效果如图3–135所示，最终效果见"产品说明书.pdf"。

① 页面设置：纸张大小为A4，页边距上、下、左、右均为2厘米。

② 封面中插入图片"logo.jpg"。

③ 封面中两个标题段均设置：左缩进24字符，英文标题格式：Verdana、一号；中文标题格式：黑体、深色 40%、字符间距为紧缩1磅。

④ 封面中插入分页符产生第二页。

⑤ 在第二页中输入"目录"，格式：黑体、一号、居中。

⑥ 节数的划分：封面、目录为第1节，正文为第2节，第2节中设置奇偶页脚。页脚内容为线和页码数字。奇数页页脚内容右对齐，偶数页页脚内容左对齐。

⑦ 编辑正文前新建样式，具体如下：

章：黑体，一号，左缩进10字符，紧缩1磅，大纲级别：1。

节：华文细黑，浅蓝，三号，加粗，左右缩进2字符，首行缩进2字符，大纲级别：2。

小节：华文细黑，浅蓝，小三，左右缩进2字符，首行缩进2字符，大纲级别：3。

内容：仿宋_GB2312，四号，左右缩进2字符，首行缩进2字符。

⑧ 将新建样式（章、节、小节）分别应用到多级符号列表中，每级编号为“I、i、·”3种。

⑨ 设置自动生成题注，使插入的图片、表格自动编号，更改图片大小至合适。

⑩ “警告”部分的格式为华文细黑，“【警告】”颜色为浅蓝，行距1.5倍，加靛蓝边框。

⑪ 为内容中的网址设置相应超链接。

⑫ 为“输入文本：”部分设定项目编号，为“接受或拒绝字典建议：”部分设定项目符号：方框。

⑬ 将文本转换为表格，表格格式：左、右及中间线框不设置。

⑭ 在最后一页中选中相应文本完成分栏操作。

⑮ 目录内容自动生成，设置格式为黑体、四号。

⑯ 对文档进行安全保护（只读，不可进行格式编辑和修订操作）。

目　录

I. 概览 -- 1

I　概览 -- 1

· 配件 -- 1

II　按钮 -- 2

· 睡眠/唤醒按钮 -- 2

· 屏幕旋转锁和音量按钮 -- 2

· 麦克风 -- 3

III 主屏幕 -- 4

· 状态图标 -- 4

IV 屏幕键盘 -- 4

· 键入 -- 4

· 字典 -- 5

· 国际键盘 -- 6

· 搜索 -- 6

V 使用和清洁iPad -- 7

· 舒适地使用iPad -- 7

· 清洁iPad -- 7

II. 使用入门 -- 8

I　设置iPad -- 8

· 设置iPad -- 8

II　同步 -- 9

图 3-135　说明书中部分页面的效果

表1	
项目	用途
10W USB电源适配器	使用10W USB电源适配器，可为iPad供电并给电池充电。
基座接口转USB电缆	使用此电缆将iPad连接到电脑以进行同步，或者连接到10W USB电源适配器以进行充电。将此电缆与可选购的iPad基座或iPad Keyboard Dock键盘基座搭配使用，或者将此电缆直接插入iPad。

ii 按钮

几个简单的按钮可让您轻松地开启和关闭iPad，锁定屏幕方向以及调整音量。

· 睡眠/换型按钮

如果未在使用iPad则可以将其锁定。如果已锁定iPad，则在您触摸屏幕时，不会有任何反应，但是您仍可以聆听音乐以及使用音量按钮。

睡眠/唤醒按钮

图3

· 屏幕旋转锁和音量按钮

通过屏幕旋转锁，使iPad屏幕的显示模式保持为竖向或横向，使用音量按钮来调整歌曲和其他媒体的音量，以及提醒和声音效果的音量。

图 3-135　说明书中部分页面的效果（续）

3.5　Word 综合应用

 项目情境

第一学年的学习生活即将结束，学院为了增进宿舍之间的学习生活交流，发起了以《同学》为刊名的期刊制作活动。每个小组纷纷准备素材，分工合作，努力把最好的作品展现给大家。

完成《同学》期刊的制作。总体要求：纸张为 A4，页数至少 20 页。整体内容编排顺序为封面、日期及成员、卷首语、目录、期刊内容（围绕大学生活，每位小组成员至少完成 2 页的排版）和封底。

内容以原创为主，可适当在网上搜索素材进行补充，必须注明出处。具体完成的版式及效果需自行设计。具体制作要求如表 3-4 所示。

表 3–4　具体制作要求

序号	具体制作要求
1	刊名《同学》，格式效果自行设计
2	小组成员信息真实，内容以原创为主
3	使用的网络素材需经过加工
4	需要用到图片、表格、艺术字、文本框、自选图形等
5	目录自动生成或使用制表位完成
6	色彩协调，标题醒目、突出，同级标题格式相对统一
7	版面设计合理，风格协调
8	图文并茂，文字字距、行距适中，文字清晰易读
9	使用"节"，使页码从期刊内容处开始编码
10	页眉和页脚需根据不同版块设计不同的内容

模块 4
数据管理之
Excel 2010 篇

4.1 产品销售表——编辑排版

 技能目标

① 熟悉 Excel 软件的启动与退出方法及基本界面，理解工作簿、工作表等基本概念。

② 学会对编辑对象的多种选定方法和复制、移动、删除等基本操作。

③ 能进行相关工作表的管理操作。

④ 学会对单元格进行基本的格式设置。

⑤ 在学习时能够和 Word 有关内容进行对比学习，将各知识点融会贯通、学以致用。

⑥ 掌握自主学习的方法，如使用 F1 帮助键。

 **热身练习**

　　暑假之前，辅导员要小王帮忙完成图 4-1 所示的假期三下乡活动的参与学生名单，要求包含班级、姓名、性别、政治面貌、宿舍号、联系电话这些信息并打印出来，请大家来帮帮他。

班级	姓名	性别	政治面貌	宿舍号	联系电话
电艺08C1	张　军	男	团员	1-201	13640691113
动漫08C1	赵　蔚	男	团员	1-303	13054061360
动漫08C2	张小梅	女	团员	2-402	13179730869
软件08C1	王永川	男	团员	1-210	15921595143
软件08C2	施利明	男	团员	1-215	13218669521
网络08C1	杨利蓉	女	团员	2-409	13809460904
网络08C1	王志强	男	团员	1-313	13935454981
网络08C2	郭　波	男	团员	1-316	13236229965
信管08C1	张　浩	男	团员	1-401	13478513507
信管08C2	张建军	男	团员	1-405	13607684958
信管08C2	韩　玲	女	团员	2-415	13952814848
信息08C1	孙淑萍	女	预备党员	2-411	15195326846
信息08C1	张　鹏	男	团员	1-410	13582649027
信息08C2	杨　云	女	团员	2-415	15053647869

图 4-1　三下乡活动名单

 **操作步骤**

【步骤1】 启动 Excel 软件，单击"快速访问工具栏"中的"保存"按钮🔲，如图 4-2 所示。在弹出的"另存为"对话框中，设置保存位置为"我的文档"文件夹，文档名称为"三下乡活动名单.xlsx"，如图 4-3 所示。

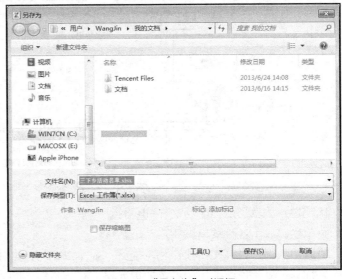

图 4-3 "另存为"对话框

图 4-2 快速访问工具栏

 **知识储备**

（1）启动和退出 Excel。与 Word 类似，有很多种方式可以启动 Excel。

① 使用"开始"菜单：单击"开始"按钮，在弹出的"开始"菜单中选择"所有程序"→"Microsoft Office"→"Microsoft Excel 2010"菜单项，即可启动 Excel 2010。

② 使用桌面快捷图标：双击桌面上的"Microsoft Excel 2010"快捷图标，即可启动 Excel 2010。在桌面创建 Excel 2010 的快捷图标的方法为：单击"开始"按钮，在"所有程序"→"Microsoft Office"→"Microsoft Excel 2010"菜单项上单击鼠标右键，在弹出的快捷菜单中选择"发送到"子菜单中的"桌面快捷方式"菜单项，即可在桌面上创建"Microsoft Excel 2010"的快捷图标。

③ 双击 Excel 工作簿文件，如 要求与素材.xlsx 。

电子表格编辑完成后，可以通过多种方式关闭文档：

① 使用"关闭"按钮：直接单击电子表格窗口标题栏中的程序"关闭"按钮 。

② 使用右键快捷菜单：在标题栏空处单击鼠标右键，从弹出的快捷菜单中选择"关闭"菜单项。

③ 使用"Excel"按钮：在"快速访问工具栏"的左上角单击"Excel"按钮，从弹出的下拉菜单中选择"关闭"菜单项。

（2）认识 Excel 的基本界面。在使用 Excel 之前，首先要了解它的基本界面，如图 4-4 所示。

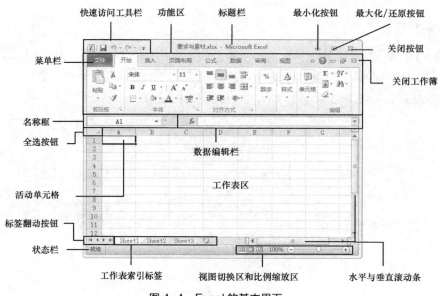

图 4-4　Excel 的基本界面

标题栏：显示当前程序与文件的名称。

菜单栏：显示各种菜单供用户选取。

快速访问工具栏、文件按钮和功能区：显示 Excel 中常用的功能指令。

名称框：显示目前被使用者选取单元格的行列号，如图 4-4 中名称框内所显示的是被选取单元格的行列名"A1"。

数据编辑栏：数据编辑栏是用来显示目前被选取单元格的内容的。用户除了可以直接在单元格内修改数据之外，也可以在编辑栏中修改数据。

全选按钮：单击全选按钮，可以选中工作表中所有的单元格。

活动单元格：使用鼠标单击工作表中某一单元格时，该单元格的周围就会显示黑色粗边框，表示该单元格已被选取，称为"活动单元格"。

工作表区：工作表区是由多个单元表格行和单元表格列组成的网状编辑区域，用户可以在这个区域中进行数据处理。

标签翻动按钮：有时一个工作簿中可能包含大量的工作表而使工作表索引标签的区域无法一次性显示所有的索引标签，这时就需要利用标签翻动按钮来帮助用户将显示区域以外的工作表索引标签翻动至显示区域内。

状态栏：显示目前被选取单元格的状态，例如，当用户正在单元格输入内容时，状态栏上会显示"输入"两个字。

工作表索引标签：每一个工作表索引标签都代表一张独立的工作表，使用者可通过单击工作表索引标签来选取某一张工作表。

水平与垂直滚动条：使用水平或垂直滚动条，可滚动整个文档。

视图切换区和比例缩放区：方便用户选用合适的视图效果，可选用"普通""页面布局""分页预览"3 种视图查看方式，也可方便选择视图比例。

（3）工作簿和工作表。在 Excel 2010 中，用户创建的表格是以工作簿文件的形式存储和管理的。"工作簿"是 Excel 创建并存放在磁盘上的文件，扩展名为".xlsx"。启动 Excel 时，Excel 会自动新建一个空白工作簿，并临时命名为"工作簿 1"。

　　"工作表"是工作簿的一部分，一个工作簿最多可以容纳 255 张工作表。Excel 默认设置 3 张工作表，默认名为"Sheet1""Sheet2""Sheet3"。工作表的标签名可以自由修改，正在被编辑的工作表称为"当前工作表"。一张工作表最多可以有 1～65 536 行和 A～IV 共 256 列，每行以正整数编码，分配一个数字来命名行号，每列分配 1～2 个字母命名列标。

　　行和列组成工作表的单位，称为"单元格"。单元格是具体存放数据的基本单位，可以存放数据或公式，它的名称由列标和行号组成，如 A1 单元格指的就是第 1 行和第 A 列相交部分的单元格。

 【提示】　　在打开多个工作簿窗口并需要比对工作簿内容时，可以选择"视图"功能区中的"重排窗口"命令，打开"重排窗口"对话框，根据需要选择相应的排列方式，如图 4-5 所示。

图 4-5　"重排窗口"对话框

　　【步骤 2】　　在"三下乡活动名单"工作簿的"Sheet1"工作表从 A1 开始的单元格中依次输入如图 4-1 所示的文本。

 【提示】　　在输入电话号码等一些数据时，系统默认为数字。如果要把这些数字作为文本输入，可以在英文输入状态下，先输入一个单引号，接着输入数据。数字输入系统默认是右对齐，文本输入系统默认是左对齐，当输入的内容是字符和数字的混合时，系统也把它们作为文字处理，也是默认左对齐。后面介绍数据的录入知识点时会进一步讲解。

　　【步骤 3】　　选中有数据的单元格，功能区切换到"开始"选项卡，如图 4-6 所示。在"字体"组中，设置字体格式为"宋体"，字号为"9"磅。选择"边框"按钮下拉选项中的"所有框线"选项 ⊞，在"对齐方式"组中，单击"居中"按钮 ≡。

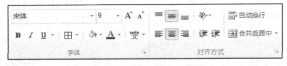

图 4-6　"格式"工具栏

　　【步骤 4】　　保持数据的被选中状态，在"单元格"组中，选择"格式"按钮下拉选项中的"自动调整列宽"命令，调整表格各列宽度。

　　【步骤 5】　　选中数据清单，即 A1 至 F15 单元格。单击功能区中"开始"选项卡下"样式"组，选择"套用表格格式"按钮下拉列表中的"表样式中等深浅 2"选项命令，如图 4-7 所示。在弹出的"套用表格式"对话框中，确认表数据来源，选中"表包含标题"复选框，如图 4-8 所示，单击"确定"按钮。

图 4-7 "套用表格格式"下拉列表　　　　图 4-8 "套用表格式"对话框

套用表格格式之后，工作表会进入筛选状态，即各标题字段的右侧会出现下拉按钮。要取消这些下拉按钮，可以单击功能区中"开始"选项卡下"编辑"组，选择"排序和筛选"按钮下拉列表中的"筛选"命令。另外，在套用表格格式之后，也可以根据需要再对表格进行格式设置。

【步骤6】　单击"快速访问工具栏"上的"保存"按钮 ，对编辑好的文档进行保存。

（4）打印工作表。工作表或图表设计完成后，要通过打印机输出转变为纸张上的报表。除了使用"快速访问工具栏"上的"快速打印"按钮 进行工作表的打印（默认的"快速访问工具栏"只有"Excel"按钮、"保存"按钮、"撤销"按钮和"恢复"按钮。要添加新的快速访问功能，可以通过单击"快速访问工具栏"最右侧的"自定义快速访问工具栏"按钮 进行添加）。打印操作也可以通过单击"文件"按钮，在弹出的下拉菜单中选择"打印"菜单项来完成。另外，在功能区选择"页面布局"选项卡，单击"页面设置"组中的"对话框启动器"按钮 打开"页面设置"对话框，可以改变页面的格式，利用"打印预览"可以在屏幕上预先观看打印效果，直到调整得令自己满意了，再使用"打印"命令打印输出也可。

① 工作表的分页。一张工作表最多允许 65 536 行，256 列，可以编辑很多数据。但是当一张工作表上的数据区域过大时，就会使打印范围超出打印纸张的边界。因此，在打印工作表之前先要解决工作表的分页。Excel 2010 既可以自动分页，也可以人工分页。

在功能区单击"页面布局"选项卡，选定"工作表选项"→"网格线"→"打印"复选框，可使工作表显示自动分页符，以当前纸张大小来自动进行分页，并以一条细的虚线来显示页的边界。

当工作表太大时，特别是执行了与打印有关的命令后，如打印预览，Excel 2010 会自动分页并在工作表上以细虚线显示页的边界。

在有些时候，需要自行设置分页位置，这时要使用人工分页。选择一个单元格作为分页起始位置，即从此单元格开始在第二页上显示。单击"页面布局"选项卡，在"页面设置"组选择"分隔符"按钮下拉选项中的"插入分页符"命令，从当前选定的单元格开始另起一页。

若要删除人工分页符，可在分页符的下方或右方选择一个单元格，在"页面布局"选项卡的"页面设置"组中选择"分隔符"按钮下拉选项的"删除分页符"命令即可。

② 页面设置。在打印工作表之前，除了进行数据区域的格式设置外，还要进行页面的修饰。

在"文件"按钮的下拉菜单中选择"打印"菜单项，单击"设置"区域下方的"页面设置"链接，或者在功能区单击"页面布局"选项卡，单击"页面设置"组中的"对话框启动器"按钮，打开"页面设置"对话框。

在"页面设置"的"页面"选项卡的"缩放"框中，可以在10%～400%的范围内"缩放比例"，以及指定打印内容占用的页数，用以将打印的数据强制打印在指定的页数范围内，如图4-9所示。

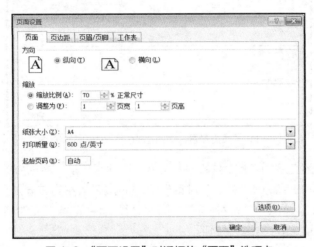

图 4-9 "页面设置"对话框的"页面"选项卡

在"页面设置"的"页边距"选项卡中，可以指定上、下、左、右边界值，还可指定页眉与页脚所占的宽度。在"居中方式"框中选择水平方向与垂直方向都为居中，这样可以让数据在纸张的中央显示，如图4-10所示。

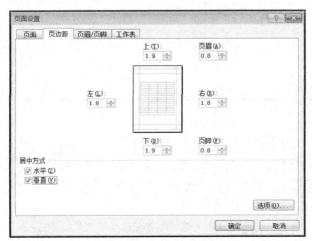

图 4-10 "页面设置"对话框的"页边距"选项卡

提示　　　在打印预览状态中单击"页边距"按钮后可以在当前屏幕上调整页边距及列宽。

在"页面设置"的"页眉/页脚"选项卡中，可以通过单击页眉和页脚下方的下拉按钮直接设置简单的页眉和页脚，如图 4-11 所示。

图 4-11　"页面设置"对话框的"页眉/页脚"选项卡

如果需要设置更为复杂的页眉、页脚，可以单击选项卡中的 "自定义页眉"按钮，打开"页眉"对话框，如图 4-12 所示。"页眉"对话框中间的按钮从左到右分别是"格式文本""插入页码""插入页数""插入日期""插入时间""插入路径文件""插入文件名""插入数据表名称""插入图片"以及"设置图片格式"按钮。

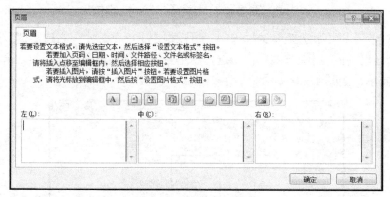

图 4-12　"页眉"对话框

在"页面设置"的"工作表"选项卡中，"打印区域"文本框中可输入需要打印的单元格区域，还可以定义"顶端标题行""左端标题列"，是否打印网格线以及是否打印出行号和列标等信息。在"打印顺序"区域，可以选择"先列后行"或"先行后列"，这项选择会影响到多页打印时的打印稿排列顺序，如图 4-13 所示。

全部设置完成后，单击"打印预览"按钮，跳转至"文件"按钮下拉菜单中的"打印"菜单项。菜单右侧分为两个区域，左侧为"打印"区域，右侧为"打印预览"区域。

在"打印预览"区域，Excel 会缩小工作表及图表，以一页纸的形式显示工作表及图表。如果数据区域太大，要用多页打印时，在页面底部会显示 1 共2页 ，可通过两侧的"上一页""下一页"按钮来预览其他页码中的内容。

③ 打印工作表。工作表制作完成，在"打印预览"区域中查看打印效果并修改满意后，即可进行工作表的打印工作。设置打印机、打印范围、打印内容及打印分数，单击"打印"区域中的"打印"按钮进行打印，如图 4-14 所示。

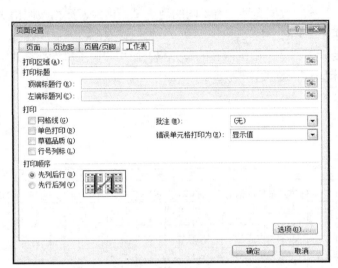

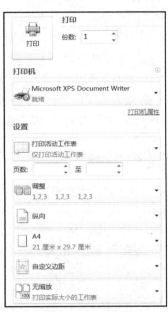

图 4-13 "页面设置"对话框的"工作表"选项卡　　　图 4-14 "打印"区域选项

【步骤7】　从"文件"按钮的下拉菜单中选择"打印"菜单项，在右侧"打印预览"区域内确认打印效果。如果对效果不满意，需要将表格水平居中打印，可通过单击"打印"区域下方的"页面设置"链接，打开"页面设置"对话框，在"页边距"选项卡中设置"居中方式"选项为水平。确认后，再单击"打印"区域中的"打印"按钮进行打印。

提示

如果按默认设置进行打印，在"快速访问工具栏"中单击"快速打印"按钮，这样无需进行任何设置即可直接进行工作表的打印。建议选定打印的区域后，在"打印"区域中设置打印内容为"选定区域"，这样不容易出错。

通过以上的热身练习，我们已经掌握了 Excel 数据管理软件的基本使用方法。下面以一个具体的项目来巩固并提高 Excel 软件的使用能力，先来看一下该项目的具体情境。

项目情境

暑期，小王来到某饮料公司参加社会实践。公司用得最多的就是 Excel 办公软件，要经常制作产品库存情况、销售情况以及送货销量清单等。在市场营销部，小王就负责制作每天各种饮料销售的数据记录表……

项目分析

① 用什么制表？Excel。它是办公软件 Office 的组件之一，它不仅可以制作各种类型的表格，而且还可以对表格数据进行分析统计，根据表格数据制作图表等。在企业生产中，对产品数量的统计分析；在人事岗位上，对职员工资结构的管理与分析；在教师岗位上，对学生成绩的统计与分析，都需要进行数据的管理与分析。这时，数据的输入、公式的计算、数据的管理与分析知识就能帮上你的大忙了，这些可以让你用尽量少的时间去管理庞大而又复杂的数据。

② 数据怎么录入？录入数据可以在工作表中直接输入数据，也可以通过复制、粘贴的方式输入，数据存放在单元格中。对于不同的数据类型，有不同的规定输入格式，严格按照格式进行输入，特别需要掌握如何快速输入数据的小技巧。

③ 数据格式如何编辑？选中要设置格式的数据所在的单元格，使用"设置单元格格式"对话框中的"数字""对齐"等选项卡，完成相关设置。

 重点集锦

某月碳酸饮料送货销量清单

序号	客户名称	送货地区	路线	渠道编号	碳酸饮料CSD																								
					600ML										1.5L					2.5L			355ML						
					百	七	美	青	柚	激	径	葡	极	合	百	七	美	青	合	百	七	合	百	七	美	青	激	西	径
1	百顺超市	望山	1/9	525043334567	16	1	1	2	1	2	1	2	1		3	3	3			20	10		5	1	1	1			
2	百汇超市	望山	1/9	525043334567	12		2	2			1				2	5	5			15	5		5	1	1	1	1		
3	小平香烟店	望山	1/9	523034567894				1												6	3								
4	农工联超市	东楷	1/9	525043334567	12	1	2	2		2					3	3				8	4		5	1		1			
5	供销社批发	东楷	1/9	511023456783																10	5								
6	上海发联超市	东楷	1/9	525043334567	16	1	1	2	2						3					2	2		8		1				
7	凯新烟杂店	郑湖	2/9	523034567894	30																								
8	光明香烟店	郑湖	2/9	523034567894	10										5		5	5		5	5								
9	顺发批发	郑湖	2/9	511023456783	50															10	10		50						
10	海明副食品	郑湖	2/9	511023456783	50																								

日期： 2013年8月1日 单位： 箱

 项目详解

项目要求 1： 在"4.1 要求与素材.xlsx"工作簿文件中的"素材"工作表后插入一张新的工作表，命名为"某月碳酸饮料送货销量清单"。

 **操作步骤**

【步骤 1】 双击打开"4.1 要求与素材.xlsx"工作簿。

【步骤 2】 在"素材"工作表标签上单击右键，从弹出的快捷菜单中，选择"插入"命令，单击"常用"选项卡中的"工作表"图标，如图 4-15 所示。单击"确定"按钮，得到新的工作表。

【步骤 3】 使用鼠标拖动新生成的工作表移至"素材"工作表后。

【步骤 4】 双击新工作表标签，将新建工作表重命名为"某月碳酸饮料送货销量清单"工作表。

图 4-15　使用"插入"对话框创建新的工作表

项目要求 2：将"素材"工作表中的字段名行选择性粘贴（数值）到"某月碳酸饮料送货销量清单"工作表中的 A1 单元格。

 **知识储备**

（5）数据的选取。选取单元格是进行其他操作的基础，在进行其他操作之前必须熟悉和掌握选取单元格的知识。

 提示　选定一个以上单元格区域,被选定区域左上角的单元格是当前活动单元格，颜色为白色，其他单元格为淡蓝色。

① 连续单元格的选定：用空心十字形指针 ✚ 从单元格区域左上角向下、向右拖曳到最后单元格，即可选择一块连续的单元格区域。

 提示　如果需要选取的是较大的单元格区域，可以先单击第一个单元格，然后按住<Shift>键不放，移动滚动条到所需的位置，再单击区域中的最后一个单元格，即可很方便地选中整个区域。

② 选中一行或一列：直接单击行号或列号即可。

③ 不相邻的单元格的选取：选定第一个单元格区域，按住<Ctrl>键不放，继续选择第 2 个或第 3 个单元格区域。

④ 选取全部单元格：单击工作表左上角的全选按钮，即可选中整个工作表。

 提示　选取全部单元格也可以使用快捷键<Ctrl+A>。

（6）选择性粘贴。选择性粘贴与平常所说的粘贴是有区别的。粘贴是把所有的东西都复制、粘贴下来，包括数值、公式、格式、批注等；选择性粘贴是指把剪贴板中的内容按照一定的规则粘贴到工作表中，是有选择的粘贴，如只粘贴数值、格式或者批注等。

提示　　利用"选择性粘贴"命令还可以完成工作表行、列关系的交换，实现的方式是勾选"选择性粘贴"对话框中的"转置"复选框。

操作步骤

【步骤1】　单击"素材"工作表标签，选中第一行至第三行，单击鼠标右键，在弹出的快捷菜单中选择"复制"命令。

【步骤2】　单击"某月碳酸饮料送货销量清单"工作表标签，选中 A1 单元格，单击右键，选择"选择性粘贴"命令，打开"选择性粘贴"对话框，如图 4-16 所示。选择"粘贴"项目中的"数值"项，单击"确定"按钮。

> **项目要求 3**：将"素材"工作表中的前 10 条数据记录（从 A4 到 AC13 区间范围内的所有单元格）复制到"某月碳酸饮料送货销量清单"工作表的从 A4 开始的单元格区域中，并清除单元格格式。

知识储备

（7）单元格的清除。输入数据时，除输入了数据本身之外，有时候还会输入数据的格式、批注等信息。清除单元格时，如果使用选定单元格后按<Delete>键或<Backspace>键进行删除，只能删除单元格中的内容，单元格格式和批注等内容会保留下来；在需要删除特定的内容时，如仅仅要删除单元格格式、批注，或者要将单元格中的所有内容全部删除，都需要使用"开始"选项卡下"编辑"组的"清除"按钮 ２ 清除 · 下拉列表中的"清除"命令。

操作步骤

【步骤1】　单击"素材"工作表标签，选中 A4 单元格，按住<Shift>键不放，继续单击 AC13 单元格、单击鼠标右键，在弹出的快捷菜单中选择"复制"命令。

【步骤2】　单击"某月碳酸饮料送货销量清单"工作表标签，选中 A4 单元格，单击鼠标右键，在弹出的快捷菜单中选择"粘贴"命令。

【步骤3】　在新粘贴到工作表中的数据保持被选中的情况下，单击"开始"选项卡下"编辑"组的"清除"按钮 ２ 清除 · 下拉列表中的"清除"命令，如图 4-17 所示，清除单元格格式。

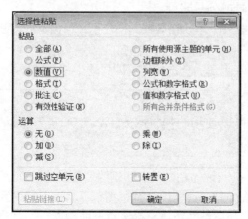
图 4-16　"选择性粘贴"对话框

图 4-17　"清除"子菜单

项目要求4：在"客户名称"列前插入一列，在A1单元格中输入"序号"，在"A4:A13"单元格内使用填充句柄功能自动填入序号"1、2、…"。

 知识储备

（8）填充序列和填充句柄。在输入连续性的数据时，并不需要逐一键入，Excel提供了填充序列功能，可以快速输入数据，节省工作时间。能够通过填充完成的数据有等差数据序列（如1、2、3…，1、3、5…），等比数据序列（如1、2、4…，1、4、16…），时间日期（3:00、4:00、5:00…，6月1日、6月2日、6月3日等）。同时，Excel还提供了一些已经设置好的文本系列数据（如甲、乙、丙、丁……，子、丑、寅、卯等）。

只要在数据序列中输入数据，就可以从该数据开始填充序列。填充时需要使用"填充句柄"来完成。所谓"填充句柄"，是指位于当前活动单元格右下方的黑色方块▭，当鼠标变为黑色的十字形"✚"时，可以用鼠标拖动填充句柄进行自动填充。

> 使用鼠标拖动填充句柄的时候，向下和向右是按数据序列顺序填充；如果是向上或向左方向拖动，就会进行倒序填充。如果拖动超过了结束位置，可以把填充句柄拖回到需要的位置，多余的部分就可以被擦除；或者选定有多余内容的单元格区域，按<Delete>键删除。数据序列的个数如果是事先规定好的，在填充的单元格数目超过序列规定个数时，便会反复填充同样的序列数据。输入的第一个数据若不是已有的序列，序列填充时就变成了复制，拖过的每一个单元格都与第一个单元格的数据相同。要对序列数据进行复制，可按住<Ctrl>键再进行填充，下面的操作中会进行具体说明。
>
> 除了使用系统内部的数据序列之外，用户也可以自定义自己的序列。实现方法可以通过单击"文件"按钮下拉菜单中的"打印"菜单项，打开"Excel选项"对话框。在"高级"选项中找到"编辑自定义列表"按钮 编辑自定义列表(O)... ，单击打开"自定义序列"对话框。在"输入序列"区域输入自定义序列后，单击"添加"按钮来设置，如图4-18所示。也可以从单元格直接导入，具体操作步骤在后面的项目操作步骤中会有详细介绍。

操作步骤

【步骤1】 在"某月碳酸饮料送货销量清单"工作表中，选中A列，单击鼠标右键，从弹出的快捷菜单中选择"插入"命令，在"客户名称"列前插入一列。

> 在插入行或列的操作中，选择行或列的数量决定了在选定位置的上方或左侧插入行或列的数量。

【步骤2】 在A1单元格中输入"序号"，在A4单元格中输入起始值"1"。按住<Ctrl>键不放，拖动A4单元格右下角的"填充句柄"至A13单元格，得到等差数据序列，如图4-19所示。

除了以上提到的通过按住<Ctrl>键拖动填充句柄填充等差序列的方法之外，在连续单元格中自动输入数据序列更通用的方法为利用 Excel 的"填充"功能实现：在第一个单元格中输入数据序列的起始值，选中要填充的所有单元格，然后单击功"开始"选项卡下"编辑"组的"填充"按钮下拉列表中的"系列"命令，打开"序列"对话框，选择"类型"选项，输入"步长值"和"终止值"，来实现数据序列的填充。

项目要求 5：在"联系电话"列前插入两列，字段名分别为"路线""渠道编号"，分别输入对应的路线和渠道编号数值。

图 4-18 "自定义序列"对话框中的"自定义序列"选项卡

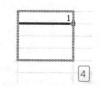

图 4-19 拖动填充句柄进行自动填充

 知识储备

（9）数据的录入。在 Excel 中，录入的数据可以是文字、数字、函数和日期等格式。

在默认状态下，所有文本在单元格中均为左对齐，数字为右对齐。但如果输入的数据大于或等于 12 位时，数据的显示方式会变成科学计数法。如果不想以这种格式显示数据，则需要将数据转变为文本进行输入。实现的方法在"热身练习"中已经提到过，可以在数据前面输入英文状态下的单引号"'"，如"'123456789123456789"。

如果在单元格内出现若干个"#"，并不意味着该单元格中的数据已被破坏或丢失，只是表明单元格的宽度不够，以至于不能显示数据内容或公式结果。改变列的宽度后，就可以看到单元格的实际内容了。

日期的默认对齐方式为右对齐，输入时常用的日期格式有"2013-7-1""2013/7/1""13-7-1""13/7/1""7/1"等。以上的这些输入方式在编辑框中都会以"2013-7-1"的形式呈现，其中"7/1"在单元格中显示内容为"7 月 1 日"。

 **操作步骤**

【步骤 1】 在"某月碳酸饮料送货销量清单"工作表中，选中 D 列，单击鼠标右键，在弹出的快捷菜单中选择"插入"命令。再重复该操作，在"联系电话"列前插入两列。

【步骤 2】 在 D1 单元格中输入"路线"，在 D4 单元格中输入"0"、空格、"1/9"，按回车键得到线路编号，如图 4-20 所示，其他线路编号使用同样的方法输入。

【步骤3】 在 E1 单元格中输入"渠道编号"，在 E4 单元格中先输入英文状态下的单引号""，然后输入 12 位渠道编号，如图 4-21 所示，其他渠道编号前均应输入英文状态下的单引号。

图 4-20 不输入与输入"0"、空格时，　　图 4-21 不输入与输入英文状态下的单引号时，
　　　　数据呈现的不同状态　　　　　　　　　　数据呈现的不同状态

 提示 　数字不超过 11 位数时，单元格里会显示输入的完整内容；当输入的数字大于 11 位时（包括小数点在内），单元格将以科学计数法来表示数据，如图 4-21 所示。

项目要求 6：删除字段名为"联系电话"的列。

操作步骤

【步骤1】 在工作表中，选中 F 列。

【步骤2】 在选中区域内，单击鼠标右键，从弹出的快捷菜单中选择"删除"命令。

项目要求 7：在 A14 单元格中输入"日期："，在 B14 单元格中输入当前日期，并设置日期类型为"*2001年 3 月 14 日"。在 C14 单元格中输入"单位："，在 D14 单元格中输入"箱"。

操作步骤

【步骤1】 在工作表中，选中 A14 单元格，输入文字"日期:"。

【步骤2】 选中 B14 单元格，输入当前日期，如"2013-8-1"。单击鼠标右键，在弹出的快捷菜单中选择"设置单元格格式"命令，打开"设置单元格格式"对话框。在"数字"选项卡中选择"日期"，类型选择列表中的第二种，如图 4-22 所示，单击"确定"按钮。

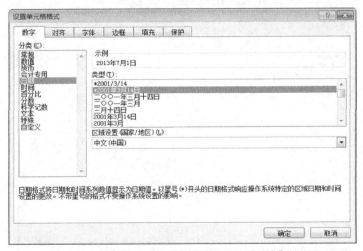

图 4-22 "设置单元格格式"对话框中的"数字"选项卡

【步骤3】 适当调整 B 列的列宽，以显示 B14 单元格的全部内容。

> 调整行高和列宽，除了直接使用鼠标拖动行与行或列与列之间的分隔线之外，还可以使用菜单命令实现：单击"开始"选项卡下"单元格"组的"格式"按钮下拉列表中的"行高"或"列宽"命令，打开"行高"或"列宽"对话框，直接输入需要的行高或列宽值。也可以直接选择下拉列表中的"自动调整行高"或"自动调整列宽"命令进行设置。

【步骤4】 选中 C14 单元格，输入文字"单位："。
【步骤5】 选中 D14 单元格，输入文字"箱"。

项目要求 8：将工作表中所有的"卖场"替换为"超市"。

 **操作步骤**

【步骤1】 在工作表中，单击"开始"选项卡下"编辑"组的"查找和选择"按钮下拉列表中的"替换"命令，打开"替换"对话框。在"查找内容"文本框中输入"卖场"，在"替换为"文本框中输入"超市"，单击"全部替换"按钮以及弹出提示对话框中的"确定"按钮，完成替换操作。

【步骤2】 关闭"替换"对话框。

项目要求 9：在第一行之前插入一行，将"A1:AE1"单元格设置为跨列居中，输入标题"某月碳酸饮料送货销量清单"。

 **操作步骤**

【步骤1】 在工作表中，选中第一行，单击鼠标右键，在弹出的快捷菜单中选择"插入"命令。

【步骤2】 选择 A1 至 AE1 之间的所有单元格，单击鼠标右键，在弹出的快捷菜单中选择"设置单元格格式"命令，打开"设置单元格格式"对话框。在"对齐"选项卡的"水平对齐"中选择"跨列居中"，如图 4-23 所示，单击"确定"按钮。

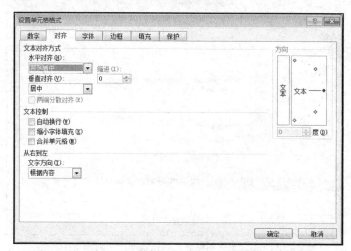

图 4-23 "设置单元格格式"对话框中的"对齐"选项卡

【步骤 3】 选中 A1 单元格，输入标题"某月碳酸饮料送货销量清单"。

项目要求 10：调整表头格式，使用文本控制和文本对齐方式合理设置字段名，并将表格中所有文本的对齐方式设置为居中对齐。

操作步骤

【步骤 1】 选中 A2 至 A4 之间的单元格，单击鼠标右键，在弹出的快捷菜单中选择"设置单元格格式"命令，打开"设置单元格格式"对话框。在"对齐"选项卡中设置文本控制方式为"合并单元格"，文本对齐方式为：水平对齐选"居中"，垂直对齐选"居中"，如图 4-24 所示，单击"确定"按钮。

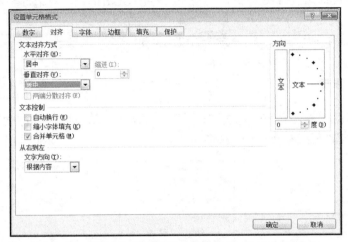

图 4-24 "设置单元格格式"对话框中的"对齐"选项卡

提示 "合并单元格"与"居中"一起使用，等同于功能区中"开始"选项卡下"对齐方式"组的"合并后居中"按钮下拉列表中的"合并后居中"命令 合并后居中。

【步骤 2】 使用同样的方法处理其他字段名，各字段名对应的单元格区间如下："客户名称"对应"B2:B4"，"送货地区"对应"C2:C4"，"路线"对应"D2:D4"，"渠道"对应"E2:E4"，"碳酸饮料 CSD"对应"F2:AE2""600ML"对应"F3:O3""1.5L"对应"P3:T3""2.5L"对应"U3:W3""355ML"对应"X3:AE3"。其中"送货地区"中间使用<Alt>键和回车键换行，将该字段名分两行显示。

提示 在 Excel 的单元格中换行需要使用<Alt+Enter>组合键，直接按<Enter>键是确认数据输入结束，此时活动单元格的位置会下移一行，可在新行继续输入数据。

【步骤 3】 选中 A2 至 AE15 之间的单元格，单击"开始"选项卡下"对齐方式"组中的"居中"按钮。

项目要求 11：将标题文字格式设置为"仿宋、11 磅、蓝色"；将字段名所在行的文字格式设置为"宋体、9 磅、加粗"；将记录行和表格说明文字的数据格式设置为"宋体、9 磅"。

 **操作步骤**

【步骤1】 选中 A1 单元格的标题，单击鼠标右键，在弹出的快捷菜单中选择"设置单元格格式"命令，打开"设置单元格格式"对话框。在"字体"选项卡中设置字体为"仿宋"，字号为"11"，颜色为"蓝色"，单击"确定"按钮。

【步骤2】 选中 A2 至 AE4 之间的字段名，单击鼠标右键，在弹出的快捷菜单中选择"设置单元格格式"命令，打开"设置单元格格式"对话框。在"字体"选项卡中设置字体为"宋体"，字号为"9"，字形为"加粗"，单击"确定"按钮。

【步骤3】 选中 A5 至 AE15 之间的记录行及表格说明文字，单击鼠标右键，在弹出的快捷菜单中选择"设置单元格格式"命令，打开"设置单元格格式"对话框。在"字体"选项卡中设置字体为"宋体"，字号为"9"，单击"确定"按钮。

项目要求 12： 将该表的所有行和列设置为最适合的行高和列宽。

 **操作步骤**

【步骤1】 选中整张工作表，单击"开始"选项卡下"单元格"组的"格式"按钮下拉列表中"自动调整行高"命令，如图 4-25 所示。

图 4-25 "行"子菜单中的"自动调整行高"命令

【步骤2】 保持数据的被选中状态，单击"开始"选项卡下"单元格"组的"格式"按钮下拉列表中"自动调整列宽"命令。

 提示　　当改变单元格内的字体或字号时，单元格的行高会根据具体设置的情况发生变化。

项目要求 13： 将工作表中除第 1 行和第 15 行外的数据区域设置边框格式为外边框粗实线，内边框实线。

 **操作步骤**

选中 A2 到 AE14 的所有单元格，单击鼠标右键，在弹出的快捷菜单中选择"设置单元格格式"命令，打开"设置单元格格式"对话框。在"边框"选项卡中选择线条样式为"粗实线"，单击"预置"选项中的"外边框"按钮，继续选择线条样式为"实线"，单击"预置"选项中的"内部"按钮，如图 4-26 所示，单击"确定"按钮。

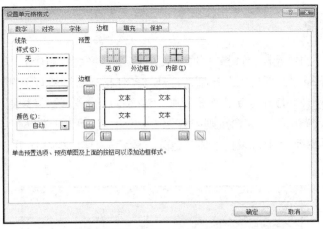

图 4-26 "设置单元格格式"对话框中的"边框"选项卡

提示 功能区中"开始"选项卡下"字体"组中也有一个边框按钮 ⊞▾，单击按钮右侧的下三角按钮，在下拉列表中会显示 13 种边框样式，可以迅速设置边框效果。

项目要求 14：将工作表中字段名部分"A2:E4"数据区域设置边框格式为外边框粗实线，内边框粗实线。将工作表字段名部分"F3:AE4"数据区域设置边框格式为外边框粗实线。将工作表中记录行部分"A5:E14"数据区域设置边框格式为内边框垂直线条（粗实线）。

操作步骤

【步骤 1】 选中 A2 到 E4 的所有单元格，单击鼠标右键，在弹出的快捷菜单中选择"设置单元格格式"命令，打开"设置单元格格式"对话框。在"边框"选项卡中选择线条样式为"粗实线"，单击"预置"选项中的"外边框"按钮和"内部"按钮，单击"确定"按钮。

【步骤 2】 选中 F3 到 AE4 的所有单元格，单击鼠标右键，在弹出的快捷菜单中选择"设置单元格格式"命令，打开"设置单元格格式"对话框。在"边框"选项卡中选择线条样式为"粗实线"，单击"预置"选项中的"外边框"按钮，单击"确定"按钮。

【步骤 3】 选中 A5 到 E14 的所有单元格，单击鼠标右键，在弹出的快捷菜单中选择"设置单元格格式"命令，打开"设置单元格格式"对话框。在"边框"选项卡中选择线条样式为"粗实线"，单击边框预览图中的中间垂直线条，单击"确定"按钮。

项目要求 15：将工作表中"F3:O14"数据区域和"U3:W14"数据区域设置背景颜色为"80%蓝色（第 2 行、第 5 列）"。

操作步骤

选中 F3:O14 数据区域中的所有单元格，按住<Ctrl>键不放，继续选中"U3:W14"数据区域中的所有单元格，单击鼠标右键，在弹出的快捷菜单中选择"设置单元格格式"命令，打开"设置单元格格式"对话框。在"填充"选项卡中的"背景色"区域，设置颜色为"80%蓝色"（第 2 行、第 5 列），单击"确定"按钮。

项目要求 16：设置所有销量大于 15 箱的单元格格式为：字体颜色（蓝色），字形（加粗）。

 **操作步骤**

选中 F5 至 AE14 的单元格,选择"开始"选项卡下"样式"组中的"条件格式"按钮,在弹出的下拉列表中选择"管理规则"选项,打开"条件格式规则管理器"对话框。单击"新建规则"按钮 ,打开"新建格式规则"对话框,设置"选择规则类型"为"只为包含以下内容的单元格设置格式",编辑规则内容为"单元格值""大于",输入"15"。单击"格式"按钮,在弹出的字体对话框中,设置字体颜色为"蓝色",字形为"加粗",如图 4-27 所示,单击"确定"按钮。

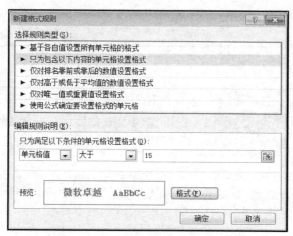

图 4-27 "新建格式规则"对话框

 提示　　如果有多个条件格式要一起设置时,需要在对话框中一次设置完成,不能分多次设置,否则后面的格式设置会把前面已经设置好的格式结果替换掉。

项目要求 17:复制"某月碳酸饮料送货销量清单"工作表,重命名为"某月碳酸饮料送货销量清单备份"。

 **操作步骤**

在"某月碳酸饮料送货销量清单"工作表标签上单击右键,从弹出的快捷菜单中选择"移动或复制工作表"命令,打开"移动或复制工作表"对话框,选择"移至最后",勾选"建立副本",单击"确定"按钮。将复制的工作表重命名为"某月碳酸饮料送货销量清单备份"。

 **知识扩展**

(1)工作簿的新建

启动 Excel 时,Excel 会自动新建一个空白工作簿,并临时取名为"工作簿1"。与 Word 相同,工作簿也有其他的新建方式。

① 在"快速访问工具栏"添加"新建"按钮 。通过单击"新建"按钮可以得到一个新的空白工作簿,在已有"工作簿1"的基础上,临时取名为"工作簿2""工作簿3",依此类推。

② 使用"文件"按钮的下拉菜单创建：单击"文件"按钮，从弹出的下拉菜单中选择"新建"菜单项，在"可用模板"列表框中选择"空白工作簿"选项，单击"创建"按钮，如图4-28所示。如果需要根据模板创建工作簿，可以选择"模板"中的创建选项。

图 4-28　"新建"菜单项内容

③ 直接在Windows中创建工作簿：在需要创建工作簿的目标文件夹中，在窗口空白处单击右键，从弹出的快捷菜单中选择"新建"子菜单下的"Microsoft Excel 工作表"命令。

（2）工作簿的保存

新建的工作簿只是打开了一个临时的工作簿文件，要真正实现工作簿的最后建立，需要对临时工作簿文件进行保存。单击"快速访问工具栏"中的"保存"命令，在"另存为"对话框中设置"保存位置""文件名"，单击"保存"按钮，如图4-29所示。

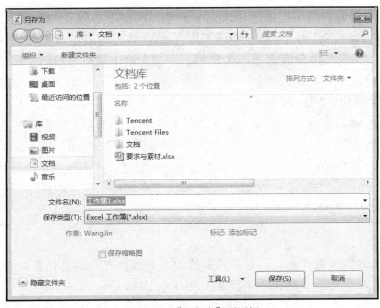

图 4-29　"另存为"对话框

对已经保存过的工作簿文件进行保存，可以直接单击"快速访问工具栏"中的"保存"命令或使用快捷键<Ctrl+S>即可。如果要将文件存储到其他位置，则需要使用"文件"按钮下拉菜单中的"另存为"菜单项。使用 Excel 2010 提供的自动保存功能，可以在断电或死机的情况下最大限度地减少损失。实现自动保存，可以在"文件"按钮的下拉菜单中单击的"选项"，打开"Excel 选项"对话框，在"保存"选项中进行设置。

（3）工作簿的查看

① 冻结窗口。对于一些数据清单较少的工作表，可以很容易地看到整个工作表的内容。但是对于一个大型表格来说，要想在同一窗口中同时查看整个表格的数据内容就显得费力了，这时可用到拆分窗口和冻结窗口的功能来简化操作。

设置冻结窗口可以通过单击功能区"视图"选项卡下"窗口"组，选择"冻结窗口"按钮的下拉列表中的相关命令来设置。

冻结窗口主要有 3 种形式：冻结首行、冻结首列和冻结拆分窗格。冻结首行是指滚动工作表其他部分时保持首行不动；冻结首列是指滚动工作表其他部分时保持首列不动；冻结拆分窗格是指滚动工作表其他部分时，同时保持行和列不动。

② 拆分窗口。拆分窗口可以将当前活动的工作表拆分成多个窗格，并且在每个被拆分的窗格中都可以通过滚动条来显示整个工作表的每个部分。

选定拆分分界位置的单元格，单击功能区"视图"选项卡下"窗口"组中的"拆分"按钮，在选定单元格的左上角，系统将工作表窗口拆分成 4 个不同的窗口。利用工作表右侧及下侧的 4 个滚动条，可以清楚地在每个部分查看整个工作表的内容。

拆分窗口可以通过先选定单元格，再单击功能区"视图"选项卡下"窗口"组中的"拆分"按钮来实现，系统会将工作表窗口拆分成 4 个不同的窗口。如果要拆分成上下两个窗格，应当先选中要拆分位置下面的相邻行；要拆分成左右两个窗格，则应当先选中拆分位置右侧的相邻列；如果要拆分成 4 个窗格，则应当先选中要拆分位置右下方的单元格。

要调整拆分位置的话，可以将鼠标指向拆分框，当鼠标变为拆分指针双向箭头后，可上、下、左、右拖动拆分框改变每个窗格的大小。

要撤销拆分，可以通过再次单击功能区"视图"选项卡下"窗口"组中的"拆分"按钮，使它处于非选中状态来实现，或者使用鼠标在拆分框上双击来实现。

（4）工作簿的保护

要防止他人偶然或恶意更改、移动或删除重要数据，可以通过保护工作簿或工作表来实现，单元格的保护要与工作表的保护结合使用才生效。

① 保护工作簿：工作簿文件进行各项操作完成后，选择"快速访问工具栏"中的"保

存"命令（如果是已保存过的工作簿文件，选择"文件"按钮下拉菜单中的"另存为"命令），弹出"另存为"对话框。选择好要保存的文件位置和文件名后，单击该对话框下方的"工具"按钮的下拉按钮，选择"常规选项"命令，弹出"保存选项"对话框，如图4-30所示。

图4-30 "保存选项"对话框

在对话框中可以给工作簿设置打开密码和修改密码，单击"确定"按钮后，系统会弹出"确认密码"对话框，再输入一次密码并单击"确定"，文件保存完毕（已保存过的文件会提示"文件已存在，要替换它吗？"，选择"是"）。当下次要打开或修改这个工作簿时，系统就会提示要输入密码，如果密码不对，则不能打开或修改工作簿。

提示　在图 4-30 所示的"保存选项"对话框中，删除密码框中的所有"*"号即可删除密码，撤销工作簿的保护。

② 保护单元格：全选工作表，单击鼠标右键，在弹出的快捷菜单中选择"设置单元格格式"命令，打开"设置单元格格式"对话框。选择"保护"选项卡，取消"锁定"选项，单击"确定"按钮。选中需要保护的数据区域，重新勾选刚才"保护"选项卡中的"锁定"选项，单击"确定"按钮。再执行下面的工作表保护，即可实现对单元格的保护。

提示　如果要隐藏任何不希望显示的公式，可选中"保护"选项卡中的"隐藏"复选框。

③ 保护工作表：选择要进行保护的工作表"Sheet1"，单击功能区"审阅"选项卡下"更改"组中的"保护工作表"按钮，弹出"保护工作表"对话框，如图4-31所示。在此对话框中设置保护密码，选择保护内容，以及允许其他用户进行修改的内容，单击"确定"按钮。

工作表被保护后，当在被锁定的区域内输入内容时，系统会提示图4-32所示的警告框，用户无法输入内容。

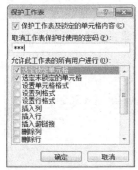

图 4-31　"保护工作表"对话框　　　　图 4-32　试图修改被保护单元格内容的警告框

提示

　　密码是可选的，如果没有密码，任何用户都可取消对工作表的保护并更改被保护的内容；如果设置了密码，确保记住设置的密码，如果密码丢失就不能继续访问工作表上被保护的内容。

　　在保护工作表中设置可编辑数据区域：选定允许编辑区域，单击功能区"审阅"选项卡下"更改"组中的"允许用户编辑区域"按钮，屏幕显示图4-33所示对话框。

　　单击"新建"按钮，在图4-34所示对话框中可以设置单元格区域及密码，单击"权限"按钮还可以设置各用户权限，单击"确定"按钮，再选择"保护工作表"按钮，进行工作表保护即可。

　　图4-33　"允许用户编辑区域"对话框　　　　　　图4-34　区域与密码设置

　　④ 工作簿的隐藏与保护：选定工作表后，单击功能区"视图"选项卡下"窗口"组中的"隐藏"按钮，即可把该工作簿隐藏起来。工作簿被隐藏后，表标签看不见了，但工作簿内的数据仍然可以使用。单击功能区"视图"选项卡下"窗口"组中的"取消隐藏"按钮，即可取消对该工作簿的隐藏。

　　（5）工作表数据的修改

　　输入数据后，若发现错误或者需要修改单元格内容，可以先单击单元格，再到编辑栏进行修改；或者双击单元格，再将光标定位到单元格内相应的修改位置处进行修改。

　　（6）工作表数据的移动

　　在工作表中移动数据，可以先选定待移动的单元格区域，将鼠标指向选定区域的黑色边框，将选定区域拖动到粘贴区域，释放鼠标，Excel将用选定区域替换粘贴区域中任何现有数据。

　　（7）工作表数据的复制

　　复制工作表中的数据，应先选定需复制的单元格区域，将鼠标指向选定区域的黑色边框，按住<Ctrl>键，将选定区域拖动到粘贴区域的左上角单元格，释放鼠标，完成数据的复制。

提示

　　移动操作和复制操作也可以分别使用组合键<Ctrl+X>配合<Ctrl+V>，以及组合键<Ctrl+C>配合<Ctrl+V>来完成。

　　（8）单元格的删除。删除单元格与清除单元格是不同的。删除单元格不但删除了单元格中的内容、格式和批注，还删除了单元格本身。

　　删除时，可先选定要删除的单元格、行或列。单击鼠标右键，在弹出的快捷菜单中选择"删除"命令，弹出"删除"对话框，如图4-35所示。可以选择对"单元格"，或者是工作表中的"行"或"列"进行删除。

（9）行和列的隐藏。如果有些行或列不需要参与操作，可以使用隐藏的方式来处理。隐藏后数据还在，只是不参与操作，需要再次使用时，只要取消隐藏即可重新参与操作。

图4-35 "删除"对话框

隐藏行或列时，可以先选定对应的行或列，单击鼠标右键，在弹出的快捷菜单中选择"隐藏"命令；要显示被隐藏的行或列，可以选择被隐藏行或列的上下行或左右列，单击鼠标右键，在弹出的快捷菜单中选择"取消隐藏"命令即可。

提示

如果被隐藏的是第 1 行或第 A 列，在取消选择时，需要用鼠标从第 2 行向上方拖动或从第 B 列向左方拖动，超过全选框时放开鼠标左键，方可以取消对第 1 行或第 A 列的隐藏。

拓展练习

根据以下步骤，完成图4-36所示的员工基本信息表。

市场营销部员工基本信息表										
编号	姓名	性别	民族	籍贯	身份证号码	学历	毕业院校	部门	现任职务	专业技术职务	基本工资
1	张军	男	汉	淮安	321082196510280342	研究生	东南大学	市场营销部	经理	营销师	¥8,000.00
2	郭波	男	汉	武进	321478197103010720	研究生	苏州大学	市场营销部	营销人员	助理营销师	¥2,000.00
3	赵蔚	女	汉	镇江	320014197105200961	研究生	西南交通大学	市场营销部	营销人员	助理营销师	¥2,000.00
4	张洁	男	汉	常州	329434195305121140	大专	南京大学	市场营销部	营销人员	营销师	¥2,000.00
部门性别比例：（女/男）	1/3									制表日期：	2013年2月10日

图4-36 员工基本信息表

① 在本工作簿文件（要求与素材.xlsx）中的"素材"工作表后插入一张新的工作表，命名为"员工信息"。

② 将"素材"工作表中的字段名所在行选择性粘贴（数值）到"员工信息"工作表中的A1单元格。

③ 将"素材"工作表中的部门为"市场营销部"的记录（共4条）复制到"员工信息"工作表的A2单元格，并清除单元格格式。

以下操作均在"员工信息"工作表中完成：

④ 删除字段名为"出生年月""何年何月毕业""入党时间""参加工作年月""专业""项目奖金""福利""出差津贴""健康状况"的列。

⑤ 在"姓名"列前插入一列，在A1单元格中输入"编号"，在"A2:A5"单元格内使用填充柄功能自动填入序号"1、2…"。

⑥ 在"学历"列前插入一列，字段名为"身份证号码"，分别输入4名员工的身份证号为"321082196510280000""321478197103010000""320014197105200000""329434195305120000"。

⑦ 在B7单元格中输入"部门性别比例：（女/男）"（冒号后按<Enter>键换行），在

C7单元格中输入比例（用分数形式表示）。

⑧ 将工作表中所有的"硕士"替换为"研究生"，"专科"替换为"大专"。

⑨ 在第一行之前插入一行，将"A1:L1"单元格设置为跨列居中，输入标题：市场营销部员工基本信息表，并将格式设置为"仿宋、12、深蓝"。

⑩ 将字段名所在行的文字格式设置为"宋体、10、加粗"；将记录行的数据格式设置为"宋体、10"；将B7单元格的文字格式设置为"加粗"。

⑪ 将工作表中除第一行和第七行外的数据区域设置边框格式为"外边框：粗实线、深蓝，内边框：虚线、深蓝"；字段名所在的行设置底色：水绿色。

⑫ 将第二行与第三行的分隔线设置为"双实线、深蓝"。

⑬ 在K8单元格内输入：制表日期；在L8单元格内输入当前日期，并设置格式为"*年*月*日"。

⑭ 将"基本工资"列中的数据设置为显示小数点后两位，使用货币符号￥，使用千位分隔符。

⑮ 设置所有基本工资小于5000的单元格格式为"字体颜色：绿色"（使用条件格式设置）。

⑯ 将该表的所有行和列设置为最适合的行高和列宽。

⑰ 复制"员工信息"工作表，重命名为"自动格式"。将该表中的第二行至第六行所在的数据区域自动套用"表样式深色3"格式。

4.2 产品销售表——公式函数

 技能目标

① 学会 Excel 中公式的编辑与使用。

② 了解 Excel 中绝对地址，二维、三维地址的应用。

③ 学会在多张不同的工作表中引用数据。

④ 学会利用公式处理具体问题。

 项目情境

小王认真完成了主管交代的数据整理工作，得到了肯定。第二个月初，主管让他对上月的销售数据进行汇总统计，以便进一步了解当月实际销售情况。

 项目分析

① 从 Word 表格中的公式函数过渡到 Excel 中的相关内容。

② Excel 公式与函数的具体应用。

 项目详解

项目要求 1：在"某月碳酸饮料送货销量清单"工作表中的淡蓝色背景区域计算本月内 30 位客户购买 600ML、1.5L、2.5L、355ML 这四种不同规格的饮料箱数的总和。

 **知识储备**

（1）单元格位置引用。进行公式计算时，要用到单元格的地址，也就是位置引用。单元格的位置引用分为以下几种。

① 相对地址引用：单元格引用地址会随着公式所在单元格的变化而发生变化。

② 绝对地址引用：当公式复制到不同的单元格中时，公式中的单元格引用始终不变，这种引用被称为绝对地址引用。它的表示方式是在列标及行号前加"$"符号，如"$A$1"。

③ 混合地址引用：如果在单元格的地址引用中，既有绝对地址又有相对地址，则称该引用地址为混合地址，如"A$1"。

 提示　　在输入好单元格地址引用后，通过按<F4>功能键，可实现在相对地址、绝对地址和混合地址中进行切换。

（2）函数的使用。函数是系统内部预先定义好的公式。通过函数同样可以实现对工作表数据进行加、减、乘、除等基本运算，完成各种类型的计算。与公式运算相比较，函数使用起来更方便快捷。

Excel 内部函数有 200 多个，通常分为财务函数、逻辑函数、文本函数、日期和时间函数、查找与引用函数、数学和三角函数等。

在日常工作中，经常用到的函数有求和函数 SUM、求平均值函数 AVERAGE、求最大值函数 MAX、求最小值函数 MIN、条件函数 IF、计数函数 COUNT、条件计数函数 COUNTIF、取整函数 INT、四舍五入函数 ROUND 和排位函数 RANK 等。

① SUM（number1，number2，…）：计算所有参数数值的和。参数"number1、number2，…"代表需要计算的值，可以是具体的数值、引用的单元格（区域）、逻辑值等，总数不超过 30 个。

② AVERAGE（number1，number2，…）：计算参数的平均值。参数使用同上。

③ MAX（number1，number2，…）：求出一组数中的最大值。参数使用同上。

④ MIN（number1，number2，…）：求出一组数中的最小值。参数使用同上。

⑤ IF（logical_test，value_if_true，value_if_false）：对指定的条件"logical_test"进行真假逻辑判断，如果为真，返回"value_if_true"的内容；如果为假，返回"value_if_false"的内容。

⑥ COUNT（value1，value2，…）：计算参数表中包含数字的单元格的个数。参数可以是单个的值或单元格区域，最多 30 个，文本、逻辑值、错误值和空白单元格将被忽略掉。

⑦ COUNTIF（range，criteria）：对区域中满足单个指定条件的单元格进行计数。参数 range 是指需要计算其中满足条件的单元格数目的单元格区域，criteria 用于定义将对哪些单元格进行计数，它的形式可以是数字、表达式、单元格引用或文本字符串。

⑧ INT（number）：将数字向下舍入到最接近的整数。

⑨ ROUND（number，num_digits）：按指定的位数对数值进行四舍五入。参数 number 是指用于进行四舍五入的数字，参数 num_digits 是指位数，按此位数进行四舍五入，位数不能省略。

⑩ RANK（number，ref，order）：返回一个数字在数字列表中的排位。参数 number 是需要计算其排位的一个数字；参数 ref 是包含一组数字的数组或引用（其中的非数值型值将被忽略）；参数 order 是一个数字，指明数字排位的方式。如果 order 为 0 或省略，Excel 对数字的排位将按降序排列；如果 order 不为 0，Excel 对数字的排位将按升序排列。

提示

在使用函数处理数据时，如果不知道使用什么函数比较合适，可以使用 Excel 的"搜索函数"功能来帮助缩小范围，挑选出合适的函数。单击功能区"公式"选项卡下的"函数库"组中的"插入函数"按钮，打开"插入函数"对话框，在"搜索函数"下面的方框中输入要求，如"计数"，然后单击"转到"按钮，系统会将与"计数"有关的函数挑选出来，并显示在"选择"函数下面的列表框中，如图 4-37 所示。再结合查看相关的帮助文档，即可快速确定所需要的函数。

操作步骤

【步骤 1】 双击打开"4.2 要求与素材.xlsx"工作簿。

【步骤 2】 单击"某月碳酸饮料送货销量清单"工作表标签，选中 O4 单元格，输入"="号，单击 F4 单元格，继续输入"+"号，再单击 G4 单元格，仍然输入"+"号，再单击 H4 单元格，依次输入"+"，并单击 I4 单元格至 N4 单元格，如图 4-38 所示。按<Enter>键确认，得到 1 号客户 600mL 规格饮料的购买箱数。

图 4-37 使用"搜索函数"功能来帮助
缩小函数的选择范围

图 4-38 输入计算公式

【步骤 3】 选中 O4 单元格，鼠标移至单元格的右下角，拖动填充句柄至 O33 单元格，得到所有客户 600mL 规格饮料的购买箱数。

提示

公式可以在单元格内输入，也可以在编辑栏内输入。如果公式内容较长，建议在编辑栏中输入更方便。

【步骤 4】 选中 T4 单元格，单击功能区"公式"选项卡下的"函数库"组中的"自动求和"按钮 Σ，接着选择 P4 至 S4 单元格，按<Enter>键确认，得到 1 号客户 1.5L 规格饮料的购买箱数。

【步骤 5】 选中 T4 单元格，鼠标移至单元格的右下角，拖动填充句柄至 T33 单元格，得到所有客户 1.5L 规格饮料的购买箱数。

【步骤 6】 选中 W4 单元格，单击功能区"公式"选项卡下的"函数库"组中的"插入函数"按钮，打开"插入函数"对话框，如图 4-39 所示。在"选择函数"区域内选择"SUM"函数，单击"确定"按钮，打开"函数参数"对话框，如图 4-40 所示。设置"number1"参数的数据内容为 U4 和 V4 单元格，即用鼠标直接选取 U4 至 V4 单元格区域，单击"确定"按钮，得到 1 号客户 2.5L 规格饮料的购买箱数。

图 4-39　在"插入函数"对话框中选择 SUM 函数　　　图 4-40　在"函数参数"对话框中设置求和区域

> 　　　除了使用"公式"选项卡下的"函数库"组中的"插入函数"按钮打开"插入函数"对话框，也可以通过单击"函数库"组中的"自动求和"按钮下方的三角按钮，选择下拉列表中的"其他函数"命令，以及"函数库"组中的各种函数分类按钮下方的三角按钮，选择下拉列表中的"插入函数"命令来打开"插入函数"对话框。

【步骤 7】 选中 W4 单元格，鼠标移至单元格的右下角，拖动填充句柄至 W33 单元格，得到所有客户 2.5L 规格饮料的购买箱数。

【步骤 8】 使用以上 3 种方法中的任意一种，计算 355mL 规格饮料的所有客户购买箱数。

> **项目要求 2：**在"某月碳酸饮料送货销量清单"工作表中的"销售额合计"列计算所有客户本月销售额合计，销售额的计算方法为不同规格产品销售箱数乘以对应价格的总和，不同规格产品的价格在"产品价格表"工作表内。

**操作步骤**

【步骤 1】 单击"某月碳酸饮料送货销量清单"工作表标签，选中 AF4 单元格，输入"="号，单击 O4 单元格，输入"*"号，单击"产品价格表"工作表标签，单击 D3 单元格；输入"+"号，单击"某月碳酸饮料送货销量清单"工作表标签，单击 T4 单元格，输入"*"号，单击"产品价格表"工作表标签，单击 D4 单元格；输入"+"号，单击"某月碳酸饮料送货销量清单"工作表标签，单击 W4 单元格，输入"*"号，单击"产品价格表"工作表标签，单击 D5 单元格；输入"+"号，单击"某月碳酸饮料送货销量清单"工作表标签，单击 AE4 单元格，输入"*"号，单击"产品价格表"工作表标签，单击 D6 单元格，按<Enter>键确认，得到 1 号客户的本月销售额合计。

【步骤 2】 选中 AF4 单元格，在编辑栏中，将光标定位在 D3 之间，按<F4>功能键，将相对地址"D3"转换为绝对地址"$D$3"。使用同样的方法，将 D4、D5、D6 均转换为绝对地址，如图 4-41 所示，按回车键确认。

fx =O4*产品价格表!$D$3+T4*产品价格表!$D$4+W4*产品价格表!$D$5+AE4*产品价格表!$D$6

图 4-41　将相对地址转换为绝对地址

【步骤 3】　拖动填充句柄至 AF33 单元格，得到所有客户的本月销售额合计。

项目要求 3：根据用户销售额在 2000 元以上（含 2000 元）享受八折优惠，1000 元以上（含 1000 元）享受九折优惠的规定，在"某月碳酸饮料送货销量清单"工作表中的"折后价格"列计算所有客户本月销售额的折后价格。

 操作步骤

【步骤 1】　单击"某月碳酸饮料送货销量清单"工作表标签，选中 AG4 单元格，输入"=IF(AF4>=2000, AF4*0.8,IF(AF4>=1000,AF4*0.9,AF4))"，按<Enter>键确认，得到 1 号客户本月销售额的折后价格。

> 　　IF（Logical_test，Value_if_true，Value_if_false）函数可以对指定的条件"Logical_test"进行真假逻辑判断，如果为真，返回"Value_if_true"的内容；如果为假，返回"Value_if_false"的内容。"Logical_test"代表逻辑判断条件的表达式；"Value_if_true"表示当判断条件为逻辑"真（True）"时的显示内容，如果忽略返回"True"；"Value_if_false"表示当判断条件为逻辑"假（False）"时的显示内容，如果忽略返回"FALSE"。
>
> 　　如果将 IF 函数的第三个数据变成另一个 IF 函数，以此类推，每一次可以将一个 IF 函数作为每一个基本函数的第三个数据，这样就形成了 IF 函数的嵌套，IF 函数最多可嵌套七层。
>
> 　　如果对于函数的格式较熟悉时，可以不用函数对话框实现，直接输入公式更加快捷。这里使用了 IF 函数的嵌套，无法使用函数对话框，因此也使用了直接输入公式的方式。
>
> **提示**

【步骤 2】　拖动填充句柄至 AG33 单元格，得到所有客户的本月销售额的折后价格。

项目要求 4：在"某月碳酸饮料送货销量清单"工作表的"上月累计"列填入"产品销售额累计"工作簿的"产品销售额"工作表中的"上月累计"列的数据。

 **知识储备**

（3）三维地址引用。如果是在不同的工作簿中引用单元格地址，系统会提示所引用的单元格地址是哪个工作簿文件中的哪张工作表，编辑框中显示的三维地址格式为"[工作簿名称]工作表名! 单元格地址"。

 操作步骤

【步骤 1】　双击打开"产品销售额累计"工作簿。

【步骤 2】　单击"某月碳酸饮料送货销量清单"工作表标签，选中 AH4 单元格，输入"="，单击"产品销售额累计"工作簿中的"产品销售额"工作表标签，单击 F4 单元格，按<Enter>

键确认，得到 1 号客户的上月销售额累计。

【步骤 3】 选中 "4.2 要求与素材" 工作簿的 "某月碳酸饮料送货销量清单" 中的 AH4 单元格，将光标定位在 "[产品销售额累计.xlsx]产品销售额!$F$4" 中的 "$F$4" 之间，按<F4>功能键，将绝对地址 "$F$4" 转换为相对地址 "F4"，如图 4-42 所示。

f_x =[产品销售额累计.xlsx]产品销售额!F4

图 4-42 将绝对地址转换为相对地址

提示 | 三维地址的单元格引用会直接使用绝对地址，在需要的时候要将绝对地址转换为相对地址。

【步骤 4】 拖动填充句柄至 AH33 单元格，得到所有客户的上月销售额累计。

项目要求 5：在 "某月碳酸饮料送货销量清单" 工作表的 "本月累计" 列中计算截至本月所有客户的销售额总和。

 **操作步骤**

【步骤 1】 单击 "某月碳酸饮料送货销量清单" 工作表标签，选中 AI4 单元格，输入 "=" 号，单击 AG4 单元格，继续输入 "+" 号，再单击 AH4 单元格，按<Enter>键确认，得到 1 号客户截至本月的销售额总和。

【步骤 2】 拖动填充句柄至 AI33 单元格，得到所有客户截至本月的销售额总和。

项目要求 6：在 "某月碳酸饮料送货销量清单" 工作表的 "每月平均" 列中计算本年度前 7 个月所有客户的销售额平均值。

操作步骤

【步骤 1】 单击 "某月碳酸饮料送货销量清单" 工作表标签，选中 AJ4 单元格，输入 "=" 号，单击 AI4 单元格，继续输入 "/" 号，以及数字 "7"，按<Enter>键确认，得到 1 号客户本年度前 7 个月的销售额平均值。

【步骤 2】 拖动填充句柄至 AJ33 单元格，得到所有客户本年度前 7 个月的销售额平均值。

项目要求 7：将 "销售额合计""折后价格""上月累计""本月累计""每月平均" 所在列的数据格式设置为保留小数点后 0 位，并加上人民币 "¥" 符号。

操作步骤

选中 "销售额合计""折后价格""上月累计""本月累计""每月平均" 所在列的数据单元格，即 "AF4:AJ33" 单元格区域。单击鼠标右键，在弹出的快捷菜单中选择 "设置单元格格式" 命令，打开 "设置单元格格式" 对话框，在 "数字" 选项卡中选择分类中的 "货币"，设置小数位数为 "0"，货币符号选择人民币符号 "¥"，单击 "确定" 按钮。

项目要求 8：在 "每月平均" 列最下方计算前七个月平均销售额大于 1 000 元的客户数量。

操作步骤

【步骤 1】 单击 "某月碳酸饮料送货销量清单" 工作表标签，选中 AF34 单元格，输入 "前七个月平均销售额大于 1 000 元的客户数量为"。

【步骤 2】 选中 AJ34 单元格，单击功能区"公式"选项卡下的"函数库"组中的"插入函数"按钮，打开"插入函数"对话框。在"选择函数"区域内选择"COUNTIF"函数，单击"确定"按钮，打开"函数参数"对话框，设置"range"参数的数据内容为 AJ4 至 AJ33 区域的所有单元格，设置"criteria"参数的内容为">1 000"，单击"确定"按钮，得到前七个月平均销售额大于 1 000 元的客户数量。

知识扩展

（1）公式中的运算符。在 Excel 中，有算术、文本、比较和引用这四类运算符。常用的是算术运算符，对其他运算符可以进行简单了解。

① 算术运算符：+（加号）、-（减号或负号）、*（乘号）、/（除号）、%（百分号）、^（乘方号，如 2^2 表示 2 的平方）。

② 比较运算符：=（等号）、>（大于号）、<（小于号）、>=（大于等于号）、<=（小于等于号）、<>（不等于号）。

③ 文本运算符：&。文本运算符可以将两个文本连接起来生成一串新文本，如在 A1 单元格中输入：公式，在 B1 单元格内输入：=A1&"函数"（常量用双引号括起来）。按 <Enter> 键后，B1 单元格内容显示为"公式函数"。

④ 引用运算符：区域运算符"："，SUM(A1:D4) 表示对 A1 到 D4 共 16 个单元格的数值进行求和；联合运算符"，"，SUM(A1,D4) 表示对 A1 和 D4 共 2 个单元格的数值进行求和；交叉运算符"␣"（空格），SUM(A1:D4 B2:E5) 表示对 B2 到 D4 共 9 个单元格的数值进行求和。

（2）公式中的错误信息。在 Excel 2010 中输入或编辑公式时，一旦因为各种原因不能正确计算出结果，系统就会提示出错误信息。下面介绍几种在 Excel 中常常出现的错误信息，对引起错误的原因进行分析，并提供纠正这些错误的方法。

① ####：表示输入单元格中的数据太长或单元格公式所产生的结果太大，在单元格中显示不全。可以通过调整列宽来改变。Excel 中的日期和时间必须为正值。如果日期或时间产生了负值，也会在单元格中显示"####"。如果要显示这个数值，可以选择"格式"菜单中的"单元格"命令，在"数字"选项卡中，选定一个不是日期或时间的格式。

② #DIV/0!：输入的公式中包含除数 0，或在公式中的除数使用了空单元格（当运算区域是空白单元格，Excel 把它默认为 0），或包含有 0 值单元格的单元格引用。解决办法是修改单元格引用，或者在除数的单元格中输入不为 0 的值。

③ #VALUE!：在使用不正确的参数或运算符时，或者在执行自动更正公式功能时不能更正公式，都将产生错误信息"#VALUE!"。在需要数字或逻辑值时输入了文本，Excel 不能将文本转换为正确的数据类型，也会显示这种错误信息。这时应确认公式或函数所需的运算符或参数是否正确，并且公式引用的单元格中是否包含有效的数值。

④ #NAME?：在公式中使用了 Excel 所不能识别的文本时将产生错误信息"#NAME?"。可以从以下几方面进行检查纠正错误：如果是使用了不存在的名称而产生这种错误，应该确认使用的名称确实存在。选择"插入"菜单中的"名称"，再单击"定义"命令，如果所需名称没有被列出，使用"定义"命令添加相应的名称。如果是名称或者函数名拼写错误，应修改拼写错误。检查公式中使用的所有区域引用都使用了冒号，公式中的文本都是括在双引号中。

⑤ #NUM！：当公式或函数中使用了不正确的数字时将产生错误信息"#NUM！"。首先要确认函数中使用的参数类型是否正确。还有一种情况可能是因为公式产生的数字太大或太小，系统不能表示。如果是这种情况就要修改公式，使其结果在 -1×10307 到 1×10307 之间。

⑥ #N/A：这是在函数或公式中没有可用数值时产生的错误信息。如果某些单元格暂时没有数值，可以在这些单元格中输入"#N/A"。这样，公式在引用这些单元格时便不进行数值计算，而是返回"#N/A"。

⑦ #REF！：这是因为该单元格引用无效的结果。例如，删除了有其他公式引用的单元格，或者把移动单元格粘贴到了其他公式引用的单元格中。

⑧ #NULL！：这是试图为两个并不相交的区域指定交叉点时产生的错误。例如，使用了不正确的区域运算符或不正确的单元格引用等。

 拓展练习

根据以下步骤，完成员工工资的相关公式与函数的计算。

① 在"员工工资表"中计算每位员工的应发工资（基本工资+项目奖金+福利），填入H2至H23单元格中。

② 在"职工出差记录表"中计算每个员工的出差补贴（出差天数×出差补贴标准），填入C2至C23单元格中。

③ 回到"员工工资表"中，在I列引用"职工出差记录表"中所计算出的"出差补贴"。直接在J列计算员工的考勤，计算方法：基本工资/30×缺勤天数。（缺勤天数在"员工考勤表.xlsx"工作簿文件中）。

④ 在"员工工资表"中计算每位员工的税前工资（应发工资+出差补贴-考勤），填入K2至K23单元格中。

⑤ 在"个人所得税计算表"中的"税前工资"所在的列引用"员工工资表"中的相关数据，并将"税前工资"列的数据进行取整计算。然后根据所得税的计算方法计算每位员工应该缴纳的个人所得税填入C2至C23单元格中（个人所得税计算方法：税前工资超过4 000元者起征，税率10%）。

⑥ 将"员工工资表"中剩余两列"个人所得税"和"税后工资"填写完整，并将"税后工资"所在列的数据格式设置为保留小数点后2位，并加上人民币"￥"符号。

⑦ 在"员工工资表"中的L24和L25单元格中分别输入"最高税后工资"和"平均税后工资"，并在M24和M25单元格中使用函数计算出对应的数据。

4.3 产品销售表——数据分析

 技能目标

① 学会自定义序列排序。
② 掌握使用筛选的方法查询数据。

③ 学会使用分类汇总。

④ 能综合应用数据分析的 3 种工具进行分析。

 项目情境

主管对小王在两次任务中的表现非常满意，想再好好考验他一下。于是要求小王对销售数据进行进一步的深入分析，小王决心好好迎接挑战。

 项目分析

① 怎么排序？简单排序、自定义序列排序。数据输入时一般按照数据的自动顺序排序。在分析数据时，可以根据某些项目值对工作表进行重新排序。

② 怎么找到符合条件的记录？筛选。数据筛选就是将那些满足条件的记录显示出来，而将不满足条件的记录隐藏起来。

③ 怎么按类型进行统计？数据分类汇总。想要对不同类别的对象分别进行统计时，就可以使用数据的分类汇总来完成。

 项目详解

项目要求 1：将"某月碳酸饮料送货销量清单"工作表中的数据区域按照"销售额合计"的降序重新排列。

 知识储备

（1）数据排序。排序是数据分析的基本功能之一，为了数据查找方便，往往需要对数据进行排序。排序是指将工作表中的数据按照要求的次序重新排列。数据排序主要包括简单排序、复杂排序和自定义排序三种。在排序过程中，每个关键字均可按"升序"，即递增方式，或"降序"，即递减方式进行排序。以升序为例，介绍 Excel 的排序规则：数字，从最小的负数到最大的正数进行排序；字母，按 A～Z 的拼音字母排序；空格，在升序与降序中始终排在最后。

 **操作步骤**

【步骤 1】 双击打开"4.3 要求与素材.xlsx"工作簿。

【步骤 2】 单击"某月碳酸饮料送货销量清单"工作表标签，选中 K 列中任意有数据的单元格，单击功能区中"数据"选项卡下"排序和筛选"组中的"降序"按钮 。

 提示　　　在排序之前，数据的选定要么选定一个有数据的单元格，要么选定所有的数据单元格。如果在排序中只选定某一列或某几列，那么排序的结果可能只有这一列或几列中的数据在发生变化，导致各行中的数据错位。

项目要求 2：将该工作表重命名为"简单排序"。复制该工作表，将得到的新工作表命名为"复杂排序"。

 **操作步骤**

【步骤 1】 在"某月碳酸饮料送货销量清单"工作表标签上单击右键，从弹出的快捷菜单中选择"重命名"命令，将该工作表重命名为"简单排序"。

【步骤2】 在"简单排序"工作表标签上单击右键，从弹出的快捷菜单中选择"移动或复制工作表"命令，选择"移至最后"，勾选"建立副本"，单击"确定"按钮。

【步骤3】 在得到的新工作表的标签上单击右键，从弹出的快捷菜单中选择"重命名"命令，将新工作表重命名为"复杂排序"。

项目要求 3：在"复杂排序"工作表中，将数据区域以"送货地区"为第一关键字按照郑湖、望山、东楮的升序，"销售额合计"为第二关键字的降序，"客户名称"为第三关键字的笔画升序进行排列。

操作步骤

【步骤1】 单击功能区中"数据"选项卡下"排序和筛选"组中的"排序"按钮，打开"排序"对话框。在第一个排序条件中的"次序"下拉列表中选择"自定义序列"选项，如图4-43所示。打开"自定义序列"对话框，在"自定义序列"列表框中选择"新序列"选项，在"输入序列"文本框中输入"郑湖、望山、东楮"（中间用换行或英文半角状态下的逗号隔开），单击"添加"按钮，新定义的"郑湖、望山、东楮"就添加到了"自定义序列"列表框中，如图4-44所示，单击"确定"按钮。

图 4-43 在"排序"对话框中选择"自定义序列"选项

图 4-44 在"自定义序列"对话框中添加自定义序列

【步骤2】 选中整个数据清单，单击功能区"数据"选项卡下"排序和筛选"组中的"排序"按钮，在主要关键字中选择"送货区域"，在排序条件的"次序"下拉列表中选择刚刚定义好的序列，如图4-45所示。单击"添加条件"按钮，在新增的次要关键字中选择"销售额合计"，次序为降序。继续单击"添加条件"按钮，在新增的次要关键字中选择"客户名称"，次序为升序。单击"选项"按钮，在"方法"中选择"笔画排序"，如图4-45所示。单击"排序选项"对话框的"确定"按钮,再单击"排序"对话框的"确定"按钮。

图 4-45 按照"自定义序列"和"笔画排序"进行排序

项目要求 4: 复制"复杂排序"工作表,重命名为"筛选"。在本工作表内统计本月无效客户数,即销售量合计为 0 的客户数。

 **知识储备**

(2)数据筛选。筛选是通过操作把满足条件的记录显示出来,同时将不满足条件的记录暂时隐藏起来。使用筛选功能可以从大量的数据记录中检索到所需的信息,实现的方法是使用"自动筛选"或"高级筛选",其中"自动筛选"是进行简单条件的筛选;"高级筛选"是针对复杂的条件进行筛选。

操作步骤

【步骤 1】 在"复杂排序"工作表标签上单击右键,从弹出的快捷菜单中选择"移动或复制工作表"命令,选择"移至最后",勾选"建立副本",单击"确定"按钮。

【步骤 2】 在复制得到的"复杂排序(2)"工作表标签上单击右键,从弹出的快捷菜单中选择"重命名"命令,将该工作表重命名为"筛选"。

【步骤 3】 单击"筛选"工作表标签,选中整个数据清单,单击功能区中"数据"选项卡下"排序和筛选"组中的"筛选"按钮🔽。

【步骤 4】 单击"销售量合计"字段名所在单元格的下拉按钮,仅使"¥0"处于选中状态。

<table>
<tr>
<td>
提示</td>
<td>对数据进行"自动筛选"时,单击字段名的下拉按钮,除了"升序排列"和"降序排列"菜单选项和具体的记录项,文本类型和数字类型的数据还分别设置了"文本筛选"和"数字筛选"两类菜单项。"文本筛选"的子菜单包括"等于""不等于""开头是""结尾是""包含""不包含""自定义筛选","数字筛选"的子菜单包括"等于""不等于""大于""大于或等于""小于""小于或等于""介于""10 个最大的值""高于平均值""低于平均值""自定义筛选"。其中,"10 个最大的值"用于显示前 N 项或百分比最大或最小的记录,N 并不限于 10 个;"自定义筛选"用于显示满足自定义筛选条件的记录,选中后会打开"自定义自动筛选方式"对话框,其中的"与"单选按钮表示两个条件必须同时满足,"或"单选按钮表示只要满足其中的一个条件,通配符"*"和"?"用来辅助查询满足部分相同的记录。</td>
</tr>
</table>

项目要求 5：在 B33 单元格内输入"本月无效客户数："，在 C33 单元格内输入符合筛选条件的记录数。

操作步骤

【步骤 1】 在"筛选"工作表中，选中 B33 单元格，输入"本月无效客户数:"。

【步骤 2】 选中 C33 单元格，输入"="号，在编辑栏左侧选择"COUNT()"函数，按住 <Ctrl> 键不放，选择符合筛选条件记录中有数字的列的记录行，如 J 列或 K 列中的有效数据，如图 4-46 所示，单击"确定"按钮。

	COUNT		▼	× ✓ fx	=COUNT(J16,J17,J18,J19,J21,J24,J26,J29,J30,J31)							
A	B	C	D	E		F	G	H	I	J	K	L
序	客户名称	送货地	渠道编号	渠道名称		600ML	1.5L	2.5L	355ML	销售里合	销售额合	折后价
15	鑫鑫超市	东楮	525043334567	非规模OT超市		0	0	0	0	0	¥0	¥0
16	好又佳超市	东楮	525043334567	非规模OT超市		0	0	0	0	0	¥0	¥0
17	时代大超市	郑湖	525043334567	非规模OT超市		0	0	0	0	0	¥0	¥0
18	上海如海超市	郑湖	525043334567	非规模OT超市		0	0	0	0	0	¥0	¥0
20	水中鹤文化用品	郑湖	523034567894	零售商店		0	0	0	0	0	¥0	¥0
23	晨光文化用品	望山	523034567894	零售商店		0	0	0	0	0	¥0	¥0
25	浪淘沙网吧	东楮	535347859494	网吧		0	0	0	0	0	¥0	¥0
28	学生平价超市	郑湖	525043334567	非规模OT超市		0	0	0	0	0	¥0	¥0
29	宏源	郑湖	525043334567	非规模OT超市		0	0	0	0	0	¥0	¥0
30	朋友烟杂店	郑湖	523034567894	零售商店		0	0	0	0	0	¥0	¥0
	本月无效客户数:	[J30,J31]										

图 4-46 使用"COUNT()"函数统计记录数

项目要求 6：复制"筛选"工作表，重命名为"高级筛选"，显示全部记录。筛选出本月高活跃率客户，即表格中本月购买 4 种产品均在 5 箱以上（含 5 箱）的客户，最后将筛选出的结果复制至 A36 单元格。

操作步骤

【步骤 1】 在"筛选"工作表标签单击右键，从弹出的快捷菜单中选择"移动或复制工作表"命令，选择"移至最后"，勾选"建立副本"，单击"确定"按钮。

【步骤 2】 在复制得到的"筛选(2)"工作表标签单击右键，从弹出的快捷菜单中选择"重命名"命令，将该工作表重命名为"高级筛选"。

【步骤 3】 单击功能区中"数据"选项卡下"排序和筛选"组中的"清除"按钮 ▼ 清除 和"筛选"按钮 ▼，显示全部数据并取消筛选。

提示 单击"清除"按钮只是把数据全部显示出来，但字段名后的下三角按钮不会去掉，没有退出筛选状态；而单击"筛选"按钮，则可以同时显示全部数据和退出筛选。所以，上述步骤可以简化为直接单击"筛选"按钮。

【步骤 4】 选中 F1 至 I1 单元格区域，复制"600mL 合"字段名、"1.5L 合"字段名、"2.5L 合"字段名、"355ML 合"字段名分别至 F33 单元格、G33 单元格、H33 单元格、I33 单元格。选中 F34 至 I34 单元格，输入">=5"，按 <Ctrl+Enter> 组合键，将要输入的内容填入"F34:I34"数据区域内，完成筛选条件的建立。

提示 同时按 <Ctrl+Enter> 组合键，工作表中被选定的单元格里就会全部显示刚才输入的内容。

【步骤 5】 选中整个数据清单，单击功能区中"数据"选项卡下"排序和筛选"组中的"高级"按钮，在"高级筛选"对话框中设置"方式"为"将筛选结果复制到其他位置"，列表区域为数据清单区域，条件区域为 F33 到 I34，复制到"A36:L36"单元格，如图 4-47 所示，单击"确定"按钮。

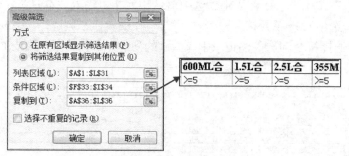

图 4-47 "高级筛选"对话框和筛选条件

使用"高级筛选"可以方便快速地完成多个条件的筛选，还可以完成一些自动筛选无法完成的工作。"高级筛选"建立的条件一般与数据清单间隔一行或一列，这样可以方便地使用系统默认的数据清单区域，也能够比较方便地将筛选结果复制到其他位置。

项目要求 7：在 B41 单元格内输入"高活跃率客户数："，在 C41 单元格内输入符合筛选条件的记录数。

**操作步骤**

【步骤 1】 在"高级筛选"工作表中，选中 B41 单元格，输入"高活跃率客户数："。

【步骤 2】 选中 C41 单元格，输入"="号，在编辑栏左侧选择"COUNT()"函数，按住 <Ctrl>键不放，选择符合筛选条件记录中有数字的列的记录行，如 J 列或 K 列中的有效数据，单击"确定"按钮。

项目要求 8：复制"简单排序"工作表，重命名为"分类汇总"，在本工作表中统计不同渠道的折后价格总额。

**知识储备**

（3）分类汇总。分类汇总是对数据清单中的数据按类别分别进行求和、求平均等汇总的一种基本的数据分析方法。它不需要建立公式，系统自动创建公式、插入分类汇总与总计行，并自动分级显示数据。分类汇总分为两部分内容：一部分是对要汇总的字段进行排序，把相同类别的数据放在一起，即完成一个分类的操作；另一部分内容就是把已经分好类的数据按照要求分别求出各类数据的总和、平均值等。

在执行分类汇总之前，必须先对数据清单中要进行汇总的项进行排序。

（4）分类汇总的分级显示。进行分类汇总后，在数据清单左侧上方出现带有"1""2""3"数字的按钮，其下方又有带有"+""-"符号的按钮，如图 4-48 所示，这些都是用来分级显示汇总结果的。

	序号	客户名称	送货地区	渠道编号	渠道名称	600ML合	1.5L合	2.5L合	355ML合	销售量合计	销售额合计	折后价格
2	5	供销社批发	东楮	511023456783	二批/零兼批	0	0	15	0	15	¥540	¥540
3	9	顺发批发	郑湖	511023456783	二批/零兼批	50	0	20	50	120	¥4,220	¥3,376
4	10	海明副食品	郑湖	511023456783	二批/零兼批	50	0	0	0	50	¥2,000	¥1,600
5	11	新亚副食品	望山	511023456783	二批/零兼批	30	0	0	0	30	¥1,200	¥1,080
6	12	新旺副食品	望山	511023456783	二批/零兼批	30	0	0	20	50	¥1,800	¥1,620
7	14	董记烟酒店	东楮	511023456783	二批/零兼批	2	0	6	0	8	¥296	¥296
8					二批/零兼批 汇总							¥8,512
21					非规模OT超市 汇总							¥7,833
22	3	小平香烟店	望山	523034567894	零售商店	1	0	9	0	10	¥364	¥364
23	7	凯新烟杂店	郑湖	523034567894	零售商店	30	0	0	0	30	¥1,200	¥1,080
24	8	光明香烟店	郑湖	523034567894	零售商店	10	15	10	0	35	¥1,165	¥1,049
25	20	水中鹤文化用品	望山	523034567894	零售商店	0	0	0	0	0	¥0	¥0
26	22	红心副食品	望山	523034567894	零售商店	60	3	5	30	98	¥3,561	¥2,849
27	23	晨光文化用品	望山	523034567894	零售商店	0	0	0	0	0	¥0	¥0
28	30	朋友烟杂店	望山	523034567894	零售商店	0	0	0	0	0	¥0	¥0
29					零售商店 汇总							¥5,341
30	21	望喜网吧	望山	535347859494	网吧	0	0	5	0	5	¥180	¥180
31	24	项路网吧	东楮	535347859494	网吧	40	6	6	0	52	¥1,978	¥1,780
32	25	浪淘沙网吧	东楮	535347859494	网吧	0	0	0	0	0	¥0	¥0
33	26	顺天网吧	东楮	535347859494	网吧	20	0	0	10	30	¥1,100	¥990
34	27	美食网吧	郑湖	535347859494	网吧	20	0	20	10	50	¥1,820	¥1,638
35					网吧 汇总							¥4,588
36					总计							¥26,274

图 4-48　分级显示汇总结果

① 单击 "1" 按钮，只显示总计数据。

② 单击 "2" 按钮，显示各类别的汇总数据和总计数据。

③ 单击 "3" 按钮，显示明细数据、各类别的汇总数据和总计数据。

④ 单击在数据清单左侧出现的 "+" "-" 号也可以实现分级显示，还可以选择显示一部分明细、一部分汇总。

操作步骤

【步骤 1】　在 "简单排序" 工作表标签上单击鼠标右键，从弹出的快捷菜单中选择 "移动或复制工作表" 命令，选择 "移至最后"，勾选 "建立副本"，单击 "确定" 按钮。

【步骤 2】　在复制得到的 "简单排序（2）" 工作表标签上单击鼠标右键，从弹出的快捷菜单中选择 "重命名" 命令，将该工作表重命名为 "分类汇总"。

【步骤 3】　选中 "渠道名称" 列的任意有数据的单元格，单击功能区中 "数据" 选项卡下 "排序和筛选" 组中的排序按钮（升降均可）。

【步骤 4】　单击功能区中 "数据" 选项卡下 "分级显示" 组中的 "分类汇总" 按钮，在 "分类汇总" 对话框中设置分类字段为 "渠道名称"，汇总方式为 "求和"，选定汇总项中勾选 "折后价格"，并去掉其他汇总项，如图 4-49 所示，单击 "确定" 按钮。

图 4-49　"分类汇总" 对话框

提示　　选择好汇总项目后，应该通过滚动条上下看看，因为系统会默认选定一些汇总项目，如果不需要，应该去掉这些项目的选择。

项目要求 9： 复制 "简单排序" 工作表，重命名为 "数据透视表"，在本工作表中统计各送货地区中不同渠道的销售量总和以及实际销售价格总和。

![知识储备]

知识储备

（5）数据透视表。排序可以将数据重新排列分类，筛选能将符合条件的数据查询出来，分类汇总能对数据进行总的分析，这3项工作都是从不同的角度来对数据进行分析。而数据透视表能一次完成以上3项工作，它是一种交互的、交叉制表的 Excel 报表，是基于一个已有的数据清单（或外部数据库）按照不同角度进行数据分析的方法。数据透视表是交互式报表，可快速合并和比较大量数据。旋转它的行和列可以看到源数据的不同汇总，而且可以显示区域的明细数据。如果要分析相关的汇总值，尤其是在要合计较大的列表并对每个数字进行多种比较时，可以使用数据透视表。

操作步骤

【步骤1】 在"简单排序"工作表标签上单击鼠标右键，从弹出的快捷菜单中选择"移动或复制工作表"命令，选择"移至最后"，勾选"建立副本"，单击"确定"按钮。

【步骤2】 在复制得到的"简单排序（2）"工作表标签上单击鼠标右键，从弹出的快捷菜单中选择"重命名"命令，将该工作表重命名为"数据透视表"。

【步骤3】 单击数据区域内的任意单元格，选择功能区中"插入"选项卡下"表格"组的"数据透视表"按钮下拉菜单中的"数据透视表"命令，打开"创建数据透视表"对话框，如图4-50所示。

图4-50 "创建数据透视表"对话框

【步骤4】 在"请选择要分析的数据"中的"表/区域"的内容为系统默认的整张工作表数据区域，也可以自行选择数据区域的单元格区域引用。

【步骤5】 选择"现有工作表"作为数据透视表的显示位置，并将显示区域设置为"数据透视表"工作表中的 A33 单元格位置，单击"完成"按钮，在"数据透视表"工作表中生成一个"数据透视表"框架，同时出现的还有"数据透视表字段列表"框，如图4-51所示。

【步骤6】 拖动"送货地区"字段按钮到框架的"行标签"区域，拖动"渠道名称"字段按钮到框架的"列标签"区域，拖动"销售量合计"和"折后价格"字段按钮到"数值"区域，并设置透视表内的字体大小为9磅，设置列宽为自动调整列宽，透视表生成后的结果如图4-52所示。

图 4-51　"数据透视表"框架

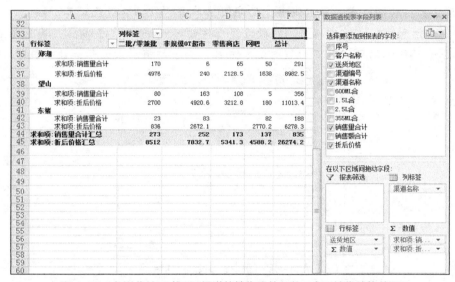

图 4-52　各送货地区中不同渠道的销售量总和以及实际销售价格总和

提示

可以通过单击功能区"数据透视表工具"栏上的"选项"选项卡下"工具"组中的"数据透视图"按钮直接生成数据透视图，也可以通过选择功能区中"插入"选项卡下"表格"组的"数据透视表"按钮下拉菜单中的"数据透视图"命令实现。

　知识扩展

（1）"分类汇总"对话框的其他选项。在"分类汇总"对话框中，还有一些选项设置。

① 选中"替换当前分类汇总"复选框，会在进行第二次分类汇总时，把第一次的分类汇总替换掉。

② 选中"每组数据分页"复选框，会把汇总后的每一类数据放在不同页里。

③ 选中"汇总结果显示在数据下方"复选框，会把汇总后的每一类汇总数据结果放在

该类的最后一个记录后面。

④ "全部删除"按钮用来删除分类汇总的结果。

（2）数据透视图。数据透视图是提供交互式数据分析的图表，与数据透视表类似。可以更改数据的视图，查看不同级别的明细数据，或通过拖动字段和显示或隐藏字段中的项来重新组织图表的布局。数据透视图也可以像图表一样进行修改。

（3）数据透视表中的其他操作。

① 隐藏与显示数据。在完成的透视表中可以看到"行标签"和"列标签"字段名旁边各有一个下拉按钮。它们是用来决定哪些分类值将被隐蔽，而哪些分类值将要显示在表中的。例如，单击"行标签"下拉按钮，单击"郑湖"旁的小方框，取消"√"，透视表中就不会再出现郑湖地区的汇总数据。

② 改变字段排列。在"数据透视表字段列表"中，通过拖动这些字段按钮到相应的位置，可以改变数据透视表中的字段排列。如果不需要透视表中某个字段时，可把该字段拖出数据透视表即可。

③ 改变数据的汇总方式。选定表中的字段，单击"数据透视表工具"栏上的"选项"选项卡，在"活动字段"组中单击"字段设置"按钮 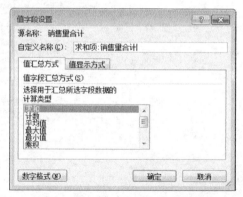字段设置，系统弹出"值字段设置"对话框，如图4-53所示。可以改变数据的汇总方式，如平均值、最大值和最小值等。

图4-53 "值字段设置"对话框

④ 数据透视表的排序。选定要排序的字段后，单击功能区"数据透视表工具"栏上的"选项"选项卡下"排序和筛选"组中的"升序"与"降序"按钮。

⑤ 删除数据透视表。可以单击数据透视表，选择功能区"数据透视表工具"栏上的"选项"选项卡下"操作"组的"清除"按钮下拉菜单中的"全部清除"命令。

提示 　删除数据透视表，将会冻结与其相关的数据透视图，不可再对其进行更改。

拓展练习

根据以下步骤，完成员工信息的相关数据分析。

① 在"数据管理"工作表中的L1单元格输入"实发工资",并计算每位员工的实发工资(基本工资+补贴+奖金),填入到L2至L23单元格中。

② 将该工作表中的数据区域按照"实发工资"的降序重新排列。

③ 将该工作表重命名为"简单排序"。复制该工作表,将得到的新工作表命名为"复杂排序"。

④ 在"复杂排序"工作表中,将数据区域以"每月为公司进账"为第一关键字的降序,"基本工资"为第二关键字的升序,"工作年限"为第三关键字的降序,"专业技术职务"为第四关键字按照高级工程师、工程师、助理工程师、高级会计师、会计师、高级经济师、经济师、高级人力资源管理师、人力资源管理师、营销师、助理营销师的升序进行排列。

⑤ 复制"复杂排序"工作表,重命名为"筛选",将该工作表的数据区域按照"姓名"字段的笔画升序进行排列。

⑥ 统计近5年来该公司即将退休的人员,以确定招聘新员工的人数,退休年龄为55周岁(提示:筛选出"出生年月"在1953年1月到1958年1月之间的员工)。

⑦ 在C25单元格内输入"计划招聘:",在D25单元格内输入符合筛选条件的记录数。

⑧ 复制"筛选"工作表,重命名为"高级筛选",显示全部记录,删除第25行的内容。年底将近,人事部下发技术骨干评选条件:年龄40周岁以下,硕士学位,非助理职务或者年龄40周岁以上,学士学位,高级职务。最后将筛选出的结果复制至A29单元格。

⑨ 复制"简单排序"工作表,重命名为"分类汇总"。年底将近,财务部将下发奖金,现统计各部门的奖金总和(提示:分类汇总)。

4.4 产品销售表——图表分析

技能目标

① 了解图表在不同数据分析中的作用。

② 学会创建普通数据区域的图表。

③ 学会利用数据管理的分析结果进行图表创建。

④ 学会组合图表的创建。

⑤ 能较熟练地对图表进行各种编辑修改和格式的设置。

项目情境

在完成任务的过程中,小王认识到了 Excel 在数据处理方面的强大功能。通过进一步的学习,他发现 Excel 的图表作用很大,于是就动手学着制作了两张 Excel 图表,以更形象的方式对销售情况进行了说明。

项目分析

① 图表在商业沟通中扮演了重要的角色:与文字表述比较,图表提供的相对直观的视觉概念可以更加形象地表达意图,因而在进行各类沟通时,会经常看到图表的身影。

② 图表的作用:图表可以迅速传达信息,让观众直接关注到重点,明确地显示表达对象之

间相互的关系，使信息的表达更加鲜明生动。

③ 优秀的图表都具备的关键要素：每张图表都能传达一个明确的信息，同时图表与标题应相辅相成，内容要少而精、清晰易读，格式应简单明了并且前后连贯。

④ 图表类型（饼图、条形图、柱形图、折线图等）：根据要展示的内容选择图表类型，比如，进行数据的比较，可选择柱形图、曲线图；展示比例构成，可选择饼图；寻找数据之间的关联，可选择散点图、气泡图等。

⑤ 如何设计优秀的图表：

● 分析数据并确定要表达的信息；

● 确定图表类型；

● 创建图表；

● 针对细节部分，对图表进行相关编辑。

⑥ 图表应遵循的标准格式：

● 信息标题表达图表所传达的信息；

● 图表标题介绍图表的主题；

● 图例部分对系列进行说明（可选项）。

 项目详解

项目要求1：利用所提供的数据，选择合适的图表类型来表示"各销售渠道所占销售份额"。

 知识储备

（1）图表类型。Excel 提供了 11 种不同的图表类型。在选用类型的时候，要根据图表所要表达的意思而选择合适的图表类型，以最有效的方式展现出工作表的数据。

使用较多的基本图表类型有饼图、折线图、柱形图、条形图等。

"饼图"常用来表示各项条目在总额中的分布比例，如表示磁盘空间中已用空间和可用空间的分布情况；"折线图"常用于显示数据在一段时间内的趋势走向，如显示股票价格走向；"柱形图"常用来表示显示分散的数据，比较各项的大小，如比较城市各季度的用电量的大小；"条形图"常见于项目较多的数据比较，如对不同观点的投票率的统计。"线形"和"柱形"图表有时候也会混用，但"线形"主要强调的是变化趋势，而"柱形"则强调大小的比较。

（2）数据源的选取。图表源数据的选择中要注意选择数据表中的"有效数据"，千万不要看到数据就选，而是要通过分析选择真正的有效数据。

（3）嵌入式图表与独立式图表。"嵌入式"图表是将图表看作一个图形对象插入到工作表中，可以与工作表数据一起显示或打印。"独立式"图表是将创建好的图表放在一张独立的工作表中，与数据分开显示在不同的工作表上。

 提示　　独立式图表不可以改变图表区的位置和大小。

（4）图表的编辑。生成的图表可以根据自己的需要进行修改与调整，将鼠标移动到图表的对应部位时，会弹出提示框解释对应内容。

如果对默认的各种格式不满意，可以进行修改。在需要修改的图表对象上单击右键，从弹出的快捷菜单中选择不同对象对应的"格式"命令，可以打开该对象对应的格式设置对话框，在其中进行修改即可。也可以在功能区"图表工具"栏上的"设计""布局""格式"选项卡下的各项设置中进行调整。

操作步骤

【步骤 1】   双击鼠标左键打开"4.4 要求与素材.xlsx"工作簿。

【步骤 2】   在"素材"工作表标签上单击鼠标右键，从弹出的快捷菜单中选择"移动或复制工作表"命令，选择"移至最后"，勾选"建立副本"，单击"确定"按钮。

【步骤 3】   在复制得到的"素材（2）"工作表标签上单击鼠标右键，从弹出的快捷菜单中选择"重命名"命令，将该工作表重命名为"各销售渠道所占销售份额"。

【步骤 4】   选中"渠道名称"列的任意有数据的单元格，单击功能区"数据"选项卡下"排序和筛选"组中的"升序"排序按钮 ↓↑。

【步骤 5】   单击功能区中"数据"选项卡下"分级显示"组中的"分类汇总"按钮，在"分类汇总"对话框中设置分类字段为"渠道名称"，汇总方式为"求和"，勾选汇总项中的"折后价格"，并去掉其他汇总项，单击"确定"按钮。单击"2"按钮，显示各类别的汇总数据和总计数据。

【步骤 6】   按住<Ctrl>键不放，依次选择 E8、E21、E29、E35、L8、L21、L29、L35 单元格，如图 4-54 所示。

	A	B	C	D	E	F	G	H	I	J	K	L
1	序号	客户名称	送货地区	渠道编号	渠道名称	600ML合	1.5L合	2.5L合	355ML合	销售量合计	销售额合计	折后价格
8					二批/零兼批 汇总							¥8,512
21					非规模OT超市 汇总							¥7,833
29					零售商店 汇总							¥5,341
35					网吧 汇总							¥4,588
36					总计							¥26,274

图 4-54   在工作表中选择有效数据区域

【步骤 7】   单击功能区"插入"选项卡下"图表"组中的"饼图"按钮，在弹出的下拉列表中选择"三维饼图"选项，完成基本图表的创建，如图 4-55 所示。

折后价格

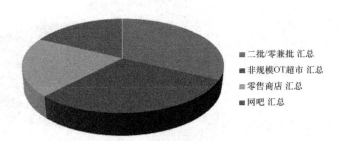

- 二批/零兼批 汇总
- 非规模OT超市 汇总
- 零售商店 汇总
- 网吧 汇总

图 4-55   完成基本图表的创建

【步骤 8】   将"图表标题"修改为"各销售渠道所占销售份额"。

【步骤9】 在图表数据系列区域单击鼠标右键，从弹出的快捷菜单中选择"添加数据标签"命令，如图 4-56 所示，图表系列会显示数据标签。继续单击鼠标右键，在弹出的快捷菜单中选择"设置数据标签格式"命令，打开"设置数据标签格式"对话框，在"标签包括"中设置显示"百分比"，如图 4-57 所示。

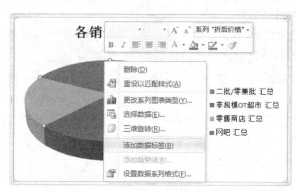

图 4-56 为图表系列添加数据标签

图 4-57 "设置数据标签格式"对话框

【步骤10】 在图例区域单击鼠标右键，在弹出的快捷菜单中选择"设置图例格式"命令，打开"设置图例格式"对话框，在图例选项中设置图例位置为"底部"，如图 4-58 所示。

【步骤11】 选中图表，使用鼠标左键将图表移至合适的位置，用鼠标调整图表控点，改变图表至合适大小，如图 4-59 所示。

图 4-58 "设置图例格式"对话框

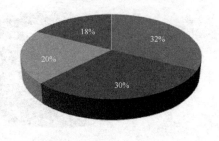

图 4-59 合理调整图表大小和位置

提示

选择用于建立图表的数据区域，再按快捷键<F11>可以快速生成独立式图表，Excel 将会把它插入到工作簿中当前工作表的左侧。

如果对通过快捷键生成的图表类型不满意，可以进行修改。在图表上单击右键，选择快捷菜单中的"更改系列图表类型"命令，系统弹出"更改图表类型"对话框，在对话框中选择所需要的图表类型，单击"确定"按钮。

如果生成的图表数据区域出错，可在图表区单击右键，选择"选择数据"命令，系统进入"选择数据源"对话框，删除图表数据区域中的单元格引用，重新选择正确的数据区域。

项目要求 2：利用所提供的数据，选择合适的图表类型来表示"各地区对 600mL 和 2.5L 两种容量产品的需求比较"。

 **操作步骤**

【步骤 1】　双击鼠标左键打开"4.4 要求与素材.xlsx"工作簿。

【步骤 2】　在"素材"工作表标签上单击右键，从弹出的快捷菜单中选择"移动或复制工作表"命令，选择"移至最后"，勾选"建立副本"，单击"确定"按钮。

【步骤 3】　在复制得到的"素材（2）"工作表标签上单击右键，从弹出的快捷菜单中选择"重命名"命令，将该工作表重命名为"各地区对 600mL 和 2.5L 两种容量产品的需求量比较"。

【步骤 4】　选中"送货地区"列的任意有数据的单元格，单击功能区"数据"选项卡下"排序和筛选"组中的"升序"排序按钮。

【步骤 5】　单击功能区"数据"选项卡下"分级显示"组中的"分类汇总"按钮，在"分类汇总"对话框中设置分类字段为"送货地区"，汇总方式为"求和"，选定汇总项中勾选"600mL合"和"2.5L 合"，并去掉其他汇总项，单击"确定"按钮。单击"2"按钮，显示各类别的汇总数据和总计数据。

【步骤 6】　按住<Ctrl>键不放，依次选择 C1、C11、C21、C34、F1、F11、F21、F34、H1、H11、H21、H34 单元格，如图 4-60 所示。

	A	B	C	D	E	F	G	H	I	J	K	L
1	序号	客户名称	送货地区	渠道编号	渠道名称	600mL合	1.5L合	2.5L合	355mL合	销售量合计	销售额合计	折后价格
11			东楮 汇总			103		43				
21			望山 汇总			185		69				
34			郑湖 汇总			166		50				
35			总计			454		162				

图 4-60　在工作表中选择有效数据区域

【步骤 7】　单击功能区"插入"选项卡下"图表"组中的"饼图"按钮，在弹出的下拉列表中选择"簇状柱形图"选项，完成基本图表的创建，如图 4-61 所示。

【步骤 8】　分别在两个图表数据系列区域内单击鼠标右键，在弹出的快捷菜单中选择"添加数据标签"命令，使两个图表系列都显示出数据标签。

【步骤 9】　在图例区域单击鼠标右键，从弹出的快捷菜单中选择"设置图例格式"命令，打开"设置图例格式"对话框，在图例选项中设置图例位置为"底部"。

【步骤 10】 选中图表，使用鼠标左键将图表拖曳至合适的位置，用鼠标调整图表控点 ↘ 改变图表至合适大小，如图 4-62 所示。

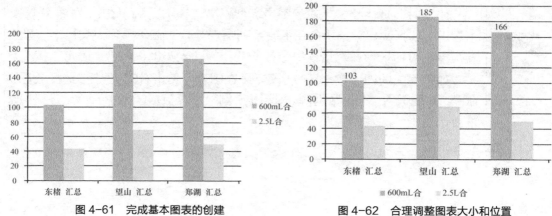

图 4-61 完成基本图表的创建　　　　图 4-62 合理调整图表大小和位置

【步骤 11】 选中创建的图表，在"图表工具"栏中切换到"设计"选项卡。单击"图表样式"组中的"快速样式"按钮，在弹出的下拉列表中选择"样式 42"选项，将选中的图表样式应用到图表中，如图 4-63 所示。

【步骤 12】 单击功能区"插入"选项卡下"插图"组中的"形状"按钮，在弹出的下拉选项中选择"圆角矩形"命令，用鼠标拖动绘制一个圆角矩形，线条颜色设置为"无"，填充色设置为"黑色"。在圆角矩形上单击右键，调整叠放次序为"置于底层"，如图 4-64 所示。

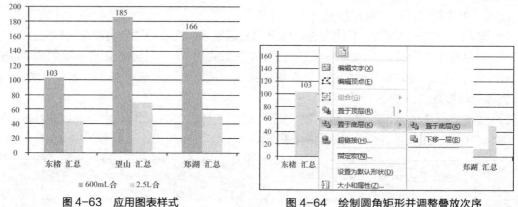

图 4-63 应用图表样式　　　　图 4-64 绘制圆角矩形并调整叠放次序

【步骤 13】 单击功能区"插入"选项卡下"文本"组中的"文本框"按钮，在弹出的下拉选项中选择"横排文本框"命令，插入文本框，输入该图表反映的相应具体内容："各地区对 600mL 和 2.5L 两种容量产品的需求量比较"，设置文本格式为"白色"，字号为"11"，文本框线条颜色、填充颜色均为"无"，如图 4-65 所示。

提示　　　与 Word 一样，在 Excel 中直接使用上、下、左、右方向键来调整对象位置移动的距离会比较大，配合<Ctrl>键的移动可以实现微移。

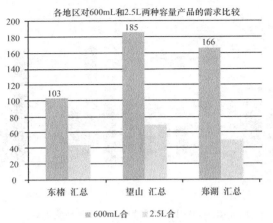

图 4-65　输入具体描述图表内容的文字，并设置格式

【步骤 14】　按住<Ctrl>键不放，依次选择所有图表对象，单击鼠标右键，在弹出的快捷菜单中选择"组合"命令，如图 4-66 所示。图表最终效果如图 4-67 所示。

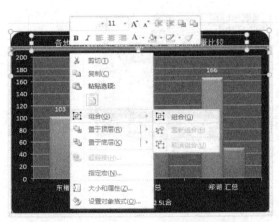

图 4-66　将组成图表的所有对象进行组合

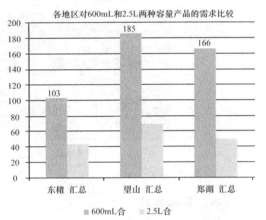

图 4-67　图表最终效果

提示

在实际创建和修饰图表时，不必拘泥于某一标准形式，应围绕基本图表的创建，做到有意识地表达图表主题，有创意地美化图表外观。

 知识扩展

（1）其他的图表编辑技巧

① 使用图片替代图表区和绘图区。除了可以在 Excel 中通过绘图工具来辅助绘制图表区域外，也可以直接使用背景图片来替代图表区和绘图区，此时相关的图表区和绘图区的边框和区域颜色要设置为透明，如图 4-68 所示。

② 用矩形框或线条绘图对象来自制图例。与图表提供的默认图例相较，自行绘制的图例无论在样式上或位置上都更为自由，如图 4-68 所示。

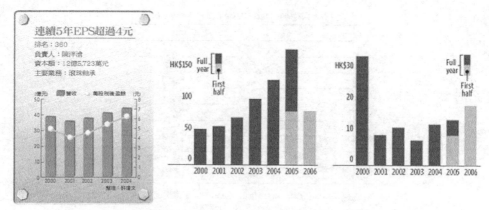

图4-68　使用背景图片和自制图例来美化图表

（2）美化图表的基本原则

图表的表现力应尽可能简洁有力，可以省略一些不必要的元素，避免形式大于内容，如图4-69所示，左侧图表修饰过度，反而弱化了图表的表现力。

图4-69　图表的表现力应尽可能简洁有力

 拓展练习

利用所提供的数据，采用图表的方式来表示以下信息。

① 产品在一定时间内的销售增长情况，如图4-70所示（选中数据源"A3:L3"和"A11:L11"，在"插入"中选择图表类型/选择图表位置/进行其他设置）。

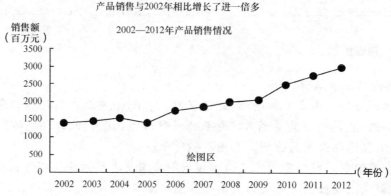

图4-70　产品在一定时间内的销售增长情况

② 产品销售方在一定时间内市场份额的变化，如图4-71所示（2012年：选中数据源"A3:A10"以及"L3:L10"，在"插入"中选择图表类型/选择图表位置/进行其他设置）。

③ 出生人数与产品销售的关系，如图4-72所示（选中数据源"A3:L3"和"A11:L12"，在"插入"中选择图表类型/选择图表位置/进行其他设置）。

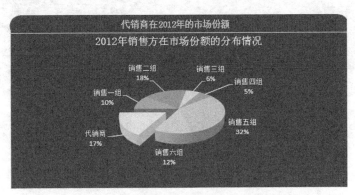

图4-71 产品销售方在一定时间内市场份额的变化

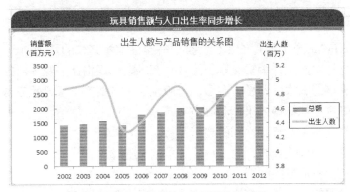

图4-72 出生人数与产品销售的关系

模块 5
演示文稿之
PowerPoint 2010 篇

 技能目标

① 熟悉 PowerPoint 2010 软件的工作界面，并学会演示文稿的几种创建方法。

② 学会在幻灯片中插入并编辑文本、图片、艺术字、表格、多媒体对象等。

③ 掌握演示文稿的版式、背景、主题、母版及配色方案等格式设置方法。

④ 合理为幻灯片添加切换效果和动画方案。

⑤ 根据要求建立相关幻灯片之间的超级链接。

⑥ 能设置幻灯片的放映方式，改变演示文稿的放映顺序。

⑦ 学习上要有举一反三的能力。

⑧ 学会自主学习的方法，如使用<F1>键；具有对比学习的能力。

 项目情境

很快，小王到了实习阶段，来到一家服务外包公司工作。在工作中，领导发现他的组织能力较强，就交给他一项任务：负责为一家灯饰企业的新研发产品举行发布会，提高新产品的影响力。于是小王开始各项准备，其中最关键的是如何来推荐新产品呢？

 项目分析

① 用什么样的形式进行发布？PowerPoint 2010。PowerPoint 2010 是办公软件 Office 的组件之一，是基于 Windows 平台的演示文稿制作系统。其最终目的是为用户提供一种不用编写程序就能制作出集声音、影片、图像、图形、文字于一体的演示文稿系统，PowerPoint 2010 是人们进行思想交流、学术探讨、发布信息和介绍产品的强有力工具。

② 文本怎么输入？图形、表格、图表等对象又该怎么插入？在幻灯片的占位符中输入文本，插入图表、表格和图片等对象（也可以复制、粘贴）。

③ 文本和对象如何编辑？其操作方法与 Word 中文本和对象的编辑操作方法相同。

④ 如何控制演示文稿的外观？通过改变幻灯片版式、背景、应用主题及配色方案等方法来

实现。

⑤ 如何添加切换效果和动画方案？本着合理方便的原则，利用"幻灯片放映"菜单，添加动画和幻灯片的切换效果，以丰富播放效果。

⑥ 如何进行链接？利用"插入"菜单的超级链接建立相关幻灯片之间的链接，使幻灯片之间的跳转更为方便。

⑦ 如何创建幻灯片放映并播放幻灯片放映？创建幻灯片放映只需创建幻灯片并保存演示文稿，使用幻灯片浏览视图可以按顺序看到所有的幻灯片。按快捷键<F5>是播放幻灯片的最快方法，还可以利用菜单命令播放幻灯片。

 重点集锦

1. 插入艺术字

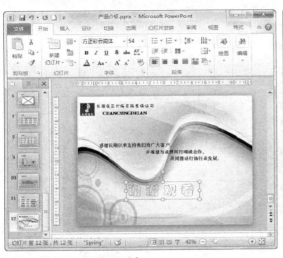

2. 插入图片

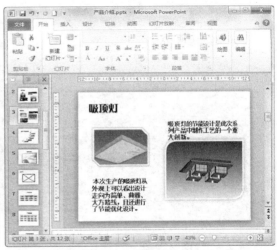

3. 插入多媒体对象

4. 应用主题

5．添加自定义动画　　　　　　　　　　　　　**6．设置切换效果**

7．设置超链接　　　　　　　　　　　　　　**8．设置演示文稿放映方式**

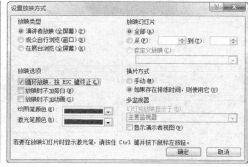

项目详解

项目要求1：创建一个名为"产品介绍"的演示文稿。

知识储备

（1）认识PowerPoint 2010的基本界面。

在使用PowerPoint 2010之前，首先要了解它的操作界面，如图5-1所示。

图5-1　PowerPoint 的基本界面

PowerPoint 的工作界面主要由标题栏、选项卡、功能区、"幻灯片/大纲"窗格、幻灯片编辑区和备注区等部分组成，下面主要对"幻灯片/大纲"窗格、幻灯片编辑区和备注区进行介绍。

① "幻灯片/大纲"窗格：主要用于显示演示文稿的幻灯片内容、数量及位置，通过它可更加方便地掌握演示文稿的结构。其包括"幻灯片"和"大纲"两个选项卡，单击不同的选项卡可在不同的窗格间切换。

② 幻灯片编辑区：主要用于显示和编辑幻灯片，在其中可对幻灯片进行文本编辑以及插入图片、声音、视频和图表等操作。

③ 备注区：位于幻灯片编辑区下方，在其中可对当前幻灯片添加辅助说明信息。

（2）PowerPoint 2010 演示文稿的创建方法。一般情况下，启动 PowerPoint 2010 时会自动创建一个空白演示文稿。

在演示文稿窗口中，单击"文件"按钮，在左侧窗格中选择"新建"菜单项，可以在右侧窗格的"可用模板和主题"列表中选择"空白演示文稿""最近打开的模板""样本模板""主题"等多种新建演示文稿的方法，如图 5-2 所示。

图 5-2 新建演示文稿

 **操作步骤**

【步骤 1】 单击任务栏上的"开始"按钮，在弹出的"开始"菜单中选择"所有程序"→"Microsoft Office 2010"→"Microsoft PowerPoint 2010"命令，启动 PowerPoint 2010，打开演示文稿窗口，如图 5-1 所示。

【步骤 2】 单击"文件"按钮，选择左侧窗格中的"保存"菜单项，将文件以"新产品发布"命名并保存在指定位置。

项目要求 2：在幻灯片中插入相关文字、图片、艺术字、表格和多媒体对象等，并对它们进行基本格式设置，美化幻灯片。

知识储备

（3）幻灯片的插入、移动与删除方法。在创建演示文稿的过程中，可以调整幻灯片的先后顺序，也可以插入幻灯片或删除不需要的幻灯片。而这些操作若是在幻灯片浏览视图方式下进行，则非常方便和直观。

① 选定幻灯片。在幻灯片浏览视图方式下，单击某幻灯片可以选定该张幻灯片。选定某幻灯片后，按住<Shift>键的同时再单击另一张幻灯片，可选定连续的若干张幻灯片；按住<Ctrl>键依次单击各幻灯片，可选取不连续的若干张幻灯片。

② 移动幻灯片。用鼠标直接拖动选定的幻灯片到指定位置，即可完成对幻灯片的移动操作，如图5-3所示。

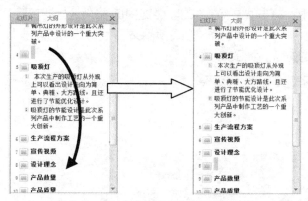

图5-3　通过拖动实现幻灯片位置的移动

③ 插入幻灯片。先选定插入位置，然后切换到"开始"选项卡，单击"幻灯片"组中的"新建幻灯片"按钮插入新幻灯片。插入后可以单击"版式"按钮，选择合适的幻灯片版式。也可以通过在视图区单击右键，选择快捷菜单的"新建幻灯片"命令插入新幻灯片。

④ 删除幻灯片。首先选定欲删除的幻灯片，然后按<Delete>键即可。

操作步骤

【步骤1】　选中第1张幻灯片，在标题占位符中输入"产品介绍"文本，设置文字字体为"华文隶书"，字号为"66"。在副标题占位符中输入"——绿色与环保灯饰系列"文本，设置字体为"微软雅黑"，字号为"32"，如图5-4所示。

【步骤2】　切换到"开始"选项卡，在"幻灯片"组中单击"新建幻灯片"下方的下拉按钮，在弹出的下拉列表中选择"两栏内容"选项，建立幻灯片，如图5-5所示。

【步骤3】　在幻灯片的标题占位符中输入标题文字"主要内容"，分别在左侧和右侧文本占位符中输入相关的文本。然后选定标题占位符或文字"主要内容"，切换到"开始"选项卡，在"字体"组中设置字符格式为"方正粗倩简体、40、左对齐"。选定两栏文本占位符或文本内容，切换到"开始"选项卡，在"字体"组中设置字符格式为"微软雅黑、24"，如图5-6所示。

【步骤4】　切换到"开始"选项卡，在"幻灯片"组中单击"新建幻灯片"下方的下拉按钮，在弹出的下拉列表中选择"比较"选项，建立幻灯片。在标题占位符中输入标题文字"餐吊灯"，设置格式为"方正粗倩简体、40、左对齐、阴影"。在左下角的占位符中单击"插入图

片"按钮 ，打开"插入图片"对话框，双击提供的素材"灯 2.jpg"。

【步骤5】 拖动图片四周的控制点调整图片大小，然后移动图片到标题占位符下方。切换到"格式"选项卡，在"图片样式"组中单击"其他"按钮 ，在打开的列表中选择"映像右视图"选项。在图片下方的占位符中输入文本，在"字体"组中设置字符格式为"微软雅黑、22"。利用相同的方法制作幻灯片的右侧部分，如图 5-7 所示。

图 5-4　在幻灯片中输入文字

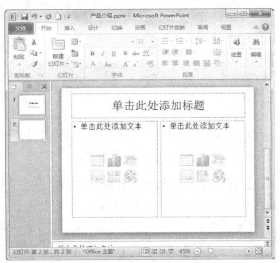

图 5-5　插入幻灯片并选择版式

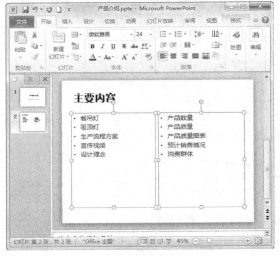

图 5-6　"主要内容"幻灯片

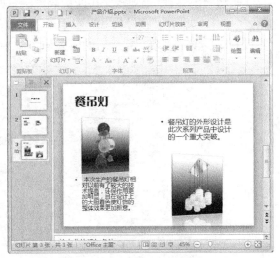

图 5-7　"餐吊灯"幻灯片

【步骤6】 使用步骤 3~步骤 5 的方法制作下一张"吸顶灯"幻灯片，其中字符格式与"餐吊灯"完全相同。调整图片大小，模式为"裁剪对角线：白色，圆形对角：白色"，并调整到合适位置，如图 5-8 所示。

【步骤7】 选择第 1 张幻灯片，切换到"插入"选项卡，在"图像"组中单击"图片"按钮 ，在打开的对话框中双击提供的素材"背景.jpg"图片。拖动图片四周的控制点调整图片大小直到铺满整张幻灯片。在其上单击鼠标右键，从弹出的快捷菜单中选择"置于底层"命令。最后调整文本占位符所在的位置，效果如图 5-9 所示。

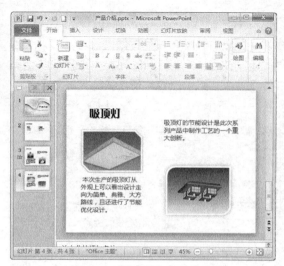

图 5-8　"吸顶灯"幻灯片

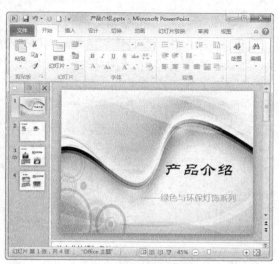

图 5-9　插入并编辑图片

【步骤 8】　切换到"开始"选项卡，在"幻灯片"组中单击"新建幻灯片"的下拉按钮，从弹出的下拉列表中选择"标题和内容"选项，建立幻灯片。

【步骤 9】　在标题占位符中输入"宣传视频"文本，字符格式为"方正粗倩简体、40、左对齐"。单击文本占位符中的"插入剪辑"按钮📽，弹出"插入视频文件"对话框，在其中选择提供的素材"宣传视频.wmv"，单击"插入"按钮。

【步骤 10】　拖动视频区域四周的控制点调整其大小，并将其拖动到合适的位置。切换到"格式"选项卡，在"视频样式"组中单击"其他"按钮，从打开的列表框中选择"强烈"栏的"监视器、灰色"选项，完成后的效果如图 5-10 所示。

图 5-10　"宣传视频"幻灯片

【步骤 11】　在"幻灯片/大纲"区选择"宣传视频"幻灯片，按<Ctrl+C>组合键复制。在幻灯片单击定位插入点，按<Ctrl+V>组合键粘贴，然后将该幻灯片的标题更改为"设计理念"，删除插入的视频文件。

【步骤 12】　在功能区空白处单击鼠标右键，在弹出的快捷菜单中选择"自定义功能区"选项，打开"PowerPoint 选项"对话框。在右侧的列表框中选中"开发工具"复选框，单击"确定"按钮，此时功能选项卡中将添加一个"开发工具"选项卡，如图 5-11 所示。

图 5-11 添加 "开发工具" 选项卡

【步骤 13】 切换到 "开发工具" 选项卡，在 "控件" 组中单击 "其他控件" 按钮 🔧，弹出 "其他控件" 对话框，在列表框中选择 "Shockwave Flash Object" 选项，单击 "确定" 按钮。

【步骤 14】 在幻灯片中拖动鼠标绘制一个矩形区域，该区域即为 Flash 动画的显示区域。在其上单击鼠标右键，从弹出的快捷菜单中选择 "属性" 命令，弹出 "属性" 对话框，在列表框中 "Movie" 选项后的文本框中输入 Flash 动画的保存路径，关闭 "属性" 对话框后，放映当前幻灯片，单击 Flash 动画即可开始播放，如图 5-12 所示。

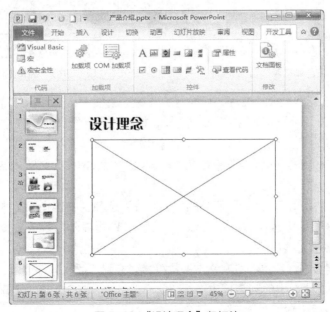

图 5-12 "设计理念" 幻灯片

【步骤 15】 切换到 "开始" 选项卡，在 "幻灯片" 组中单击 "新建幻灯片" 的下拉按钮，从弹出的下拉列表中选择 "仅标题" 选项，建立幻灯片。

【步骤 16】 在幻灯片的标题占位符中输入标题文字"产品数量"，并选定标题占位符，切换到"开始"选项卡，在"字体"组中设置字体为"方正粗倩简体、40、左对齐"。

【步骤 17】 切换到"插入"选项卡，在"表格"组中单击"表格"按钮，在打开的下拉列表中拖动鼠标选择表格行数与列数，这里选择 3 行、4 列，释放鼠标即可将表格插入到幻灯片，拖动表格四周的控制点调整表格大小。

【步骤 18】 在表格中定位光标插入点，输入相关数据。设置表格内容的字符格式为"黑体、28、加粗、阴影"。切换到"设计"选项卡，在"表格样式"组中单击"底纹"按钮右侧的下拉按钮，从打开的下拉列表中选择"白色，背景 1，深色 15%"选项，效果如图 5-13 所示。

【步骤 19】 在"幻灯片/大纲"窗格中选择第 7 张幻灯片，单击鼠标右键，从弹出的快捷菜单中选择"复制幻灯片"命令，在复制的幻灯片中修改表格数据和占位符文本。

【步骤 20】 最后利用相同的方法复制一张幻灯片，更改表格内容和占位符文本，如图 5-14 所示。

图 5-13 "产品数量"选项卡

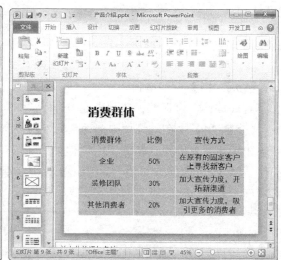

图 5-14 "消费群体"幻灯片

【步骤 21】 选择第 8 张幻灯片，切换到"开始"选项卡，在"幻灯片"组中单击"新建幻灯片"的下拉按钮，从弹出的下拉列表中选择"标题和内容"选项，建立幻灯片。

【步骤 22】 在标题占位符中输入"预计销售情况"文本，在"字体"组中设置字符格式为"方正粗倩简体、40、左对齐"，在内容文本占位符中输入相关的文字内容，字符格式为"微软雅黑、20"，如图 5-15 所示。

【步骤 23】 在"幻灯片/大纲"窗格的"幻灯片"选项卡中选择第 1 张幻灯片，单击鼠标右键，在弹出的快捷菜单中选择"复制幻灯片"命令，即可在幻灯片下方复制一张幻灯片，拖动复制的幻灯片到演示文稿最后。

【步骤 24】 删除幻灯片上的所有文本占位符，切换到"插入"选项卡，在"文本"组中单击"艺术字"按钮，从弹出的列表框中选择"填充、白色、渐变轮廓-强调文字颜色 1"选项，在插入的艺术字占位符中输入"谢谢观看"。

【步骤 25】 选择输入的文字，在"开始"选项卡的"字体"组中设置字符格式为"方正粗圆简体、72"。选择文字所在的占位符，拖动调整艺术字所在的位置，效果如图 5-16 所示。

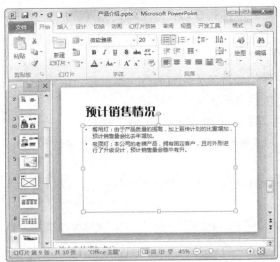
图 5-15 "预计销售情况"选项卡

图 5-16 "谢谢观看"幻灯片

项目要求 3：为演示文稿"新产品发布"选择主题。

 知识储备

（4）主题。PowerPoint 2010 演示文稿主题是由专业设计人员精心设计的，每个主题都包含一种配色方案和一组母版；对当前演示文稿，如果重新选择主题的话，将带来一种全新的感觉。

如果要对演示文稿应用其他主题，可以按照下述步骤进行操作。

打开指定的演示文稿，切换到"设计"选项卡，单击"主题"组中的"主题"按钮，在弹出的下拉列表中选择合适的演示文稿主题，如图 5-17 所示。选择喜欢的主题后，就可以为所有的幻灯片添加选定的主题。

图 5-17 "主题"下拉列表

 提示

如果在"内置"部分没有喜欢的主题，可单击列表下方的"浏览主题"选项，选择本地计算机上的其他主题。

（5）应用主题颜色。每一种主题都为使用该主题的演示文稿定义了一组颜色，称之为"主题颜色"。主题颜色主要用于背景、文本和线条、阴影、标题文本、填充、强调、强调和超级链接、强调和尾随超级链接。制作演示文稿时，选定了主题也就确定了主题颜色，主题的改变将引起主体颜色的变化。一般情况下，演示文稿中各幻灯片应采用统一的主题颜色，但用户也可根据需要将指定的幻灯片采用另外的标准主题颜色或自己定义的主题颜色。

① 选择主题颜色。为当前幻灯片选择标准主题颜色的操作步骤如下：

切换到"设计"选项卡，单击"主题"组中的"颜色"按钮，在弹出下拉列表中选择一种，选定的主题即应用于当前打开的演示文稿上。

② 新建主题颜色。如果不想使用 PowerPoint 2010 提供的标准主题颜色，也可以新建主题颜色，其操作步骤如下。

切换到"设计"选项卡，单击"主题"组中的"颜色"按钮，在弹出的下拉列表中选择"新建主题颜色"选项，弹出"新建主题颜色"对话框，如图 5-18 所示。在"主题颜色"框中显示出构成主题颜色的各种颜色及对应的项目，选择要修改的项目，然后单击右侧更改颜色的按钮，从弹出的下拉列表中选择一种颜色或自定义一种颜色，在对话框下方的"名称"框中输入主题名，单击"保存"按钮，即可将该主题颜色应用到幻灯片上。

图 5-18 "新建主题颜色"对话框

（6）调整背景。对于创建好的幻灯片，在色彩方面可以进行一些设置和修改。

幻灯片的"背景"是每张幻灯片底层的色彩和图案，在背景之上，可以放置其他的图片或对象。对幻灯片背景的调整，会改变整张幻灯片的视觉效果。

调整幻灯片背景的步骤如下。

切换到"设计"选项卡，单击"背景"组中的"背景样式"按钮，在弹出的下拉列表中选择需要的样式，或选择"设置背景格式"选项，此时打开"设置背景格式"对话框，如图 5-19 所示。根据需要，在左侧的"填充""图片更正""图片颜色"和"艺术效果"4 个选项卡中进行切换，并在右侧进行相应的设置，最后单击"关闭"或"全部应用"按钮。

图 5-19 设置"背景格式"对话框

 **操作步骤**

【步骤1】 切换到"设计"选项卡,单击"主题"组中的"主题"按钮,在弹出的下拉列表中显示了一些预置的主题样式。

【步骤2】 在"来自Office.com"中选择"春季"选项,即可将主题应用到所有幻灯片上,效果如图5-20所示。

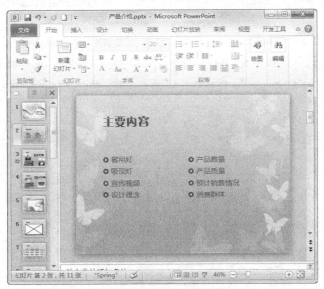

图 5-20 应用主题后的效果

项目要求4:为演示文稿"产品介绍"添加切换效果和自定义动画。

 **知识储备**

(7)设置幻灯片切换效果。使用幻灯片切换这一特殊效果,可以使演示文稿中的幻灯片从一张切换到另一张,也就是控制幻灯片进入或移出屏幕的效果,它可以使演示文稿的放映变得更有趣、更生动、更具吸引力。

PowerPoint 2010 有几十种切换效果可供使用，可为某张独立的幻灯片或同时为多张幻灯片设置切换方式。通过设定幻灯片切换方式，可以控制幻灯片切换速度、换页方式和换页声音等。

（8）设置自定义动画效果。自定义动画是除幻灯片切换以外的另一种特殊效果，它能提供更多的效果。对于幻灯片上的文本、形状、声音、图像或其他对象，都可以添加动画效果，以达到突出重点、控制信息流程和增加演示文稿趣味性的目的。例如，文本可以逐字或逐行出现，也可以通过变暗、逐渐展开和逐渐收缩等方式出现。

自定义动画可以使对象依次出现，并设置它们的出现方式。同时，还可以设置或更改幻灯片对象播放动画的顺序。

提示

添加了动画效果的对象会出现"0""1""2""3"…编号，表示各对象动画播放的顺序。在设置了多个对象动画效果的幻灯片中，若想改变某个对象的动画在整个幻灯片中的播放顺序，可以选定该对象或对象前的编号，单击"动画窗格"中"重新排序"的两个按钮⬆和⬇来调整，同时对象前的编号会随着位置的变化而变化。在"重新排序"列表框中，所有对象始终按照"0""1""2"…或"1""2""3"…的编号排序。

操作步骤

【步骤1】 选中要添加切换效果的幻灯片。在选择单张、一组或不相邻的几张幻灯片时，可以分别用鼠标单击或单击配合使用<Shift>键和<Ctrl>键的方法进行选中，选中的幻灯片周围会出现边框。

【步骤2】 切换到"切换"选项卡，在"切换到此幻灯片"组中单击"切换方案"按钮，从弹出的下拉列表中选择切换效果，如"闪光""百叶窗""旋转"等，如图5-21所示。

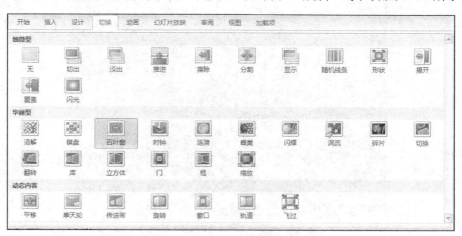

图5-21 幻灯片"切换方案"

【步骤3】 在"计时"组中的"声音"下拉列表中选择声音类型或无声音来增加幻灯片切换的听觉效果；在"持续时间"列表中设置幻灯片切换时间，来控制幻灯片切换速度。

【步骤4】 在"计时"选项卡的"换片方式"下，可设定从一张幻灯片过渡到下一张幻灯片的方式是通过单击鼠标还是每隔一段时间后自动过渡。

【步骤5】 将以上设置的幻灯片切换效果应用到所选幻灯片，可以或单击"计时"组中的

"全部应用"按钮。

【步骤6】 切换到"动画"选项卡，选中幻灯片中要设置动画的对象，单击"动画"组中的"动画样式"按钮，在弹出的下拉列表中选择进入时的效果，如 "飞入""擦除"等，如图5-22所示。若需要更多效果，可单击列表下方的"更多进入效果"按钮，在弹出的"更多进入效果"对话框中选择需要的效果。

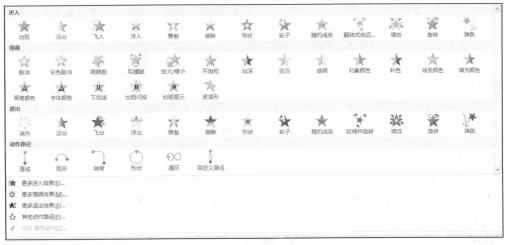

图 5-22 "动画样式"列表

【步骤7】 选择不同动画样式，在单击"动画"组中的"效果选项"按钮后，弹出的下拉列表中的内容将产生相应变化，根据实际情况在下拉列表中选择相应的属性状态，如动画样式选择为"百叶窗"时，"效果选项"下拉列表中变为"方向"，可以选择"水平"或"垂直"选项来控制动画播放的方向。

【步骤8】 切换到"动画"选项卡，从"高级动画"组中单击"动画窗格"按钮，在窗口右侧弹出"动画窗格"，选中动画 1，单击鼠标右键，在弹出的快捷菜单中选择"效果选项"，如图 5-23 所示。

图 5-23 "动画窗格"设置

【步骤9】 弹出与所选动画相应的对话框，可以在"效果""计时"和"正文文本动画"3个选项卡间进行切换，对所选的动画效果进行更详细的设置，如图5-24所示。

图5-24 详细设置

【步骤 10】 单击"播放"按钮，播放动画效果，或者切换到"动画"选项卡，单击"预览"组中的"预览"按钮预览动画效果。此外，还可以直接在幻灯片放映过程中看到动画效果。

项目要求5：为"产品介绍"演示文稿的主要内容（第2张幻灯片）与相应的幻灯片之间建立超级链接，然后更改演示顺序，最后设置放映方式。

 知识储备

（9）幻灯片放映方式。幻灯片的放映场合与放映环境是决定幻灯片制作方式的重要因素。根据场合的不同，可以在公共场合自动放映、在讲台上由演讲者控制放映，以及在特定环境中观众自行放映与观看。因此，应当根据放映环境来选择不同的幻灯片放映方式。

PowerPoint 中提供了演讲者放映、观众自行浏览和在展台浏览3种放映方式。不同的放映方式，针对的放映场合也各不相同。

要改变放映方式，只要在"幻灯片放映"选项卡中单击"设置放映方式"按钮，在打开的"设置放映方式"对话框的"放映类型"栏中选择相应的放映方式即可。

① 演讲者放映：全屏幕播放幻灯片，幻灯片的切换、幻灯片对象的显示以及对幻灯片放映都是由演讲者控制。在会场、讲台等场合演讲时，通常采用该放映方式。

② 在展台放映：全屏幕播放幻灯片，会根据设定的切换时间自动按顺序播放幻灯片，若无终止信号，演示文稿会循环放映。为了保证幻灯片放映的有效性，采用该放映方式的幻灯片需要合理设置动画与切换时间，并视情况添加背景声音或旁白。

③ 观众自行浏览：在窗口中播放幻灯片，观众可以通过鼠标或键盘来控制幻灯片的切换顺序，但无法对幻灯片进行其他控制操作。在一些与观众互动的场合下可采用该放映方式。

提示 幻灯片的放映控制主要有两种方式：一是手动控制幻灯片的切换及对象动画的播放，适用于演讲者一边演讲一边控制；二是幻灯片的自动播放，这就需要在制作幻灯片时精确合理地设置每个动画的播放时间以及幻灯片的显示与切换时间，从而让信息能够更全面、更有效地传递给观众。

 **操作步骤**

【步骤1】 选定第2张幻灯片，即目标幻灯片"主要内容"。

【步骤2】 选中"餐吊灯"文字，切换到"插入"选项卡，单击"链接"组中的"动作"按钮，弹出"动作设置"对话框，选择"单击鼠标"选项卡。

【步骤3】 选择动作"超链接到"下拉列表中的"幻灯片"选项，如图5-25所示。弹出"超链接到幻灯片"对话框，在"幻灯片标题"列表框中选择"餐吊灯"，如图5-26所示，依次单击"确定"按钮。

图 5-25 "动作设置"对话框   图 5-26 "超链接到幻灯片"对话框

【步骤4】 重复步骤2和步骤3，设置其他文字的超链接。

【步骤5】 选定第3张幻灯片，切换到"插入"选项卡，在"插图"组中单击"形状"按钮，从弹出的下拉列表中选择"棱台"，在幻灯片右下角绘制一个棱台，并调整图形大小。

【步骤6】 在棱台上单击鼠标右键，从快捷菜单中选择"编辑文字"命令，输入"返回"文本。

【步骤7】 选中"返回"文本，设置文本格式：微软雅黑、18磅、黑色，效果如图5-27所示。

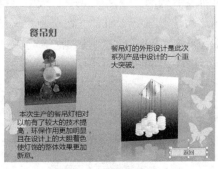

图 5-27 绘制自选图形

【步骤8】 选中棱台，切换到"插入"选项卡，单击"链接"组中的"超链接"按钮，弹出"插入超链接"对话框，在左侧的"链接到"列表中选择"本文档中的位置（A）"，在右侧的"请选择文档中的位置（C）"列表框中选择"主要内容"选项，如图5-28所示。

【步骤9】 单击"确定"按钮，重复步骤5～步骤8，分别为第4～10张幻灯片设置超链接。

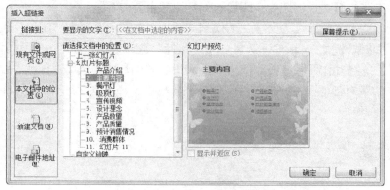

图5-28　设置自绘图形超链接

【步骤10】 选择第1张幻灯片，切换到"幻灯片放映"选项卡，在"设置"组中单击"设置幻灯片放映"按钮。打开"设置放映方式"对话框，在"放映类型"栏中选择要采用的放映方式，如图5-29所示，单击"确定"按钮。

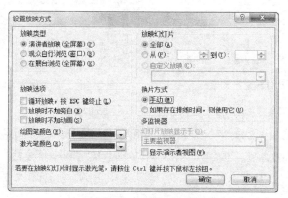

图5-29　设置放映方式

【步骤11】 切换到"幻灯片放映"选项卡，在"开始放映幻灯片"组中单击"自定义幻灯片放映"按钮，从弹出的列表中选择"自定义放映"选项，打开"自定义放映"对话框。

【步骤12】 单击右侧的"新建"按钮，打开"定义自定义放映"对话框，在"幻灯片放映名称"文本框中输入自定义放映的名称，在左侧列表框中选择要放映的幻灯片，单击"添加"按钮，将幻灯片添加到右侧列表框中，如图5-30所示，然后单击"确认"按钮即可。

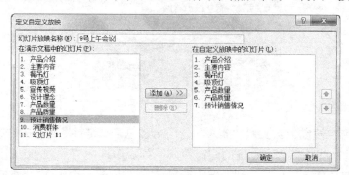

图5-30　设置自定义放映

【步骤 13】 返回到"自定义放映"对话框，可以看到已经创建了指定的幻灯片放映。单击"关闭"按钮，返回到 PowerPoint 窗口后，再次单击"自定义幻灯片放映"按钮，在打开的下拉列表中即可选择并放映创建的自定义放映，如图 5-31 所示。

【步骤 14】 在放映幻灯片时单击鼠标右键，从弹出的快捷菜单中选择"定位至幻灯片"命令，在弹出的子菜单中选择需要放映的幻灯片即可优先放映选择的幻灯片，如图 5-32 所示。

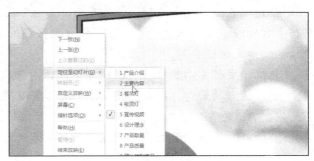

图 5-31　放映幻灯片　　　　　　图 5-32　更改幻灯片放映顺序

 **知识扩展**

（1）更换版式。如果已有版式不能满足要求，可以更换版式。更换幻灯片版式的操作步骤如下：

选定目标幻灯片，切换到"开始"选项卡，单击"幻灯片"组中的"版式"按钮，在弹出的下拉列表中选择合适的版式即可。

（2）母版类型。母版包括幻灯片母版、讲义母版和备注母版。幻灯片母版用于定义演示文稿中标题幻灯片以及正文幻灯片的布局样式；而备注与讲义母版，则是分别用于定义幻灯片备注页及幻灯片讲义的模板样式。

不同类型的幻灯片母版，需要在不同的视图下进行编辑。需先切换到"视图"选项卡，然后在"母版视图"组中单击对应的母版视图按钮。下面对3种母版视图进行介绍。

① 幻灯片母版视图，用于对演示文稿中的标题幻灯片、通用幻灯片以及所有版式幻灯片的布局、结构和格式进行设定。用户所制作的演示文稿母版，也就是在"幻灯片母版"视图中对各个幻灯片进行重新设定，从而制作出演示文稿模板。

② 幻灯片备注用来说明或延伸幻灯片包含的信息。通常幻灯片中的内容都是通过精简梳理出来的，用户在讲解幻灯片时可以为每张幻灯片制作备注页，而备注母版视图即用于设定幻灯片备注页的样式。

③ 幻灯片讲义相当于演示文稿的信息概览，其中包含演示文稿每张幻灯片的缩略图。通过讲义即可大致了解演示文稿的架构，以及演讲的大致内容。在课件制作过程中，讲义的使用比较多。讲义母版则用于设定幻灯片与讲义内容之间的布局方式，以及讲义区域的内容样式。

 拓展练习

根据《舍友》期刊的内容素材，制作一个PPT文件，分宿舍进行交流演示，具体要求如下。

① 一个PPT文件至少要有20张幻灯片。

② 第1张必须是片头引导页（写明主题、作者及日期等）。

③ 第2张要求是目录页。

④ 其他几张要有能够返回到目录页的超链接。

⑤ 使用"可用模板和主题"，并利用"母版"设计修改演示文稿风格（在适当位置放置符合主题的Logo或插入背景图片，时间日期区插入当前日期，页脚区插入幻灯片编号），以更贴切的方式体现主题。

⑥ 在演示文稿中添加声音、视频等多媒体对象，以丰富演示文稿内容。

⑦ 选择适当的幻灯片版式，使用图、文、表混排组织内容（包括艺术字、文本框、图片、文字、自选图形、表格、图表等），要求内容新颖、充实、健康，版面协调美观。

⑧ 为幻灯片添加切换效果和动画方案，以播放方便为主，使得演示文稿的放映更具吸引力。

⑨ 合理组织信息内容，要有一个明确的主题和清晰的流程。

模块 6
多媒体基础

6.1　多媒体基础概念

项目情境

为了提高学生知识范围，丰富课余生活，学校组织了一系列的多媒体技术交流活动，分配给小王的任务是为学弟学妹们培训关于多媒体技术方面的基础知识。面对刚接触多媒体的学弟学妹们，小王要讲些什么内容，做些什么准备呢，如何讲解？

学习清单

多媒体技术、多媒体技术的特点、多媒体信息处理的关键技术、多媒体技术的发展概况。

具体内容

6.1.1　多媒体技术

多媒体技术（Multimedia Technology），是利用计算机对文本、图形、图像、声音、动画、视频等多种信息综合处理、建立逻辑关系和人机交互作用的技术，也指用来存储信息的实体，如软盘、硬盘、光盘等。

多媒体技术中的媒体主要是指传播信息的载体，如语言、文字、图像、视频、音频等，即是利用电脑把文字、图形、影像、动画、声音及视频等媒体信息都数字化，并将其整合在一定的交互式界面上，使电脑具有交互展示不同媒体形态的能力。它极大地改变了用户获取信息的传统方法，并且越来越符合信息时代的需求。

另外，真正的多媒体技术所涉及的对象是计算机技术的产物，而其他的单纯事物，如电影、电视、音响等，均不属于多媒体技术的范畴。

根据国际电信联盟电信标准化组织（ITU-T）的建议，可将媒体分为感觉媒体、表示媒体、表现媒体、存储媒体和传输媒体五大类。在五大类媒体中，核心是表示媒体，如图6-1所示。

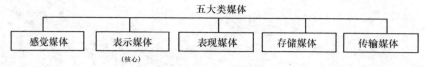

图6-1　媒体分类示意图

计算机通过表现媒体的输入设备将感觉媒体感知的信息转换为表示媒体信息，并存放在存储媒体中；计算机从存储媒体中取出表示媒体信息，再进行加工处理，然后利用表现媒体的输出设备将表示媒体信息还原成感觉媒体信息，展现给人们，如图6-2所示。

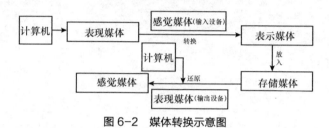

图6-2　媒体转换示意图

目前可以把多媒体看成是先进的计算机技术与音频、视频、通信等技术融为一体而形成的一种新技术。简单来说，多媒体技术就是将文本、图形、图像、动画、音频、视频等多种媒体信息通过计算机进行数字化采集、获取、压缩或解压缩、编辑、存储等加工处理，使多种媒体信息建立逻辑连接，集成为一个系统并具有交互性。

6.1.2　多媒体技术的特点

多媒体技术是计算机综合处理声音、文本、图像、影像视频信息的技术。从研究和发展的角度来看，多媒体技术具有以下特点，这是其区别于传统计算机系统的特征。

1．多样性

多样性是指综合处理多种媒体信息，包括文本、图形、图像、动画、音频、视频等，是相对于计算机而言，多媒体技术具有多样性。另外，多媒体计算机在处理输入信息时，不仅是简单地获取与再现信息，如果能根据人的构思、创意而对信息进行变换、组合和加工处理，就可以不再局限于顺序、单调和狭小的范围，而是可以极大地丰富和增强信息的表现力，具有更充分、更自由的发展空间，达到更加生动、活泼和自然的效果。多媒体的这些创作与综合也不仅仅局限在对信息数据处理方面，同时也包括对设备、系统和网络等多种要素的重组和综合，目的都是为了能够更好地组织信息、处理信息和表现信息，使用户更加全面、准确地接收信息。多媒体技术为人性化处理信息的多样性提供了强有力的手段，而多媒体计算机则是处理信息多样化的重要设备。

2．集成性

集成性主要表现在两个方面：一是存储信息的实体集成，即常见的视频、音频等多种设备的集成；二是承载信息的载体集成，也就是文本、图形、图像、动画、声音、视频等多种媒体的集成。多媒体将不同的媒体信息和不同性质的设备有机地组合在一起，形成一个整体以及与这些媒体相关的设备集成，并以计算机为中心安全地处理多种信息，克服了早期使用单一媒体获取信息的不足。

3．交互性

交互性是指用户与计算机之间的双向沟通，没有交互性的系统就不是多媒体系统。多媒体技术可以为用户提供更加有效的控制和处理信息的手段。多媒体系统利用图形多窗口、菜单、图标、按钮等美观形象的图像界面作为人机交互界面。用户可以介入到各种媒体加工、处理的过程中，从而使用户更有效地控制和应用各种媒体信息。多媒体技术的交互性可以增强对信息的理解，延长信息存储的时间，用户可以更改信息的组织过程，从而获得更多的信息，形成一种全新的信息传播方式。

4．实时性

实时性是指当多种媒体集成时，需要考虑时间特性、存取数据的速度、解压缩的速度以及最终播放速度的实时处理。

6.1.3 多媒体信息处理的关键技术

1．数据压缩与编码技术

通常听到的声音、看到的景物都可以称为模拟信号，即连续量信号，因此，早期的多媒体技术和系统基本上采用模拟方式。但模拟方式表示的声音或图像信号在复制和传送的过程中，容易丢失，或产生噪音和误差，更不能用数字计算机进行加工处理。目前，声音和图像的采样、生成、存储、处理、显示、传输和通信都普遍使用了数字化技术，但是数字化的视频和音频信号的数据非常大，比如，一幅 352 像素×240 像素（pixel）的近似真彩色图像（15bit/pixel）在数字化后的数据量为 352×240 pixel×15 bit/pixel=1 267 200bit。在动态视频中，采用 NTSC[（美国）国家电视标准委员会]制式的帧率为 30 帧/s，那么要求视频信息的传输率为 1 267 200bit×30 帧/s=（3.801 6E+07）bit/s。因此，在一张容量为 700MB 的光盘上全部存放视频信息，最多所存储的动态视频数字信号所能播放的时间最长也只有=193.077s，即 3.218 分钟。由此可知，不采用压缩技术，一张 700MB 光盘存放动态视频数字信号只能播放 3.218 分钟。以计算机的 150kbit/s 传输率，在没压缩的前提下，是无法处理（3.8016E+07）bit/s 的大数据量的。如果采用 MPEG-1 标准的压缩比 50∶1，则 700MB 的 VCD 光盘，在同时存放视频和音频信号的情况下，其最长可播放时间能达到 96 分钟。因此高速实时地压缩音频和视频等信号的数据是多媒体系统必须要处理的关键问题，否则多媒体技术难以推广和应用。

数字化的多媒体信息能够被压缩，主要有两方面的原因。

（1）原始视频信号与音频信号数据存在很多冗余的地方。如视频图像帧内相邻像素之间的空域相关性和帧与帧之间的时域相关性非常大。

（2）人类对视觉和听觉具有不灵敏性。人的视觉对于图像的边缘急剧变化不敏感，耳朵很难分辨出强音中的弱音，因此，可以在一定的范围内实现高压缩比，使压缩后的声音数据和图像数据经过还原后仍然能得到满意的效果。

2．多媒体信息的检索

实现用户对多媒体信息的有效检索是多媒体关键技术之一。多媒体信息检索主要分为两种方式：一种是基于多媒体外部特征的检索，主要通过元数据实现；另一种是基于多媒体信息内容的组织方式，主要依赖于内容的检索技术，下面具体介绍。

（1）数字图像技术。在图像、文字和声音这 3 种形式的媒体中，图像所包含的信息量是最大的。人们的知识绝大部分是通过视觉获得的。图像的特点是只能通过人的视觉感受，并且非常依赖于人的视觉器官。数字图像技术就是对图像进行计算机处理，使其更适合人眼或仪器的分辨，并拾取其中的信息。

数字图像处理的过程包括输入、处理和输出。输入即图像采集和数字化，就是对模拟图像信号进行抽样、量化处理后得到数字图像信号，并将其存储到计算机中以待进一步处理。处理是按一定的要求对数字图像进行诸如滤波、锐化、复原、重现、矫正等一系列处理，以提取图像中的主要信息。输出则是将处理后的数字图像通过显示、打印等方式表现出来。

（2）数字音频技术。多媒体技术中的数字音频技术包括声音采集及回放技术、声音识别技术和声音合成技术，这3个方面的技术在计算机的硬件上都是通过"声卡"实现的。声卡具有将模拟的声音信号数字化的功能。而数字声音处理、声音识别和声音合成则是通过计算机软件来实现的。

（3）数字视频技术。数字视频技术与数字音频技术相似，只是视频的带宽为 6MHz，大于音频带宽的 20kHz。数字视频技术一般应包括视频采集及回放、视频编辑和三维动画视频制作。视频采集及回放与音频采集及回放类似，需要有图像采集卡和相应软件的支持。

3．多媒体通信技术

多媒体通信是多媒体技术和通信技术结合的产物，它突破了计算机、通信、广播和出版的界限，使计算机的交互性、通信的分布性和广播电视的真实性融为一体，向人类提供了诸如多媒体电子邮件、视频会议等全新的信息服务。

（1）多媒体同步技术。在 MPEG-1 标准中，包含了 MPEG 视频、MPEG 音频和 MPEG 系统 3 个部分。在音频、视频回放时，必须实现同步输出。多媒体信息同步有分层同步、时间轴同步和参考点同步 3 种方法。

（2）多媒体传输技术。多媒体信息的传输以图像的传输为核心。多媒体信息传输技术主要包括静态图像传输，动态视频图像传输，图像信息的模拟信号 A/D 和数字信号 D/A 转换，模拟视频信号和数字视频信号的传输，图像信号的压缩编码及解码、调制/解调等多方面的技术。

多媒体系统要通过通信网络传送文本、图形、图像、动画、音频、视频等不同媒体，这些媒体对通信网各有不同的要求。文本和图片要求的平均速率较低，音频信号的传输速率要求也不太高，但要求实时性，视频则需要极高的传输速率。

4．多媒体数据库技术

多媒体数据库是一种包括文本、图形、图像、动画、声音、视频图像等多种媒体信息的数据库。由于一般的数据库管理系统处理的是字符、数值等结构化的信息，无法处理图形、图像、声音等大量非结构化的多媒体信息，因而这就需要一种新的数据库管理系统对多媒体数据进行管理。这种多媒体数据库管理系统（MDBMS）能对多媒体数据进行有效的组织、管理和存取。

多媒体数据具有复合性、分散性、时实性等特点。复合性是指媒体数据的形式多种多样，既可以是文本、图形、图像、声音、视频图像等结构或非结构的数据对象，也可以是通过各种数据集成而得到复合数据的对象。分散性是指关联的数据可以分散地存储在不同的机器上。实时性则是指编组时要求保证数据对象之间在时间上的同步和空间上的衔接。

近年来，大容量光盘、高速 CPU、高速 DSP 以及宽带网络等硬件技术的发展，为多媒体数据库从研究到应用的发展提供了良好的物理基础。多媒体数据库广泛用于办公信息系统、商业营销系统、地址信息系统、计算机辅助设计和计算机辅助制造系统、期刊出版系统、医疗信息系统以及军事应用系统中。

5．超文本和超媒体技术

多媒体系统中的媒体种类繁多且数据量巨大，各种媒体之间既有差别又有信息上的关联。处理大量多媒体信息主要有两种途径：一是利用上述所讲的多媒体数据库系统，来存储和检索特定的多媒体信息；二是使用超文本和超媒体，它一般采用面向对象的信息组织和管理形式，是管理多媒体信息的一种有效方法。

超文本是一种新颖的文本信息管理技术，是典型的数据库技术。它是一个非线性的结构，以节点为单位组织信息，在节点与节点之间通过表示它们之间的关系的链接加以连接，构成表达特定内容的信息网络，用户可有选择性地查阅自己感兴趣的内容。超文本组织信息的方式与人类的联想记忆方式相似。

超文本和超媒体允许以事物的自然联系组织信息，实现多媒体信息之间的连接，从而构造出能真正表达客观世界的多媒体应用系统。超文本和超媒体是由节点、链、网络三要素组成，节点是表达信息的单位，链将节点连接起来，网络是由节点和链构成的有向图。

 练习

（1）简述什么是多媒体技术。

（2）多媒体技术主要有哪些特点？

（3）多媒体技术处理的关键技术主要有哪几个方面？

（4）在多媒体技术发展中，多媒体系统主要包括什么？

6.2 音频信息处理技术

 项目情境

多媒体技术交流会开办以来，小王为同学讲解了相关的多媒体基本概念。一位同学提问："音频是如何存在计算机中的？"小王决定与大家分享计算机中音频信息处理的相关知识。

 学习清单

模拟音频信号的数字化、常用的声音压缩标准、声音文件的存储格式和 Windows 7 中"录音机"的使用方法。

 具体内容

6.2.1 模拟音频信号的数字化

日常接触的音频信号的物理结构可分为模拟音频和数字音频两种，模拟音频信号主要有以下缺点。

（1）抗干扰能力差。模拟信号在传输过程中容易受外界电磁波、播放设备的电流、天气等干扰，降低声音信号质量。

（2）噪声会积累。在复制或传输等处理过程中，系统中的有源设备，如放大器等会引发噪声，且噪声会积累，没办法消除。每复制一次，噪声积累一次，最终导致信噪比严重下降。

（3）无法使用计算机进行存储，不能在计算机网络中传输。基于数字电子技术的计算机和计算机网络具有高效的信息处理和传输能力，可以为用户提供信息、教育、娱乐等各种服务，但模拟音频信号无法在系统中存储和处理。

由于模拟音频信号存在缺点，因此数字音频技术逐渐出现在音频的各个领域，并成为多媒体技术及应用的核心。音频是连续变化的模拟信号，数字音频则是一个数据序列，时间是断断续续的。将模拟音频信号通过采样和量化转换成由多个"0""1"表示的数字信号，这一过程就是模拟音频信号的数字化，如图6-3所示。

图6-3　数字化音频过程

下面分别简单介绍数字音频的采样和量化。

1．采样

模拟音频信号实际上是连续信号，其采样过程是模拟/数字转换过程，也即按照规定的时间间隔采集一段时间内的模拟信号，以获得采集时刻模拟信号的振幅值（离散信号）。其中时间间隔为采样周期，"1/时间间隔"为采样频率，通常采样频率越高，则单位时间内所得到的离散信号越多。

音频采样率一般有8kHz、11.025 kHz、22.05 kHz 、16 kHz、37.8 kHz、44.1 kHz，其中44.1 kHz（CD质量）、22.05 kHz（盒式磁带质量）和11.025 kHz（普通声音）是常用的3个采样标准。

2．量化

采样后的离散信号，其幅值仍然是连续变化的数值，为了便于在计算机中处理，必须将采样值量化成一个有限个幅度值的集合。量化器先将整个幅度划分为有限个小幅度（量化间隔）的集合，把落入某个间隔内的样值归为一类，并赋予相同的量化值，这一过程就是量化的过程。

量化间隔的数目称为量化噪声，量化集越多，量化误差越小，质量就越好。增加量化级数可以将噪声降低到无法察觉的程度，但随着信号幅度降低，量化噪声与信号之间的相关性将变得更加明显。

练习

（1）简述模拟音频信号数字化的过程。

（2）什么是采样，什么是量化？

6.2.2　常用的声音压缩标准

音频信号数字化之后数据量巨大，为存储和传输带来一定的压力。为了降低传输或存储的费用，必须对数字音频信号进行编码压缩。

目前制定音频编码标准的主要的有两类组织机构：一种是专门制定国际标准的组织，如MPEG等；另一种是一些专业组织。不同组织针对不同应用领域，有的是全球统一标准，使用的系统具有普遍的互操作性，确保了未来的兼容性；有的则是专用的标准，保证某一系统在某个应用领域提供高质量的服务。下面介绍一些相关的压缩编码标准。

1．MPEG 音频

MPEG 是动态图像专家组的英文简称，其在制定 MPEG-1 视频图像压缩标准的同时，也制定了视频图像中包含音频信息的压缩标准，称为 MPEG-1 音频子系统。因为视频图像中的音频信息包含了语音、音乐等所有声音信息，所有 MPEG 音频是一种高质量、带宽音频压缩标准，在最大程度压缩数据的同时，能带给观众高保真的音响效果。

（1）MPEG-1 音频内容。MPEG 对声音的编码进行了规定，包括编码方法、存储方法和解码方法。

① 编码器：编码器处理数字音频信号，并生成存储所需的数据流。编码器没有标准的算法，只要编码器输出的数据能使符合标准的解码器解出使用的音频流即可。有 4 种不同的编码模式：单声道模式、双声道模式、立体声模式和联合立体声模式。

② 存储：已编码的视频数据、音频数据、同步数据、系统数据和辅助数据均可一并存入同一存储介质。

③ 解码：解码器按解码器定义的语法接收压缩的音频数据流，按解码部分的方法接触数据元素，按滤波器的规定，将这些信息产生的数字音频输出。

标准的音频部分定义了采样率为 32 kHz/44.1 kHz 和 48 kHz 的取样 PCM 信号进行编码的 3 种层。压缩方法中使用了许多典型的方法，传输速率为每声道 32~448 kbit/s。

MPEG-1 的压缩技术方案是子带压缩，如图 6-4 所示。

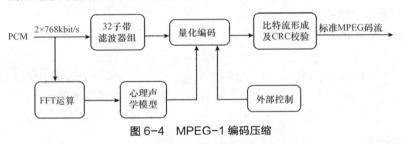

图 6-4　MPEG-1 编码压缩

> **提示**
>
> MP3 指的是 MPEG 音频压缩算法第 3 层，而不是 MPEG-3 压缩算法。MP3 的典型码流为 64 kbit/s，是指单声道，若为立体声音乐，典型码流则为 64 kbit/s × 2=128 kbit/s，码流数据一般在播放器中可查看。

（2）MPEG-2 音频子系统。MPEG 组织在 1994 年发布的第 2 个标准中定义了 MPEG-2 作为 MPEG-1 标准的扩展，具有以下特征。

① 对于低比特流到高比特流的各种音频质量需求，通过将 MPEG-2 分成两部分实现，一部分为兼容 MPEG-1 的主比特流；另一部分为扩展的比特流。对每个声道工作在 64 kbit/s 的层 3，可在 320 kbit/s 内编码 5 个全带宽音频频道。

② 最多可编 6 个音频声道，包括一个可选的低频增强声道。

③ "向前兼容"：MPEG-2 的解码器可接受 MPEG-1 的音频位流。

④ "向后兼容"：MPEG-1 的编码器至少能够解码 MPEG-2 的音频位流中的主要数据域的两个声道的信息，MPEG-2 的音频位流矩阵能够将环绕信息融入到左右声道中。

（3）MPEG-4 音频标准。MPEG-4 标准的目的是提供交互式多媒体应用。在音频标准方面，将以前各自分离的高质量音频编码、计算机音乐和合成语音等合并在一起，实现解码的灵活性。

2. G.7XX 标准

国际上对语音信号压缩编码的审议在原 CCITT（国际电报电话咨询委员会）下设的第 15 研究组进行，相应的建议为 G 系列，多由 ITU（国际电信联盟）发布。

（1）G.711。是原 CCITT 为语音信号频率为 300～3400Hz 制定的编码标准，属于窄带音频信号编码。对于采样频率为 8 kHz，样本精度为 16 位的输入信号，使用 A 率压扩或 μ 率压扩编码，经过 PCM 编码器之后每个样本的精度为 8 位，输出数据率为 64kbit/s。

（2）G.721。ADPCM 标准是一个代码转换系统。使用 ADPCM 转换技术可以实现 64kbit/s A 率或 μ 率 PCM 速率和 32kbit/s 的 ADPCM 之间的转换，实现对 PCM 信息的扩容。用 ADPCM，当采用频率为 8 kHz，量化位数为 4bit 时，速率为 32kbit/s。

（3）G.722。为了使用可视电话会议的需要，1988 年制定了 G.722 推荐标准。该标准将语音信号的质量由电话质量提高到 AM 无线电广播质量，而数据传输率仍然保持在 64kbit/s。其主要目标是在保持 64kbit/s 的数据率不变情况下，使音频信号的质量要明显高于 G.711 的质量。

（4）G.723。G.723 是 G.721 的扩充标准。G.723 协议是一个双速率语音编码建议，两种速率分别是 5.3 kbit/s 和 6.3 kbit/s。该协议是一个数字传输系统概况协议，适用于低速率多媒体服务中语音或视频信号的压缩算法。

（5）G.728 协议。G.728 建议的技术是一种考虑了听觉特性的算法，特点有以下 3 个。

① 以块为单位的后向自适应高阶预测。

② 后向自适应型增益量化。

③ 以适应单位的激励信号量化。

提示

G.723.1、G.728、G.729 主要应用于 IP 网络电话。采用的都是线性预测分析到合成编码和码本激励矢量量化技术，即混合编码技术。

3. AC-3 编码

AC-3 音频编码技术是自适应增量调整。

（1）AC-3 的编码。AC-3 编码器接收标准的 PCM 码流，通过滤波器组变换到频域，然后进行频谱包络分析，根据分析的结果确定相应频率抽样量化所用的存储空间，然后依据 AC-3 语法格式形成码流。

（2）AC-3 的解码。AC-3 的解码与编码是不对应的逆过程。它将分析码流的正确性，再增加头部信息接触每一声道的指数，然后进行分析，并得出相应位数所占的比特率，解出尾数，并与指数合成频域参数。最后通过 IMDCT 和 IFFT 变形，得到标准的 PCM 码流。

（3）AC-3 的优点：

① 具有真正的立体环绕声；

② 全音频范围的宽频带；

③ 各个通道完全隔离；

④ 极其宽广而且可控的动态范围；

⑤ 与现行音响系统的兼容性非常好。

4. DTS

DTS 采用声音的相关性高效的压缩数据，是采样率在 24bit 下达到 192kHz。与 CD 相比，声音能够被更真实地记录下来，并且更平滑、更具有动态效果，使声音还原更加接近原始效果。

练习

（1）简述MPEG-1编码压缩流程。

（2）AC-3的优点有哪些？

6.2.3 声音文件的存储格式

由于采用了不同的编码技术，针对的应用领域不同，出现了多种音频文件的存储格式，主要有以下几种。

1. WAV 文件

WAV 文件也称为波形文件，是 Microsoft 公司和 IBM 公司开发的，被 Windows 广泛采用。其存储文件扩展名称为 ".wav"，WAV 格式来源于对声音模拟波形的采样。用不同的采样频率对声音的模拟波形进行采样可以得到一系列离散的采样点，以不同的量化位数（8 位或 16 位）把这些采样点的值转换成二进制数，然后存入磁盘，就产生了声音的 WAV 文件，即波形文件。

WAV 文件是由采样数据组成的，所以它所需要的存储容量很大。存储空间大小的计算公式如下：

WAV 格式的声音文件的字节数/秒=采样频率（Hz）×量化位数（位）×声道数/8

WAV 文件数据没有经过压缩、数据量大，但音质最好。如果对声音质量要求不高，则可以通过降低采样频率，采用较低的量化位数或利用单音来录制 WAV 文件，此时的 WAV 文件大小可以成倍地减小。

2. MIDI 文件

MIDI 是数字音乐电子合成乐器的统一国际标准。乐器数字接口（Musical Instrument Digital Interface，MIDI）是由世界上主要的电子乐器制造厂商建立起来的一个通信标准，以规定计算机音乐程序、电子合成器和其他电子设备之间交换信息与控制信号的方法。MIDI 文件中包含音符、定时和多达 16 个通道的乐器定义，每个音符包括键、通道号、持续时间、音量、力度等信息。所以 MIDI 文件记录的不是乐曲本身，而是一些描述乐曲演奏过程中的指令。

由于 MIDI 文件记录的是一系列指令而不是数字化后的波形数据，因此，它占用存储空间比 WAV 文件要小得多。所以，预先装入 MIDI 文件比装入 WAV 文件要容易得多。但是 MIDI 文件的录制比较复杂，需要学习一些使用 MIDI 创作并改编作品的专业知识，并且还必须有专门工具，如键盘合成器。MIDI 文件的扩展名为 ".mid" 和 ".rmi"。

3. AIF 或 AIFF 文件

AIF 是 Apple 公司开发的一种声音文件格式，支持 Apple 公司旗下产品，Windows 的 Convert 工具可以将 AIF 格式的文件转换为 Microsoft 的 WAV 格式文件。

4. ASF/ASX/WAX/WMA 文件

ASF/ASX/WAX/WMA 格式文件都是 Microsoft 公司开发的同时兼顾保真度和网络算术传输的新一代网上流式数字音频压缩技术。以 WMA 格式为例，它采用的压缩算法使声音文件比 MP3 文件小，而音质上毫不逊色，更远胜于 RA 格式的音质。它的压缩率一般都可以达到 1∶18 左右，现有的 Windows 操作系统中的媒体播放器或 Winamp 都支持 WMA 格式，Windows Media Player 7.0 还增加了直接把 CD 格式的音频数据转换为 WMA 格式的功能。

5．RA 文件

RA 文件在网络上非常流畅，在低速率的广域网上实时传输音频信息非常方便。链接速率不同，客户端所获得的声音质量也不相同。与 WMA 一样，RA 不但支持边下载边播放的功能，也支持使用特殊协议来隐匿文件的真实网络地址，从而实现在线播放而不提供下载的欣赏方式。RA 和 WMA 是目前互联网上用于在线试听最常用的音频媒体格式。

6．MP1、MP2、MP3 文件

MP1、MP2、MP3 格式是德国 Fraunhofer Institut fur Integrierte Schaltungen 协会开发出来的，符合 MPEG 音频规范。MPEG 音频编码具有很高的压缩率，MP3 的特点是有较好的声音质量，因此，目前 MP3 是最为流行的一种音乐文件格式。

7．PCM 文件

PCM 文件是模拟的音频信号经模/数转换直接形成二进制序列的文件，该文件没有附加的文件头和文件结束标准。Windows 的 Convert 工具可以将 PCM 格式的文件转换为 Microsoft 的 WAV 格式文件。

8．CD-DA 文件

CD-DA 文件是 CD 光盘采用的文件格式，在大多数播放软件的"打开文件类型"菜单中都可看到该格式，一个 CD 音频文件是一个".cda"文件，这只是一个索引信息，不是真正包含声音的信息。".cda"文件不能直接被复制到硬盘上播放，需要使用抓音轨软件把 CD 格式文件转换为 WAV 格式才能播放。

9．MP4 文件

MP4 不是 MPEG-4，它是针对 MP3 的大众化、无版权的一种保护格式。特点是音质更加完美，压缩率更加高，并且允许对多媒体进行编码或解码。

在制作多媒体解码软件时，通常使用的是 WAV、MIDI 和 MP3 这 3 种格式的声音文件。其中 WAV 文件是一种 Windows 格式文件，大多数 Windows 平台软件都支持，也是制作多媒体节目软件 Authorware 最常用的格式。背景音乐一般选用 MIDI 和 MP3 音乐格式。

6.3 图形图像信息处理技术的基础知识

 项目情境

某日，小王决定在电脑中收集一些漂亮的图片素材，便于以后作品中使用。于是，小王在网络中下载了很多图片，刚好学妹看到小王收集的素材，说很漂亮，希望小王分享，小王觉得有必要为其介绍下图形、图像的基础知识。

 学习清单

图形和图像的基本概念、图像数据的容量和压缩、常见的图像文件格式。

6.3.1 图形和图像的基本概念

图形与图像是多媒体技术的重要组成部分，也是人们非常容易接收的信息媒体。图形与图像媒体表示的信息量非常丰富，一幅图像可以形象、生动和直观地表现大量的信息，是文本和声音所不能实现的。因此在多媒体应用系统中，灵活地使用图形与图像来丰富要表现的内容，可以达到事半功倍的效果。

1．矢量图与位图

数字图像分为两大类：一种是矢量图，即图形；另一种是点阵图，也称位图，即图像。它们是反映客观事物的两种不同形式。

（1）矢量图

矢量图又称向量图，是以几何学进行内容运算、以向量方式记录的图像，以线条和色块为主。矢量图形与分辨率无关，无论将矢量图放大多少倍，图像都具有同样平滑的边缘和清晰的视觉效果，更不会出现锯齿状的边缘现象，而且文件尺寸小，通常只占用少量空间。矢量图在任何分辨率下均可正常显示或打印，而不会损失细节。因此，矢量图形在标志设计、插图设计及工程绘图上占有很大的优势。其缺点是所绘制的图像一般色彩简单，不容易绘制出色彩变化丰富的图像，也不便于在各种软件之间进行转换使用。图 6-5 所示为矢量图放大前后的对比效果。

图 6-5　矢量图放大前后的对比效果

（2）位图

位图是通过扫描仪、数码相机、摄像机等输入设备导入到计算机的。位图弥补了图形的缺陷，可以逼真地表现自然界的景物。位图也称像素图或点阵图，是由多个像素点组成的。将位图尽量放大后，可以发现图像是由大量的正方形小块构成，不同的小块上显示不同的颜色和亮度。每个像素用若干个二进制位记录色彩、亮度等反映该像素属性的信息，并将每个像素的内容按一定的规则排列起来组成文件的内容。在对图像编辑处理时，以像素为单位，实施调整亮度、对比度等操作，并可以进行特殊效果的处理。位图常按像素点从上到下、从左到右的顺序显示。

点阵图文件在被保存时需记录每个像素的色彩，占用的存储空间非常大，而且在缩放或旋转时会出现失真。图 6-6 所示为正常显示和放大显示后的图像效果。

原图　　　　放大800倍　　　　放大1500倍

图6-6　位图放大前后的对比效果

（3）矢量图与位图的区别

① 矢量图文件的数据量较位图小很多，但不如位图表现得自然、逼真。

② 矢量图将颜色作为绘制图元的参数在命令中给出，所以矢量图的颜色数目与文件的大小无关；而位图中每个像素所占据的二进制位数与位图的颜色数目有关，颜色数目越多，占据的二进制位数也越多，文件数据量也越大。

③ 矢量图在进行放大、缩小、旋转等操作后不会产生失真；而位图则出现失真现象，特别是放大若干倍后可能会出现颗粒状，缩小后会丢掉部分像素点内容。

总之，矢量图和位图是两种表现客观事物的不同形式。在制作一些标志性的内容或一些真实感要求不是很强的内容时，可以选择矢量图。当需要反映真实场景时，应该选用位图。

提示

在计算机中，图形和图像是两个不同的概念。图形和图像是现实生活中各种形象和画面的抽象浓缩或真实再现。人们常常混淆这两个概念，对图形与图像不进行区分，但严格来看，在计算机中创建、加工处理、存储和表现图形和图像的方式完全不同。如一个杯子，如果用线、面、体等元素描绘出来的就是图形，如果拍成照片就是图像。

2．分辨率

分辨率是图像处理中的一个非常重要参数，它可以分为屏幕分辨率、图像分辨率、打印机分辨率、扫描仪分辨率、像素分辨率等。分辨率的单位是像素/英寸（ppi），即每英寸所包含的像素数量。

（1）屏幕分辨率。屏幕分辨率是指屏幕上的最大显示区域，一般屏幕分辨率是由计算机的显卡所决定的。例如，标准的 VGA 显卡的分辨率是 640 像素×480 像素，即宽 640 点（像素），高 480 点（像素）。至于较高级的显卡，通常可以支持 800 像素×600 像素或是 1024 像素×768 像素以上。

（2）图像分辨率。图像分辨率是指数字图像的实际尺寸，是指黑色图像在每英寸上所包含的像素数量。例如，若一幅图像的分辨率为 320 像素×240 像素，计算机屏幕的分辨率为 640 像素×480 像素，则该图像在屏幕上显示时只占据屏幕的 1/4。图像分辨率与屏幕分辨率相同时，所显示的图像正好占满整个屏幕区域；图像分辨率大于屏幕分辨率时，屏幕上只能显示出图像的一部分，这就要求显示软件具有卷屏功能，使人能看到图像的其他部分。

（3）像素分辨率。像素分辨率是指一个像素的宽和长之比，在像素分辨率不同的机器间传输图像时会产生图像变形。例如，在捕捉图像的设备使用长、宽比为 1:2，而显示图像的设备使用长、宽比为 1:1，这时该图像会发生变形。

（4）打印机分辨率。打印机分辨率又称为输出分辨率，所指的是打印输出的分辨率极限，而打印机分辨率也决定了输出质量。打印机分辨率越高，除了可以减少打印的锯齿边缘之外，在灰度的半色调表现上也会较为平滑。

打印机的分辨率通常以点/英寸（dpi）来表示，目前市场上 24 针的针式打印机的分辨率大多为 180dpi，而喷墨或激光打印机的分辨率可达 300dpi、600dpi，甚至 1200dpi。不过必须使用特殊的纸张，才能以这么高的分辨率进行打印。

（5）扫描仪分辨率。扫描仪分辨率是扫描仪在每英寸长度上可以扫描的像素数量，单位同样用 dpi 来表示。扫描仪的分辨率在纵向是由步进马达的精度来决定的，而横向则是由感光元件的密度来决定的。

一般台式扫描仪的分辨率可以分为两种规格：第一种是光学分辨率，指的是扫描仪的硬件所真正扫描到的图像分辨率，目前市场上的产品可以达到 1 200dpi 以上；第二种则是输出分辨率，是通过软件强化以及插补点之后所产生的分辨率，为光学分辨率的 3～4 倍。所以购买扫描仪时，要看好是光学分辨率还是输出分辨率。

> 提示
>
> 分辨率的高低直接影响图像的效果，单位面积上的像素越多，分辨率越高，图像就越清晰。使用的分辨率过低会导致图像粗糙，在排版打印时图片会变得非常模糊，而使用较高的分辨率则会增加文件的大小，并降低图像的打印速度。

练习

（1）简述色彩的基本概念，以及色彩三要素有哪些。

（2）多媒体技术中，常用的色彩模型有哪几种？请简要叙述各种色彩模型的基本概念和应用领域。

（3）简述位图与矢量图的概念和区别。

（4）简述图像分辨率和打印机分辨率的区别。

（5）什么是色彩深度？

6.3.2 图像数据的容量和压缩

在获取图像后需要对图像进行存储，由于图像是真实表现内容，图像容量通常较大，此时就需要对图像进行相应的压缩。

1. 图像数据的容量

图像大小可用两种方法表示：第一种是图像尺寸，指图像在计算机中所占用的随机存储器的大小；第二种则是文件尺寸，指在磁盘上存储整幅图像所需的字节数。图像大小的计算公式如下：

图像文件的字节数=图像分辨率×颜色深度÷8

例如，一幅 640 像素×480 像素的真彩色图像，未压缩的原始数据量为 640×480×24÷8=921 600Byte≈900KB。以一个 3 英寸×5 英寸的图像为例，如果分辨率为 200dpi，则整张图像的总点数为（3×200）×（5×200）=600 000 点。如果分辨率提高为 400dpi，则点数增加到 2 400 000 点，为原来的 4 倍。

图像变大之后，第一个问题是计算机是否有足够大的 RAM 来处理这么大的图像。其次，当图像存储在硬盘上或是网上传输时，会消耗大量的磁盘空间及传输时间。因此，如何在图像分辨率与大小之间进行权衡，是图像处理的具体实践中一个比较现实的问题。

在制作多媒体系统时，必须考虑图像的大小，合理地设置图像的宽、高和颜色深度等。

2．图像数据的压缩

数字信号的优点非常多，但当模拟信号数字化后，占用的存储器容量非常大，需要对其进行数字压缩技术处理。

（1）图像数据的压缩算法。对数字图像进行压缩通常利用以下两个基本原理：

① 数字图像的相关性：在图像的同一行相邻像素点，活动图像的相邻帧的对应像素之间一般存在很强的相关性，去除或减少这些相关性，也就同时去除或减少图像信息中的冗余度，实现对数字图像进行压缩的目的。

② 人的视觉心理特征：人的视觉对于边缘急剧变化不敏感，对颜色分辨力弱，利用这些特征可在相应部位适当降低编码精度，从而使人从视觉上并不会感觉到图像质量的下降，达到对数字图像进行压缩的目的。

图像的压缩方法从不同的角度出发有不同的分类方法：从压缩编码算法原理上可分为无损压缩编码、有损压缩编码和混合编码 3 种方法；从信息论的角度出发又可分为冗余度压缩和信息量压缩两种。

① 冗余度压缩：也称无损压缩，解码图像和压缩编码前的图像严格相同，没有失真，从数学上讲是一种可逆运算。常见的有哈夫曼编码、算术编码和行程编码。

② 信息量压缩：也称有损压缩，解码图像和压缩编码前的图像有差别，允许有一定的失真。常见的有预测编码、频率域方法、振文变换编码等。

（2）图像数据的压缩标准。1980 年以来，各种机构陆续完成了各种数据压缩与通信的标准和建议，如面向静止图像压缩的 JPEG 标准等。

① JPEG。JPEG 是一个由 ISO 和 IEC（国际电工委员会）两个组织机构联合组成的一个专家组，负责制定静态的数字图像数据压缩编码标准，是国际通用的标准。JPEG 的目的是开发适合以下要求的色彩静态图像压缩方法。

● 达到或接近高保真的技术水平，人的视觉难以区分原始图像与压缩图像。

● 使用与任何种类的连续色调图像，不受图像大小和长、宽比的限制。

● 图像内容可以是具有任何复杂程度和任何形式的统计特征。

● 计算的复制性是可控的，能适用于各种 CPU，算法可以通过硬件实现。

● 能够支持顺序编码、累进编码、无失真编码、分层编码方式。

② MPEG。数字视频广泛应用于计算机、通信、互联网、广电等领域。MPEG 制定的标准有 MPEG-1、MPEG-2、MPEG-4、MPEG-7 和 MPEG-21，这些标准主要用于视频存储、广电网络等。

MPEG 系统由以下几方面组成。

● MPEG 系统：定义音频、视频和有关数据的同步。

● MPEG 视频：定义视频数据的编码和重建图像所需的解码过程，亮度信号分辨率为 360×240 像素，色度信号分辨率为 180 像素×120 像素。

● MPEG 音频：定义音频数据的编码和解码。

● 一致性测试。

MPEG 数据流结构。MPEG 对编码数据规定了一个分层结构，运动图像序列使用 6 层结构表示，数据流结构分为序列层、图像组层、图像层、片层、宏块层和块层 6 个层次。

MPEG 运动图像类型。MPEG 视频算法为了追求更高的压缩率，更注重去除图像序列的时间冗余度，同时满足多媒体等应用的随机存取要求。

提示

　　　　MPEG 中将图像分为 4 种类型，分别是 I 帧、P 帧、B 帧、D 帧。其中 D 帧主要用于快速进带。

练习

（1）简述什么是图像数据的容量。

（2）假如一幅 1024 像素×768 像素的真彩色图像，未压缩时的原始数据量为 1024×768×24÷8=2 359 296Byte≈2 300KB。以一个 3×5 英寸的图像为例，如果分辨率为 200dpi，请计算该位图上的总点数是多少。

（3）简述数字图像压缩的两个基本原理。

（4）简述图像数据的两个压缩标准。

6.3.3　常见的图像文件格式

图像格式是指用计算机表示、存储图像信息的格式。由于历史的原因，不同厂家表示图像文件的方法不一，目前已经有上百种图像格式，常用的也有几十种。

同一幅图像可以用不同的格式存储，但不同格式之间所包含的图像信息并不完全相同，因此，文件大小也有很大的差别。如对于抓屏的某个界面，用 BMP 格式存储约需 400KB，用 LZW 压缩格式的 TIF 格式存储需 28KB，而用 GIF 格式存储只占 9KB。虽然这个比例随图像内容的不同会有所变化，但至少说明了各种格式之间的差别。因此使用时应根据需要选用适当的格式。下面简单介绍几种最为常见的图像格式。

1．PSD（.psd）格式

它是 Photoshop 软件自身生成的文件格式，是唯一能支持全部图像色彩模式的格式。以 PSD 格式保存的图像可以包含图层、通道、色彩模式等信息。由于 PSD 格式保存的信息较多，因此其文件非常庞大。

2．TIFF（.tif、.tiff）格式

TIFF 格式是一种无损压缩格式，主要便于在应用程序之间或计算机平台之间进行图像的数据交换。TIFF 格式是应用非常广泛的一种图像格式，可以在许多图像软件之间转换。TIFF 格式支持带 Alpha 通道的 CMYK、RGB 和灰度文件，支持不带 Alpha 通道的 Lab、索引颜色和位图文件。另外，它还支持 LZW 压缩。

3．BMP（.bmp）格式

它是标准的 Windows 图像文件格式，是 Microsoft 公司专门为 Windows 的"画图"程序建立的，该格式支持 1～24 位颜色深度，使用的颜色模式可以为 RGB、索引颜色、灰度和位图等，

且与设备无关。适用于选择当前图层的混合模式，使其与下面的图像进行混合。

4．JPEG（.jpg）格式

JPEG 是一种有损压缩格式，支持真彩色，生成的文件较小，也是常用的图像格式之一。JPEG 格式支持 CMYK、RGB 和灰度的颜色模式，但不支持 Alpha 通道。在生成 JPEG 格式的文件时，可以通过设置压缩的类型，产生不同大小和质量的文件。压缩越大，图像文件就越小，相对的图像质量就越差。

5．GIF（.gif）格式

GIF 格式的文件是 8 位图像文件，最多为 256 色，不支持 Alpha 通道。GIF 格式的文件较小，常用于网络传输，在网页上见到的图片大多是 GIF 和 JPEG 格式的。GIF 格式与 JPEG 格式相比，其优势在于可以保存动画效果。

6．PNG（.png）格式

PNG 格式主要用于替代 GIF 格式文件。GIF 格式文件虽小，但在图像的颜色和质量上较差。PNG 格式可以使用无损压缩方式压缩文件，它支持 24 位图像，产生的透明背景没有锯齿边缘，所以可以产生质量较好的图像效果。

7．EPS（.eps）格式

EPS 可以包含矢量和位图图形，最大的优点在于可以在排版软件中以低分辨率预览，而在打印时以高分辨率输出。不支持 Alpha 通道，可以支持裁切路径，支持 Photoshop 所有的颜色模式，可用来存储矢量图和位图。在存储位图时，还可以将图像的白色像素设置为透明的效果，它在位图模式下也支持透明。

8．PCX（.pcx）格式

PCX 格式与 BMP 格式一样支持 1~24bit 的图像，并可以用 RLE 的压缩方式保存文件。PCX 格式还可以支持 RGB、索引颜色、灰度和位图的颜色模式，但不支持 Alpha 通道。该格式最早是由 Zsoft 公司创建的一种专用格式，比较简单，因此特别适合保存索引和线画稿模式图像。

9．PDF（.pdf）格式

PDF 格式是 Adobe 公司开发的用于 Windows、MAC OS、UNIX 和 DOS 系统的一种电子出版软件的文档格式，适用于不同平台。该格式文件可以存储多页信息，其中包含图形和文件的查找和导航功能。因此，使用该软件不需要排版或图像软件即可获得图文混排的版面。由于该格式支持超文本链接，因此是网络下载经常使用的文件格式。

10．PICT（.pct）格式

PICT 格式广泛用于 Macintosh 图形和页面排版程序中，是作为应用程序间传递文件的中间文件格式。PICT 格式支持带一个 Alpha 通道的 RGB 文件和不带 Alpha 通道的索引文件、灰度、位图文件。PICT 格式对于压缩具有大面积单色的图像非常有效。

11．TGA（.tga）格式

该格式由 Ture Vision 公司开发，支持带一个单独 Alpha 通道的 32 位 RGB 文件和不带 Alpha 通道的索引颜色模式、灰度模式、16 位和 24 位 RGB 文件。以该格式保存文件时，可选颜色深度。

12．FilmStrip（.flm）格式

该格式是 Adobe Premiere 动画软件使用的格式，这种格式的图像只能在 Photoshop 中打开、修改和保存，而不能将其他格式的图像以 FLM 格式保存。若在 Photoshop 中更改了图像的尺寸和分辨率，则该图像将无法继续被 Premiere 所使用。

13．Photo CD 格式

该格式是柯达（Kodak）相片光盘的文件，以只读方式保存在 CD 光盘上，它采用 Kodak Precision Color Management System（柯达精确颜色管理系统）控制颜色模式和显示模式。该格式只能在 Photoshop 中打开，而不能保存。

练习

（1）简述PSD图像文件格式与JPEG图像文件格式的区别，分别适用于哪些领域。

（2）PDF图像文件格式支持哪些颜色模式？

（3）TIFF图像文件格式适用于什么环境？

（4）EPS图像文件格式有什么特点？

6.4　视频信息处理的基本知识

项目情境

暑假回来，小王带着暑假旅行拍摄的视频来到学校，打算与同学讨论视频拍摄的相关技能，并交流一下视频信息处理的相关知识。

学习清单

视频信号和数字化、视频压缩、常见视频文件格式、Windows 7 的媒体播放器及其使用方法。

具体内容

6.4.1　视频信号和数字化

视频媒体是携带信息最丰富、表现力最强的一种媒体。当一段视频节目配有背景音乐或语音时，它就同时具有了视觉媒体和听觉媒体的所有特性。

形成视频需要先处理为视频信号，并将其数字化才能传播。

1．视频信号

视频信号是指电视信号、静止图像信号和可视电视图像信号。

① VGA 视频信号。采用非对称分布的 15pin 连接方式。工作原理是：将显存内以数字格式存储的图像（帧）信号在 RAMDAC（随机数/模转换的机器）里经过模拟调制成模拟高频信号，然后再输出到等离子成像，这样 VGA 信号在输入端（LED 显示屏内），就不必像其他视频信号那样还要经过矩阵解码电路的换算。从前面的视频成像原理可知，VGA 的视频传输过程是最短的，所以 VGA 接口拥有许多的优点，如无串扰无电路合成分离损耗等。

② DVI 视频信号。主要用于与具有数字显示输出功能的计算机显卡相连接，显示计算机的 RGB 信号。DVI 数字端子比标准 VGA 端子信号要好，数字接口保证了全部内容采用数字格式传输，保证了主机到监视器的传输过程中数据的完整性（无干扰信号引入），可以得到更清晰的图像。

③ AV 视频信号。通常采用 RCA 进行连接，使用时只需要将带莲花头的标准 AV 线缆与相应接口连接即可。AV 接口实现了音频和视频的分离传输，避免因为音视频混合干扰而导致的图像质量下降。AV 具有一定生命力，但由于本身 Y/C 混合这一不可克服的缺点，因此无法在一些追求视觉极限的场合中使用。

④ S-Video 视频信号。将 Video 信号分开传送。带 S-Video 接口的显卡和视频设备（譬如模拟视频采集/编辑卡电视机和准专业级监视器电视卡/电视盒及视频投影设备等）当前已经比较普遍，使用各自独立的传输通道在很大程度上避免了视频设备内信号串扰而产生的图像失真，极大地提高了图像的清晰度。但 S-Video 会带来一定信号损失而产生失真，所以 S-Video 虽然已经比较优秀，但离完美还相去甚远。

2．视频数字化

普通的视频，如标准 NTSC 和 PAL 制式的视频信号都是模拟的，而计算机只能处理和显示数字信号，所以在计算机使用 NTSC 和 PAL 制式信号前，必须对其进行数字化，即经常采样和量化处理，并经模数转换和彩色空间变换等过程。

（1）采样与量化。模拟波形在时间上和幅度上都是连续的。为了把模拟波形转换成数字信号，必须把这两个量纲转换成不连续的值。把连续的图像函数 $f(x,y)$ 进行时间和幅度的离散化处理，幅度表示为一个整数值，而时间表示成一系列按时间轴等步长的整数距离值。

① 采样：在时间轴上，每隔一个固定的时间间隔对波形的振幅进行一次取值，或时间连续坐标（x,y）的离散化，称为采样。

② 量化：将一系列离散的模拟信号在幅度上建立等间隔的幅度电平，称之为量化。或 $f(x,y)$ 幅度的离散化，称为量化。

两种离散化结合在一起，称为数字化。离散化的结果称为数字图像。

提示　视频数字化后，为了真实反映出原始图像的颜色，在视频信息处理中也引用了颜色深度这一概念。对于视频，一般都采用 4：2：2 分量采样格式，虽然压缩了色度信号的频带，但对各通道 8 比特量化都是一致的。

（2）动画与视频。动态图像序列根据每一帧图像产生形式的不同，又分为不同的种类。当每一帧图像由手动或计算机产生的时候，被称为动画；当每一帧图像是通过实时获取的自然景物时，被称为视频。动态图像具有以下特点。

① 动态图像具有时间连续性，非常适合于表示"过程"，易于展现事件的"始末"，具有更强、更生动、更自然的表现力。在实际应用中比静态图像具有更广泛的范围。

② 动态图像数据量更大，必须采用合适的压缩方法才能存储、处理及表现。

③ 动态图像的帧与帧之间具有很强的相关性。相关性既是动态图像连续动作形成的基础，也是进行压缩处理的基本条件。由于相关性，使得动态图像对差错的敏感度降低。

④ 动态图像对实时性要求很高，必须在规定时间内完成更换画面播放的过程。当计算机处理时，处理速度、显示速度、数据读取速度都要求达到实时性的要求。

视频的数字化是指在一段时间内以一定的速度对视频信号进行捕获并加以采样后形成数字化数据的处理过程。按每帧所包含的颜色位，其采样深度可以是 8 位、16 位、24 位或 32 位。然后将采样所得到的数据保存起来，以便对它进行编辑和处理。

练习

（1）简述视频信号的概念。

（2）简述视频数字化过程。

（3）简述视频数字化概念。

6.4.2　常见的视频文件格式

同其他媒体的格式一样，视频文件的格式也有很多种，常见的有：AVI 文件格式、MOV 文件格式、MPG 文件格式和 DAT 文件格式。

1．AVI 文件格式

AVI 格式是常用的将视频信息与同步音频信号结合在一起存储的多媒体文件格式。它以帧为存储动态视频的基本单位。在每一帧中，都是先存储音频数据，再存储视频数据。整个看起来，音频数据和视频数据相互交叉存储。播放时，音频流和视频流交叉使用处理器的存取时间，保持同期同步。通过 Windows 的对象链接与嵌套技术，AVI 格式的动态视频片段可以嵌入到任何支持对象链接与嵌入的 Windows 应用程序中。

2．MOV 文件格式

MOV 文件格式是 Quick Time 视频处理软件所选用的视频文件格式，最早是由苹果公司开发并支持的一种专业影音格式，后来被 Microsoft 公司引入 PC 的 Windows 系统中。

3．MPG 文件格式

MPG 格式是采用 MPEG 方法进行压缩的全运动视频图像文件格式，扩展名可以是 MPG、MPE、MP4、M1V、M2V 等，其中 M1V 和 M2V 都表示该影音文件不包含音频部分，只包含视频部分。未压缩的 AVI 格式文件经 MPEG-1、MPEG-2 和 MPEG-4 等编码压缩后，图像容量大幅度减小，画面质量不会有太大的降低，图像质量由编码参数决定。目前许多视频处理软件都支持该格式，例超级解霸应用软件。

4．DAT 文件格式

DAT 文件格式是 VCD 和卡拉 OK CD 数据文件的扩展名，也是 MPEG 压缩方法的一种文件格式。

5．RM 文件格式

该格式的视频文件可使用 RealPlayer 对符合 RealMedia 技术规范的网络音频/视频资源进行实况转播。特点是用户使用 RealPlayer 播放器可以在不下载音频/视频内容的条件下实现在线播放。

6．RMVB 文件格式

这是 RM 文件格式升级延伸出的新视频格式，VB 是"可改变之比特率"的意思。其先进之处在于 RMVB 视频格式打破了原先 RM 格式的平均压缩采样方式，在保证品质的基础上合理利用比特率资源。该文件格式在保证静止画面质量的前提下，大幅度地提高了运动图像的画面质量，从图像质量和文件大小之间找到平衡点。

7．ASF 文件格式

ASF 格式的衍生格式有 ASX、WAX 等，新版本的媒体播放器可正常播放这些格式的视频文件，其他视频播放器需要添加相应的插件才行。

8．WMV 文件格式

WMV 也是 Microsoft 公司推出的一种采用独立编码方式并且可以直接在网上实时观看视频节目的文件压缩格式，主要优点有本地或网络回放、可扩充的媒体类型、多语言支持、环境独立性，丰富的流间关系和扩展性等。

 练习

（1）支持实时在线播放的视频文件格式有哪些？

（2）Windows系统常用的视频文件格式有哪些？

（3）简述WMV文件格式的优点。

PART 7

模块 7
综合应用

7.1　邮件合并

 项目情境

小王的一位校友小陈通过自身努力进入了百货公司的人事部门工作。这几天，部门领导要求她制作公司所有员工的工资明细单并打印发放到每位员工手中。面对这么多的员工，她想这要做多少时间才能完成啊！急忙打电话求助小王。小王告诉她利用邮件合并就可以轻松解决。果然，两个小时后，几百份工资单就全部打印完毕。

 项目分析

① 用什么做？邮件合并可以解决在主文档的固定内容中，合并一组与发送信息相关的通信资料（数据源，如 Excel 表、Access 数据表等），从而批量生成需要的邮件文档，可以轻松、准确、快速地完成这些任务，大大地提高工作效率。

② 如何制作主文档？与 Word 2010 文档的编辑方法一致，先进行信函的编辑，只是在设计时要考虑到留出哪些域在合并时使用。

③ 如何创建数据清单？一般利用 Excel 2010 或者 Access 2010 把数据清单建立完整，在设计数据清单的字段时要充分考虑到与主文档中合并的域中的内容一致。

④ 如何进行邮件合并？利用"邮件合并"菜单，根据提示完成各项域的插入，并生成正确的文档。

 技能目标

① 理解邮件合并的概念及应用范围。
② 学会主文档和数据源的设计与创建。
③ 熟练掌握邮件合并的过程。

项目详解

项目要求1：利用 Word 程序建立图 7-1 所示的主文档"工资单"。

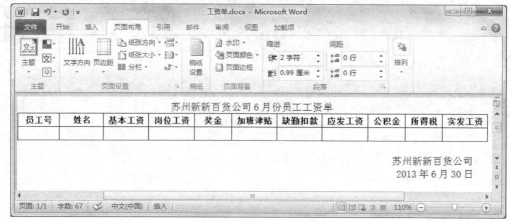

图 7-1 "工资单"样稿

 **知识储备**

（1）邮件合并

在邮件文档（主文档）的固定内容中，合并一组与发送信息相关的通信资料（也称为数据源，如 Excel 工作表、Access 数据库等），从而批量生成需要的邮件文档，大大提高工作的效率。"邮件合并"功能除了可以批量处理信函、信封等与邮件相关的文档外，还可以轻松地批量制作标签、工资条、成绩单、通知书等。

使用邮件合并功能，可以创建以下项目。

一组标签或信封：所有标签或信封上的寄信人地址均相同，但每个标签或信封上的收信人地址将各不相同。

一组套用信函、电子邮件或传真：所有信函、邮件或传真中的基本内容都相同，但是每封信、每个邮件或每份传真中都包含特定于各收件人的信息，如姓名、地址或其他个人数据。

一组编号赠券：除了每个赠券上包含的唯一编号外，这些赠券的内容完全相同。

 **操作步骤**

新建一个 Word 文档，设计工资单内容，并进行格式调整，以文件名"工资单.docx"进行保存。

提示

　　主文档是开始文档，是固定不变的主体内容，如信函内容、信封落款等。需要将它的大小和形状设置为与想要的最终信函、电子邮件、信封、标签、优惠券或其他文档的大小和形状相同。使用邮件合并之前先建立主文档，是一个很好的习惯。一方面可以考查预计中的工作是否适合使用邮件合并；另一方面是主文档的建立，为数据源的建立或选择提供了标准和思路。当然，也可以在邮件合并的过程中进行主文档的建立。

项目要求2：利用 Excel 程序建立图7-2所示的数据源文件"员工工资信息"。

	A	B	C	D	E	F	G	H	I	J	K
1	员工号	姓名	基本工资	岗位工资	奖金	加班津贴	缺勤扣款	应发工资	公积金	所得税	实发工资
2	0101	张小红	1500	1600	800	1030	140	5070	1053	195	3822
3	0102	李红明	1000	800	400	859	0	3059	673	53	2333
4	0103	王明	2000	2200	1100	868	381	6549	1273	312	4964
5	0104	张玲	1400	1500	700	494	0	4094	900	134	3060
6	0105	阳山	2000	2200	1200	630	0	6030	1326	340	4364
7	0106	余珊	900	700	500	136	145	2381	460	2	1919
8	0107	杨志军	700	900	500	272	72	2444	506	10	1928
9	0108	顾远鹏	2000	2300	1300	195	977	6772	1060	199	5513

图7-2 "员工工资信息"样稿

知识储备

（2）数据源文件

有时称为数据源或数据列表，是将信息组织到列和行中的任意文件。可以使用许多不同的程序创建数据文件，如 Outlook 中的联系人列表、Word 中创建的表格、Excel 工作表、Access 数据库，甚至文本文件等。数据文件中的列代表类别，每一行代表完整的记录。

要在邮件合并中使用的唯一信息（唯一信息是在创建的每个合并副本中不同的信息。例如，唯一信息可能是信封或标签上的地址、套用信函的问候行中的姓名、发送给员工的电子邮件中的薪水金额、邮寄给最佳客户的明信片中有关其最喜爱产品的说明等）必须存储在数据文件中。通过数据文件的结构，可以使该信息的特定部分与主文档中的占位符相匹配。

操作步骤

新建 Excel 工作簿，进行字段设计，输入记录，并保存为"员工工资信息.xlsx"。

项目要求3：通过邮件合并生成信函文档"合并完成后的文档.docx"。

知识储备

（3）文档类型

① 信函、电子邮件：将信函或电子邮件发送给一组人。

② 信封、标签：打印成组邮件的带地址信封或地址标签。将打开"信封选项"或"标签选项"对话框，可以在该对话框中对主文档进行设置。

③ 目录：创建包含目录或地址打印列表的单个文档。

（4）选取收件人

如果选择"从 Outlook 联系人中选择"，可以从 Outlook 联系人文件夹中选取姓名和地址。

如果还没创建数据源，则可以选择"键入新列表"选项，在弹出的"新建地址列表"对话框中进行创建，新列表以"Microsoft Office 通讯录（*.mdb）"文件的形式保存。在将来的邮件合并中，可以重新使用此文件。还可以通过在合并期间打开"邮件合并收件人"对话框，或在

Access 中打开此文件对记录进行更改。

如果已经准备好包含员工工资信息的 Excel 工作表或 Access 数据库，可单击"使用现有列表"，来定位该文件。

（5）域

域指在 Word 文档中自动插入文字、图形、页码和其他资料的一组代码，也是插入主文档中的占位符（占位符表明唯一信息将出现的位置及其内容），表示合并时在所生成的每个文档副本中显示唯一信息的位置。

在 Word 中有很多可以插入到文档中的其他域，可以显示有关文档的信息，执行某些计算或操作，例如文档的创建日期、打印日期、作者的姓名、在文档的某一节中计算和显示页数，或提示文档用户填充文字。例如，"Date"域自动将当前日期添加到套用信函的每个合并副本中；"PrintDate"域和"合并记录#"域将唯一编号添加到发票的每个副本中，"If...Then...Else..."域可用于在信函中打印公司地址或者家庭地址。

匹配域：为了确保 Word 在数据文件中可以找到与每一个地址或问候元素相对应的列，这时需要匹配域。

如果向文档中插入地址块域或问候语域，则将提示用户选择喜欢的格式。例如在"编写与插入域"组中单击"问候语"按钮时打开"插入问候语"对话框，如图 7-3 所示。可以使用"问候语格式"下的列表进行选择。

如果 Word 不能将每一问候或地址元素与数据文件中的列相匹配，则将无法正确地合并地址和问候语。为了避免出现问题，需要单击"匹配域"按钮，打开"匹配域"对话框，如图 7-4 所示。

地址和问候元素在左侧列出，数据文件的列标题在右侧列出。Word 搜索与每一元素相匹配的列。在图 7-4 中，Word 自动将数据文件的"姓名"列与"姓氏"匹配。但 Word 无法匹配其他元素。例如，在此数据文件中，Word 不能匹配"名字"或"地址 1"。

通过使用右侧列表，可以从数据文件中选择与左侧元素相匹配的列。在图 7-4 中，"名字"列与"名字"相匹配，"地址"列与"地址 1"相匹配。由于"尊称"和"单位"与所创建的文档无关，因此如果它们都不匹配，也不会存在问题。

图 7-3 "问候语"对话框

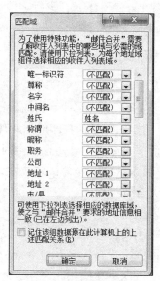

图 7-4 "匹配域"对话框

（6）邮件合并文档的保存

保存的合并文档与主文档是分开的。如果还要将主文档用于其他的邮件合并，需要保存主文档。保存主文档时，除了保存内容和域之外，还将保存与数据文件的链接。下次打开主文档时，将提示选择是否要将数据文件中的信息再次合并到主文档中。如果单击"是"，则在打开的文档中将包含合并的第一条记录中的信息。如果打开任务窗格（"工具"菜单→"信函与邮件"子菜单，"邮件合并"命令），将处于"选择收件人"步骤中。可以单击任务窗格中的超链接来修改数据文件，以包含不同的记录集或连接到不同的数据文件。然后单击任务窗格底部的"下一步"继续进行合并。如果单击"否"，则将断开主文档和数据文件之间的连接。主文档将变成标准 Word 文档，而域将被第一条记录中的唯一信息替换。

如果想把信函直接发 E-mail 给客户，可以在"选择文档类型"区选中"电子邮件"单选框。不过要注意：数据源表格中必须包含"电子信箱"字段，在"完成合并"时，"合并"区出现的是"电子邮件"链接。单击链接后，打开"合并到电子邮件"对话框，单击"收件人"框的下拉箭头，在弹出的列表中显示了数据源表格中的所有字段。选择"电子信箱"字段，然后在"主题行"框内输入电子邮件的主题，单击"确定"按钮，Word 就启动 Outlook 进行发送邮件的操作了。同时要注意你的 Outlook 能正常工作才能最终完成任务。

操作步骤

【步骤 1】 打开主文档"工资单.docx"。切换到"邮件"选项卡，在"开始邮件合并"组中单击"开始邮件合并"按钮，从弹出的下拉列表中选择"邮件合并分步向导"选项，此时，在窗口右侧弹出"邮件合并"任务窗格，如图 7-5 左图所示。

【步骤 2】 选择"信函"。单击任务窗格下方的"下一步：正在启动文档"，进入"选择开始文档"，如图 7-5 右图所示，选择"使用当前文档"。

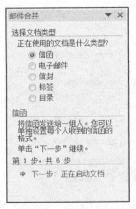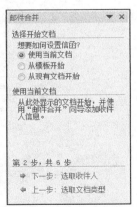

图 7-5 "邮件合并"任务窗格的步骤 1 和步骤 2

提示 如果已打开主文档，或者从空白文档开始，则可以单击"使用当前文档"。如果选择"从模板开始"或"从现有文档开始"，可以选择要使用的模板或文档。

【步骤3】 单击任务窗格下方的"下一步：选取收件人"，进入"选择收件人"，如图 7-6 所示。由于我们已经准备好了 Excel 格式的数据源"员工工资信息.xlsx"，于是可以在此选择"使用现有列表"，单击"浏览"按钮，打开"选取数据源"对话框，如图 7-7 所示。

图 7-6 "邮件合并"任务窗格的步骤 3

图 7-7 "选取数据源"对话框

为了提高效率，建议在之前就把数据源创建好。

【步骤4】 在该对话框中选择源文件"员工工资信息.xlsx"所在位置，选定源文件，单击"打开"按钮。由于该数据源是一个 Excel 格式的文件，接着弹出"选择表格"对话框，提示选择数据存放的工作表，如图 7-8 所示。

图 7-8 "选择表格"对话框

【步骤 5】 因为员工工资信息数据存放在"员工工资信息"工作表中，于是在员工工资信息被选中的情况下单击"确定"按钮，屏幕弹出"邮件合并收件人"对话框，如图 7-9 所示。可以在这里选择要合并到主文档的记录，默认状态是"全选"。

图 7-9 "邮件合并收件人"对话框

在此对话框中，若要按升序或降序排列某列中的记录，可单击列标题。若要筛选列表，可单击包含要筛选值的列标题旁的箭头，然后单击所需的值。

提示

对列表进行筛选之后，通过单击箭头，再单击"（全部）"，可以再次显示全部记录。清除记录旁的复选框可以排除该记录。如果是在邮件合并过程中创建的数据文件，本对话框中的"编辑"按钮为可用状态。

【步骤 6】 这里保持默认状态，单击"确定"按钮，返回 Word 编辑窗口。单击"下一步：撰写信函"，进入"撰写信函"步骤，如图 7-10 所示。

提示

这个步骤是邮件合并的核心，在这里要把数据源中的相关字段插入主文档中的恰当位置。

【步骤 7】　先把光标定位在"员工号"下面的单元格内,单击任务窗格中的"其他项目"链接,打开"插入合并域"对话框,如图 7-11 所示。

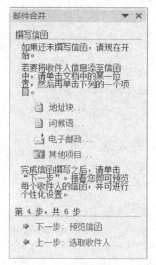

图 7-10　"撰写信函"步骤　　　　图 7-11　"插入合并域"对话框

"数据库域"单选框被默认选中,"域(F):"下方的列表中出现了数据源表格中的字段。选中"员工号",单击"插入"按钮后,数据源中该字段插入了主文档中,插入的字段都被《 》符号括起来。

【步骤 8】　关闭"插入合并域"对话框,用同样的方法把数据源中的"姓名、基本工资、岗位工资、奖金、加班津贴、缺勤扣款、应发工资、公积金、所得税、实发工资"字段插入到主文档中相应位置,字段插入完成后效果如图 7-12 所示。

苏州新新百货公司 6 月份员工工资单										
员工号	姓名	基本工资	岗位工资	奖金	加班津贴	缺勤扣款	应发工资	公积金	所得税	实发工资
《员工号》	《姓名》	《基本工资》	《岗位工资》	《奖金》	《加班津贴》	《缺勤扣款》	《应发工资》	《公积金》	《所得税》	《实发工资》
								苏州新新百货公司		
								2013 年 6 月 30 日		

图 7-12　插入合并域后的效果

提示　　　　每插入一个合并域后,都要将"插入合并域"对话框关闭,才能进行下一个域的插入。

【步骤 9】　检查确认每个域都正确之后,单击"下一步:预览信函",进入"预览信函"步骤。可以看到刚才主文档中带有"《 》"符号的字段变成数据源表中的第一条记录中信息的具体内容,如图 7-13 所示。

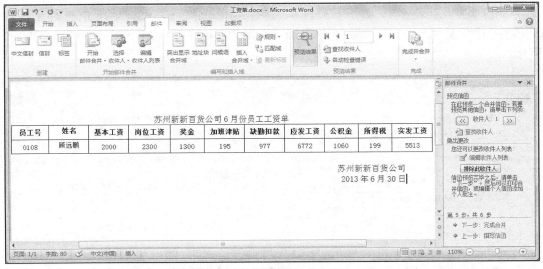

图 7-13　"预览信函"步骤

提示

　　通过单击任务窗格中的"查找收件人"可以预览特定收件人的文档。如果不希望包含正在查看的记录，可单击"排除此收件人"。单击"编辑收件人列表"可以打开"邮件合并收件人"对话框，可在此处对列表进行筛选。单击任务窗格中的"《"或"》"按钮可以浏览批量生成的其他信函，此时可对信函进行格式和位置的调整。

【步骤 10】　单击"下一步：完成合并"，就进入了"完成合并"步骤，如图 7-14 所示。

提示

　　如果选择"编辑单个信函"则可以把合并文档保存在新的文档中；如果选择"打印"链接就可以批量打印合并得到的多份信函了，在弹出的"合并到打印机"对话框中还可以指定打印的范围。

【步骤 11】　单击"编辑单个信函"按钮，弹出"合并到新文档"对话框，如图 7-15 所示，选择"全部"，单击"确定"按钮。

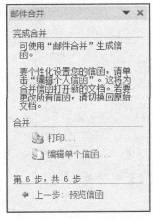

图 7-14　"完成合并"步骤

图 7-15　"合并到新文档"对话框

系统自动生成新文档"信函 1"，并显示出所有合并后的信函，Word 将把所有信函保存到单个文件中，此处每页一封，如图 7-16 所示，此时把文档保存为"合并完成后的文档.docx"即可。

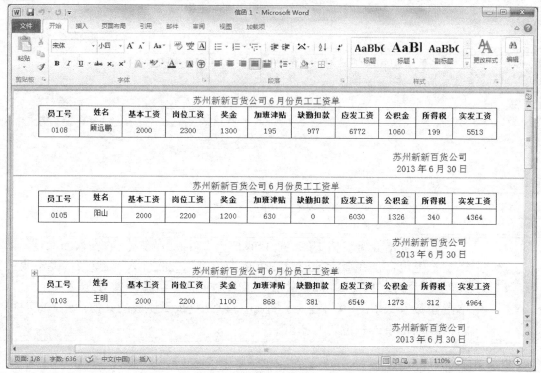

图 7-16　合并完成后的文档

 拓展练习

根据以下步骤，完成录取通知书的制作。

① 利用Word程序建立图7-17所示的主文档"录取通知书.docx"。

> ＿＿＿＿＿同学：
>
> 　　您已被我校＿＿＿＿＿＿＿＿＿＿（系）＿＿＿＿＿＿＿＿＿＿专业录取，学制＿＿＿＿年，请于＿＿＿＿＿＿＿＿到＿＿＿＿＿＿＿＿持本通知书到我校报到。
>
> 　　　　　　　　　　　　　　　　　　　　　XXX 学院
> 　　　　　　　　　　　　　　　　　　　　　2013 年 8 月 19 日

图 7-17　"录取通知书"样稿

② 利用Excel程序建立图7-18所示的数据源文件"学生信息.xlsx"。

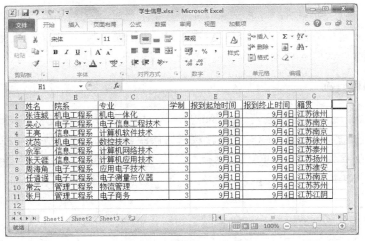

图 7-18　"学生信息"源文件

③ 通过邮件合并生成图7-19所示的信函文档"合并后的录取通知书.docx"。

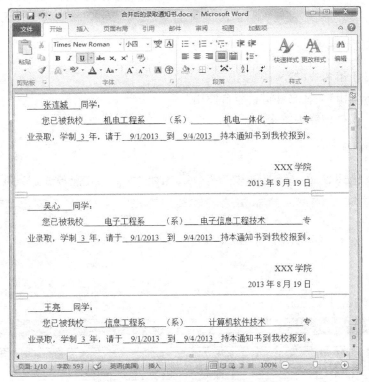

图 7-19　"合并后的录取通知书"样稿

7.2　专业文稿的制作

 项目情境

　　小王去看望自己的好朋友小牧。小牧正在计算机前一份又一份地制作这几天要上交的月报表，小王看了一下，那些报表格式都相同，只是数据不同，告诉小牧其实不用每次都去制作，如果用模板来解决就轻松多了。小牧赶紧让出位子，看着小王先利用模板制作报表的格式和数据清单的格式，并建立两者间的链接。一会儿工夫，小王说："好了，以后每天使用时只需要利用模板生成实例文件，填入数据即可自动生成新的报表。"

 项目分析

① 用什么做？每年一度的报表，或者每月每天的报表，大多是报表格式相同，数据不同，每次都去制作，会增加工作量。这时如果用模板来解决就轻松多了。先利用模板制作出报表的格式和数据清单的格式，并建立两者间的链接，以后每次使用时只需要利用模板生成实例文件，填入数据即可自动生成新的报表。Excel 模板怎么建立？设计相应的字段，并处理好数据与公式，另存为模板文件。

② Word 模板怎么建立？先进行文档编辑与格式处理，再建立与 Excel 模板数据之间的链接关系，另存为模板文件即可。

③ 怎样利用模板生成新的统计表和汇报单？利用 Word 模板新建汇报单文件，并在 Word 文件中双击链接的表格，进行统计表中数据的输入，并将数据另存为工作簿文件，再保存汇报单文件为 Word 文档。

 技能目标

① 学会 Word 和 Excel 模板的制作。
② 能对 Word 和 Excel 文件进行整合使用。
③ 学会利用模板创建实例文件。

 项目详解

项目要求 1：制作图 7-20 所示的工作表模板"2013 年豆浆机个人销售业绩统计模板.xltx"。

图 7-20　工作表模板样稿

 知识储备

（1）模板创建

模板是一种特殊的文档，它决定了文档的基本结构和文档设置，包含了文本、图像、标题、段落等格式和样式，利用模板可以快速创建一些较复杂的文档。经常使用的格式和样式，做成模板后，可以多次使用，简化办公活动中各项具体工作的重复操作过程，在保证工作质量的前提下，提高工作效率。

Office 提供了一系列模板，它将日常办公活动中最常用的规范文档固定化。使用者在此基础上，只要熟悉业务，就可以用类似于"填空"的方式，快速完成规范文档的制作，而且可以保证同类文档具有相对固定的风格，形成职业化办公状态。甚至通过"模板"的使用，还可以从中体会到相关办公活动的规则。此部分内容以 Word 程序的模板管理为例进行讲解，其他程序可参考使用。

① 根据原有文档创建模板。单击"文件"按钮，在左侧窗格中选中"新建"菜单项，在右侧的"可用模板"列表中选择"根据现有内容新建"选项，系统弹出"根据现有工作簿新建"对话框，如图 7-21 所示。选择所需文档并打开。单击"文件"按钮，从左侧窗格中选中"另存为"菜单项，在弹出的"另存为"对话框中，"保存类型"工具为"Excel 模板（*.xltx）"，选择要保存的位置，在"文件名"中输入模板文件名，单击"保存"按钮。

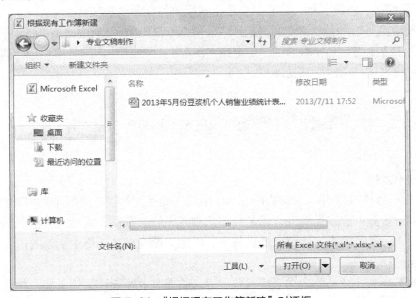

图 7-21 "根据现有工作簿新建"对话框

② 根据原有模板创建新模板。单击"文件"按钮，在左侧窗格中选中"新建"菜单项，在右侧"可用模板"列表中的"Office.com 模板"下方选择与要创建的模板相似的模板选项，如图 7-22 所示。单击"下载"按钮，弹出"正在下载模板"对话框，下载完毕系统自动打开文件。

图 7-22 根据原有模板创建

在新模板中进行内容与格式的编辑和修改，单击"文件"按钮，从左侧窗格中选中"另存为"菜单项，在"保存类型"框中，选择"Excel 模板"。在"文件名"框中输入新模板的名称，然后单击"保存"按钮。

③ 自定义模板。新建文档，调整好模板格式后再另存为模板文件。

基于模板创建文档：单击"文件"按钮，在左侧窗格中选中"新建"菜单项，在右侧的"可用模板"列表中选择需要的模板选项，如选择"样本模板"，则出现"样本模板"列表。选定所需模板，再单击右侧"创建"按钮即可。

提示　**可以双击模板文件快速生成基于此模板的文档文件。**

（2）数据有效性

Excel 数据有效性验证可以定义要在单元格中输入的数据类型。例如，仅可以输入从 A 到 F 的字母。可以设置数据有效性验证，以避免用户输入无效的数据，或者允许输入无效数据，但在用户结束输入后进行检查。还可以提供信息，以定义期望在单元格中输入的内容，以及帮助用户改正错误的指令。

当设计的工作表要被其他人用来输入数据时，数据有效性验证尤为重要。如果输入的数据不符合要求，Excel 将显示一条提示消息。

① 有效性条件。Excel 可以为单元格指定图 7-23 所示类型的有效数据。

数值：指定单元格中的条目必须是整数或小数。可以设置最小值或最大值，将某个数值或范围排除在外，或者使用公式计算数值是否有效。

序列：为单元格创建一个选项序列，只允许在单元格中输入这些值。用户单击单元格时，将显示一个下拉箭头，从而使用户可以轻松地在列表中进行选择。

日期和时间：可以设置最小值或最大值，将某些日期或时间排除在外，还可以使用公式计算日期或时间是否有效。

长度：限制单元格中可以输入的字符个数，或者要求至少输入的字符个数。

② 显示的信息类型。对于所验证的每个单元格，都可以显示两类不同的信息：一类是用户输入数据之前显示的信息；另一类是用户尝试输入不符合要求的数据时显示的信息。

输入信息：一旦用户单击已经过验证的单元格，便会显示此类消息。可以通过输入信息来提供有关要在单元格中输入的数据类型的指令，如图 7-24 所示。

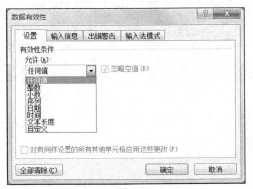

图 7-23　允许的有效性数据类型

图 7-24　显示输入信息

错误警告：仅当用户输入无效数据并按下 <Enter> 键时，才会显示此类信息，可以在图 7-25 所示的 3 类样式中进行选择。

停止：显示此类信息表明不允许输入无效数据。它包含文本、停止图标和两个按钮："重试"用于返回单元格进一步进行编辑；"取消"用于恢复单元格的前一个值，如图 7-26 所示。

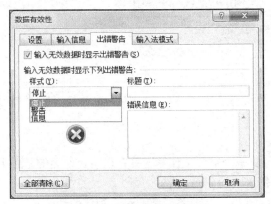

图 7-25　"出错警告"的样式

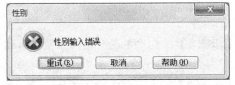

图 7-26　"停止"对话框

提示　不能将此类信息作为一种安全措施。虽然用户无法通过输入和按 <Enter> 键输入无效数据，但是他们可以通过复制和粘贴或者在单元格中填写数据的方式来通过验证。

警告：显示此类信息并不会阻止输入无效数据。它包含文本、警告图标和 3 个按钮："是"用于在单元格中输入无效数据；"否"用于返回单元格进一步进行编辑；"取消"用于恢复单元格的前一个值，如图 7-27 所示。

信息：显示此类信息并不会阻止输入无效数据。除所提供的文本外，它还包含一个信息图标、一个"确定"按钮（用于在单元格中输入无效数据）和一个"取消"按钮（用于恢复单元格中的前一个值），如图 7-28 所示。

图 7-27 "警告"对话框

图 7-28 "信息"对话框

如果未指定任何信息，则 Excel 会标记用户输入数据是否有效，以便以后进行检查，但用户输入的数据无效时，它不会通知用户。

③ 输入法模式。在 Excel 录入数据时切换输入法会大大影响录入速度，为此，Excel 2010 可以根据用户要输入的内容自动切换输入法。

输入法模式可以在图 7-29 所示的 3 类模式中选择。

图 7-29 "输入法模式"设置

随意：保持当前输入法。

打开：自动切换到中文输入法状态。

关闭（英文模式）：自动切换到英文输入法状态。

 **操作步骤**

【步骤 1】 启动 Excel 2010，系统自动创建一个空白工作簿，并在已有文件名的基础上为它临时取名为"工作簿 1""工作簿 2""工作簿 3"……

【步骤 2】 在 A1 中输入表格标题"2013 年度____月份豆浆机个人销售业绩统计表"。选择"A1:K1"区域，切换到"开始"选项卡，在"对齐方式"组中单击"合并后居中"按钮。可以看到标题文字横跨所选单元格区域的所在列，并处在这几列的中央位置。

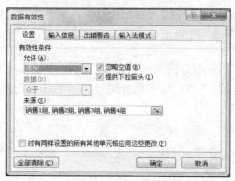

图 7-30 "数据有效性"对话框设置

【步骤 3】 在"A3:K3"单元格中按照样稿输入"姓名""销售组"和各产品名称。在"A4:A15"单元格中按照样稿输入相应销售员的姓名,并进行相应的边框和底纹的格式设置。

【步骤 4】 选中单元格区域"B4:B15",切换到"数据"选项卡,在"数据工具"组中单击"数据有效性"按钮,弹出"数据有效性"对话框。切换到"设置"选项卡,在有效性条件的"允许"下拉列表框中选择"序列",在"来源"文本框中输入"销售1组,销售2组,销售3组,销售4组",如图7-30所示。

提示	每个数据选项之间用英文逗号隔开,最后一个不需要逗号。

【步骤 5】 单击"确定"按钮,参照图7-30所示,选择每位销售员工的"销售组"。

【步骤 6】 选定单元格 K4,切换到"公式"选项卡,单击"函数库"组中的"自动求和"按钮,在弹出的下拉列表中选择"求和"选项,在单元格 K4 中显示"=SUM()"。用鼠标选择计算区域"C4:J4",选择好后再按回车键确认。选定 K4,对该列的其余单元格进行公式复制填充。

【步骤 7】 用鼠标拖动选中单元格区域"C4:J15",再按住<Ctrl>键单击 A1 单元格,切换到"开始"选项卡,单击"单元格"组中的"格式"按钮,在弹出的下拉列表中取消"锁定单元格"选项,或选中"设置单元格格式"选项,弹出"设置单元格格式"对话框,切换到"保护"选项卡,取消"锁定"选项,如图7-31所示,单击"确定"按钮。

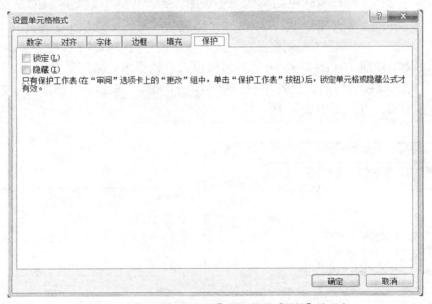

图 7-31 "设置单元格格式"对话框的"保护"选项卡

【步骤 8】 选择要进行保护的工作表。切换到"开始"选项卡,单击"单元格"组中的"格式"按钮,在弹出的下拉列表中选择"保护工作表"选项,弹出"保护工作表"对话框,如图7-32所示。在此对话框中选择保护内容,以及允许其他用户进行修改的内容。单击"确定"按钮。

图 7-32 "保护工作表"对话框

工作表被保护后，只有未锁定的区域"C4:J15"可以输入内容，在其他任意单元格内输入内容时，系统会提示图 7-33 所示警告框，用户无法输入内容。

图 7-33 试图修改被保护单元格内容的警告框

提示

如下操作步骤也能实现工作表的保护及可编辑数据区域的设置。

选定单元格区域"C4:J15"，切换到"审阅"选项卡，单击"更改"组中的"允许用户编辑区域"按钮，屏幕显示图 7-34 所示对话框。单击"新建"按钮，在图 7-35 所示对话框中可以设置单元格区域及密码，单击"权限"按钮还可以设置各用户权限，单击"确定"按钮，再选择"保护工作表"按钮，进行工作表保护即可。

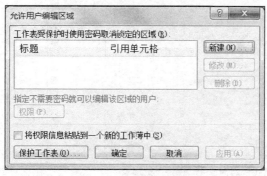

图 7-34 允许用户编辑区域

图 7-35 区域与密码设置

【步骤 9】 单击"文件"按钮，选择"另存为"菜单项，在弹出的"另存为"对话框中，先选择"保存类型"为"Excel 模板（*.xltx）"，再选择要保存的位置，系统默认为"Templates"。在"文件名"中输入"2013 年豆浆机个人销售业绩统计模板"，如图 7-36 所示，单击"保存"按钮，完成模板创建。

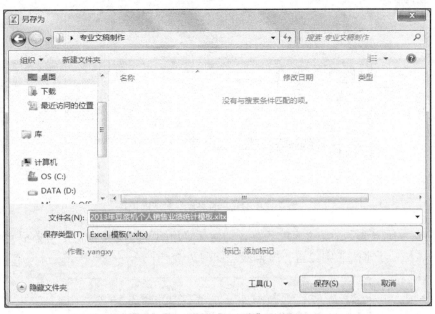

图 7-36　模板"另存为"对话框

项目要求 2：制作成 Word 模板"2013 年度豆浆机个人销售业绩汇报单.dotx"。

**操作步骤**

【**步骤 1**】　新建 Word 文档，输入图 7-37 所示文字，在插入日期时选择"自动更新"，方便每月使用。

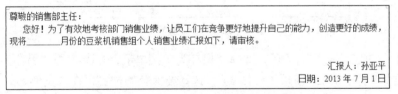

图 7-37　"个人销售业绩汇报单"的文字

【**步骤 2**】　打开 Excel 模板文件"2013 年豆浆机个人销售业绩统计模板.xltx"，选中区域"A1:K15"，执行"复制"命令。

　模板文件的常用打开方式有两种：单击"文件"按钮，选择"打开"菜单项，弹出"打开"对话框，在"文件类型"下拉列表中选择"模板"，找到并打开要修改的模板；或者在模板文件上单击右键选择打开，切记不要用双击方式打开文件，否则将利用模板文件生成一个此模板的实例。

【**步骤 3**】　切换到 Word 文档，光标定位在第三段的起始位置处。切换到"开始"选项卡，单击"剪贴板"组中的"粘贴"按钮，在弹出的下拉列表中选择"选择性粘贴"选项，弹出"选择性粘贴"对话框，如图 7-38 所示。选择"粘贴链接"项，"形式"为"Microsoft Office Excel 工作表对象"，单击"确定"按钮。

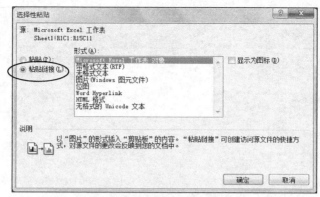

图 7-38　"选择性粘贴"对话框

【步骤4】　单击选定粘贴过来的表格，切换到"开始"选项卡，单击"段落"组中的"居中"对齐，表格处于水平居中位置，屏幕显示如图 7-39 所示。

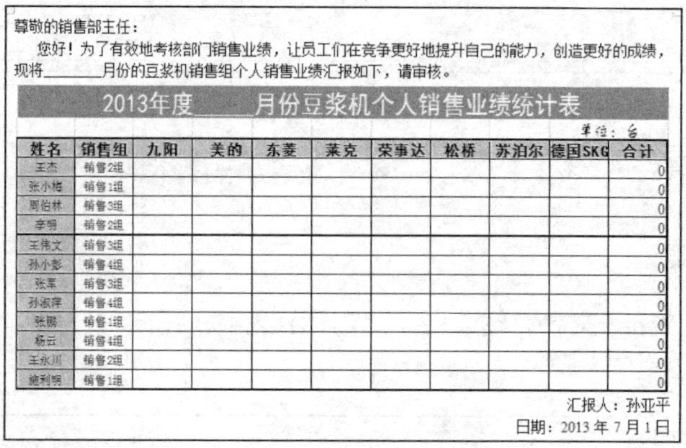

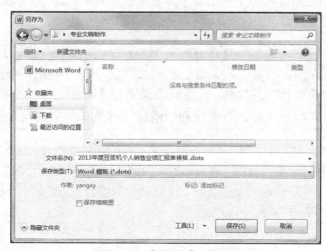

图 7-39　Word 模板样稿

【步骤5】　单击"文件"按钮，选择"另存为"菜单项，在弹出的"另存为"对话框中，选择"保存类型"为"Word 模板（*.dotx）"，选择要保存的位置，在"文件名"文本框中输入"2013 年度豆浆机个人销售业绩汇报单模板.dotx"，如图 7-40 所示。单击"保存"按钮，完成模板创建。

图 7-40　"另存为"对话框

项目要求 3：根据模板完成 6 月份的豆浆机个人销售业绩汇报单和个人销售业绩统计表。生成实例文件“2013 年度 6 月份豆浆机个人销售业绩汇报单.docx”和“2013 年度 6 月份豆浆机个人销售业绩统计表.xlsx”。

操作步骤

【步骤 1】 双击 Word 模板文件“2013 年度个人销售业绩汇报单模板.dotx”，此时屏幕显示图 7-41 所示对话框。选择“是”让数据随着链接的文件更新。此时生成一个基于模板创建文档，系统默认给出文件名为“文档 1”。

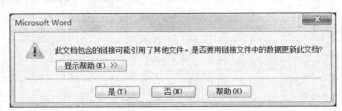

图 7-41 打开有链接的模板文件时的警告提示

【步骤 2】 双击文档中的链接表格，系统自动打开“2013 年个人销售业绩统计模板.xltx”，此时可在工作表中输入 6 月份的相应统计数据。

【步骤 3】 在标题“月份”前输入“6”，再输入各项销售数据。数据输入完成后，在 Excel 程序中单击“文件”按钮，选择“另存为”菜单项，在弹出的“另存为”对话框中选择保存类型为“工作簿（*.xlsx）”，文件名为“2013 年 6 月份豆浆机个人销售业绩统计表.xlsx”，单击“保存”按钮。关闭 Excel 程序，6 月份的统计表会自动保存好，如图 7-42 所示。

姓名	销售组	九阳	美的	东菱	莱克	荣事达	松桥	苏泊尔	德国SKG	合计
王杰	销售2组	233		111						344
张小梅	销售1组		164			90				254
周伯林	销售3组				99			165		264
李明	销售2组	189		100						289
王伟文	销售3组				67			100		167
孙小彭	销售4组						60		90	150
张军	销售3组				88			150		238
孙淑萍	销售4组						78		106	184
张鹏	销售1组		120			85				205
杨云	销售4组						99		145	244
王永川	销售2组	250		130						380
施利明	销售1组		166			92				258

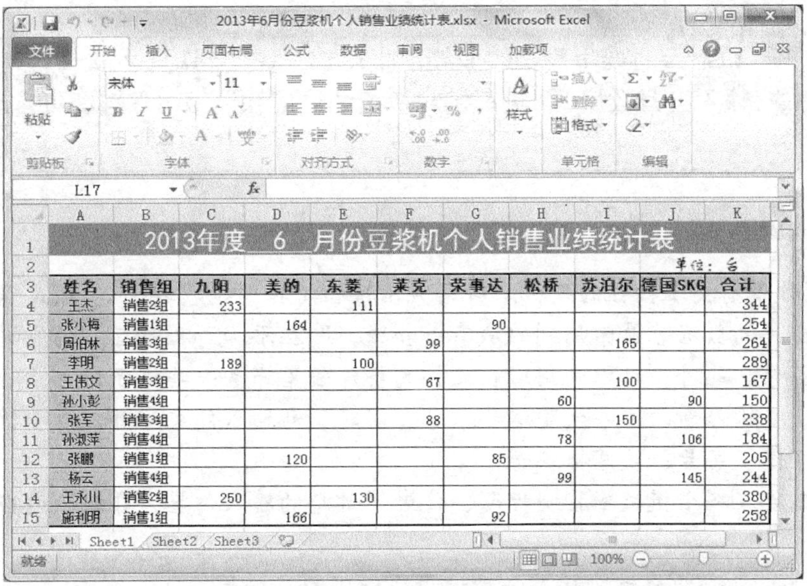

图 7-42 2013 年 6 月份豆浆机个人销售业绩统计表

【步骤 4】 此时 Word 文档中已经自动更新了 6 月份的数据，如图 7-43 所示。在“月份”前输入“6”，单击“文件”按钮，选择“另存为”或者“保存”菜单项，在弹出的“另存为”对话框中选择“保存类型”为“Word 文档（*.docx）”，选择要保存的位置，在“文件名”中输入“2013 年度 6 月份豆浆机个人销售业绩汇报单.docx”，单击“保存”按钮，则生成 6 月份汇报单。

【步骤 5】 此时屏幕弹出图 7-44 所示"是否也保存对文档模板的更改"警告对话框，单击"否"，不修改模板。

图 7-43 2013 年度 6 月份豆浆机个人销售业绩汇报单

图 7-44 "保存"警告对话框

提示

以后每月要生成销售业绩汇报单都只需要利用 Word 模板生成实例文档，输入当月数据，再进行销售业绩统计表和汇报单保存即可自动生成相应文件。

 知识扩展

（1）制作带有提示按钮的模板。所谓提示按钮是指一个"域"。域是保存在文档中的可能发生变化的数据。最常用到的域有 Page 域，即在添加页码时插入的能够随文档的延伸而变化的符号。此外，可以利用域在文档的特殊位置布置一些提示信息，告诉用户可以单击该信息，并输入新的文字代替这些信息。同时，新输入的文字可以继承提示信息的外观特征，如字体、字号、段落特点等。

例如，需要在一个模板中指明标题、作者等信息的输入位置，并赋予适当的格式，操作步骤如下。

① 按<Ctrl＋F9>组合键，插入一对标明域代码的花括号"{}"。

② 在花括号之间键入"MacroButton NoMacro [单击此处输入文档标题]"或"MacroButton NoMacro [单击此处输入作者姓名]"。

③ 对插入的域和文字进行必要的格式设置，如图 7-45 所示。

{ **MacroButton NoMacro** [单击此处输入文档标题] }

{ MacroButton NoMacro [单击此处输入作者姓名] }

图 7-45 插入域代码

④ 在域的上方单击鼠标右键，并选择"切换域代码"。

经过以上的设置，可以在屏幕上得到带有相应格式的两条信息，如图7-46所示。

[单击此处输入文档标题]

[单击此处输入作者姓名]

图 7-46 切换域代码后的效果

使用鼠标单击每个提示的结果，该提示将处于被选中的状态，如图7-46所示。如果输入文字，它将替换提示。

 提示　　插入域代码时需要注意，标识域代码的花括号不能使用键盘上的现有符号输入，而必须使用 Word 制定的组合键。

（2）Word文档模板管理。共用模板：该模板可存储宏、"自动图文集"词条，以及自定义工具栏、菜单和快捷键设置。默认情况下，Normal 模板是共用模板，可用于任何文档类型，可修改该模板，以更改默认的文档格式或内容，所含设置适用于所有文档。

文档模板：所含设置仅适用于以该模板为基础的文档。

保存在"Templates"文件夹中的文档模板文件会出现在"我的模板"选项中。例如新建模板"演示.dotx"，保存在"Templates"文件夹中。当单击"文件"按钮，选择"新建"菜单项后，选择"我的模板"，弹出"新建"对话框，如图7-47所示。

图 7-47 "新建"对话框

如果要在"新建"对话框中创建自定义的选项卡，可在"Templates"文件夹中创建新的子文件夹，然后将模板保存在该子文件夹中。这个子文件夹的名字将出现在新的选项卡上。例如，在"Templates"文件夹中创建子文件夹"我的模板"，新建模板文件"自定义模板.dotx"保存在"我的模板"文件夹中。当单击"文件"按钮，选择"新建"菜单项后，选择"我的模板"选项，弹出的"新建"对话框如图7-48所示。

图7-48 "我的模板"选项卡

> 保存模板时，Word 会默认指定位置为"Templates"文件夹及其子文件夹（此默认位置可以通过单击"文件"按钮，选择"选项"菜单项，从弹出的"word 选项"对话框中选择"高级"选项，在右侧列表的"常规"中单击"文件位置"按钮，出现"文件位置"对话框，选择"修改"按钮进行设置，如图 7-49 所示）。如果将模板保存在其他位置，该模板将不出现在"新建"对话框中。保存在"Templates"文件下的任何文档（.docx）文件都可以起到模板的作用。

图7-49 "文件位置"对话框

处理文档时，通常情况下只能使用保存在文档附加模板或Normal模板中的设置。要使用保存在其他模板中的设置，必须将其他模板作为共用模板加载。加载模板后，以后运行Word时都可以使用保存在该模板中的内容。

① 加载模板和加载项。

提示　　加载项是通过添加自定义命令和特定功能，安装用于扩展 Microsoft Word 功能的附加程序。

单击"文件"按钮中的"选项"菜单项，在弹出的"Word选项"对话框中选择"加载项"选项，在右侧"管理"下拉列表中选择"模板"，单击"转到"按钮，弹出"模板和加载项"对话框，如图7-50所示。选择"模板"选项卡，在"共用模板及加载项"列表框中，选中要加载的模板或加载项旁边的复选框。如果框内未列出需要的模板或加载项，可单击"添加"按钮，切换到包含所需模板或加载项的文件夹，单击该模板或加载项，再单击"确定"按钮。

图 7-50　"模板和加载项"对话框

加载模板或加载项之后，它只在当前的Word会话中保持加载状态。如果退出并重新启动Word，该模板或加载项不会自动重新加载。如果要在每次启动Word时加载加载项或模板，要将加载项或模板复制到"Microsoft Office Startup"文件夹中。

提示　　若要查看或更改 Startup 文件夹的位置，可单击"文件"按钮，选择"选项"菜单项，从弹出的"Word 选项"对话框中选择"高级"选项，在右侧列表的"常规"中单击"文件位置"按钮，出现"文件位置"对话框，如图7-49 所示。

② 卸载共用模板或加载项。若要节省内存并提高Word的运行速度，卸载不常用的模板和加载项是很好的方法。如果卸载的模板或加载项位于Startup文件夹中，则Word在当前会话中将其卸载，但在下次启动Word时会自动重新加载。如果卸载的模板或加载项位于其他文件夹中，则必须重新加载才能再次使用。

切换到"模板和加载项"对话框中的"模板"选项卡。若要卸载一个模板或加载项并将其从"共用模板及加载项"框中删除，可在框内单击此项，然后单击"删除"按钮。

当所选模板位于 Startup 文件夹中时，"删除"按钮无法使用。

卸载模板或加载项，并非将其从计算机上删除，只是使其不可用而已。模板或加载项的存储位置决定了启动Word时是否会加载它。

（3）模板位置。文档模板可以存储到硬盘，包括在文档库中，或作为工作组模板。

文档库是在其中共享文件集合的文件夹，这些文件通常使用同一个模板。库中的每个文件都与用户定义的信息相关联，这些信息显示在为该库列出的内容中。

在使用模板时，"用户模板"和"工作组模板"的文件位置设置这两个因素决定哪个文档模板可用，以及每个模板显示在"模板"对话框的哪个选项卡。模板的默认位置和启动文件夹被认为是可靠的位置。

工作组模板：在此位置保存的模板与在用户模板文件位置保存的模板基本相同，只是此位置通常是网络驱动器上的共享文件夹。可以将在网络中共享的模板保存在由"文件位置"对话框中指定的"工作组模板"文件位置中。若要防止自定义模板不慎被其他模板替换，应该将其标记为只读或保存在限制访问权限的服务器中。

（4）修改模板。如果要修改模板，则所进行的更改会影响根据该模板创建的新文档。更改模板后，并不影响基于此模板的原有文档的内容。

单击"文件"按钮，选择"打开"菜单项，在"文件类型"列表中选择"Word模板"。然后找到并打开要修改的模板，更改模板中的文本和图形、样式、格式、宏、自动图文集词条、工具栏、菜单设置和快捷键。单击"快速访问工具栏"中的"保存"按钮进行保存。

也可以在模板文件上单击右键，选择"打开"命令打开此模板文件。只有在选中"自动更新文档样式"复选框的情况下，打开已有文档时，Microsoft Word 才更新修改过的样式。设置此选项，可在图 7-50 所示的"模板和加载项"对话框中进行设置。

7.3 常用工具软件

 技能目标

① 掌握一个下载管理软件。

② 通过一个图片编辑软件，掌握图片的简单编辑——调整尺寸。

③ 理解文件大小对网络传输的影响，掌握一个文件（夹）的压缩和解压软件的使用。

④ 掌握一个纯文本文件编辑器软件的简单使用。

⑤ 了解虚拟技术，掌握一个虚拟光驱及光盘镜像的使用。

⑥ 了解 U 盘的一些特殊用途，掌握一个 U 盘引导系统制作软件。

⑦ 理解各种音视频文件，掌握一个影音播放软件的使用。

⑧ 理解通过各种工具软件的使用，可以积累、领会使用计算机的好方法和途径。

 项目情境

小王在使用学习使用计算机过程中，对各种各样软件见得越来越多，对计算机使用越来越有熟悉，对"计算机能做什么"已经有点头绪，但思路还是不够清晰。学习计算机使用的方法还比较被动。他想找到更好的学习计算机的方法。

 项目分析

① 计算机能做什么？计算机是人脑的延伸，只要你想做的事，计算机大多都能帮你。计算机主要依靠硬件、借助安装在计算机中的软件，能帮你完成各种各样的工作任务。

② 计算机软件的分类？按主流下载网站——太平洋下载（http://dl.pconline.com.cn/）的通俗分类，软件分为网络工具、应用工具、影音工具、系统工具、游戏娱乐、行业软件、图形图像、教育软件、病毒安全、手机软件、编程开发、其他软件等。

③ 如何学习使用常用工具软件？从简单的、最常用的工具软件开始学习，在学习工作过程中不断学习其他软件，提升使用工具软件能力。

 重点集锦

1．文件、软件和程序，三者的区别

软件是程序加文档的集合体，一个软件大多由很多文件组成，其中总有一个程序文件作为整个软件的主（运行）文件，其他的文件可以是辅助的程序文件或者各种数据、文档文件。

如果一个软件只有一个文件组成，则这个文件肯定是一个可以执行的程序文件。

计算机中的文件是一般用户可见、可操作的计算机中信息（代码）存在的形式。

程序是计算机中完成一定功能的代码序列和相关数据的集合。通常以程序文件的形式存在。

2．软件按安装方式分类，分为哪些类型

分为标准安装软件、绿色软件。

标准安装软件：要专门运行安装程序文件，一步一步安装后才能使用的软件。

绿色软件：多数为免费软件，最大特点是指通常不用安装，下载的文件或者下载的压缩包解压后就直接可以使用的软件；有的要简单绿化后才可以使用。绿色软件大多不是软件商正式发布的，有极大的可能会隐藏病毒木马，使用前要杀毒检查。

3．软件要如何卸载

标准安装软件的卸载：要运行卸载程序才能卸载整个软件。

绿色软件的卸载：直接删除软件文件夹；或者先反绿化——卸载后，删除文件夹就相当于卸载了整个软件。

 项目详解

此项目涉及多个软件，它们之间的关联性不强，因此分成多个小任务来熟悉软件的使用。

任务 1——下载管理软件

小王想在网上下载一些电影来观看，但是发现很多网站上下载下来的电影不是高清的，而且下载速度非常慢，于是他想有没有办法通过迅雷来下载高清电影而且下载速度要快。

任务 1 要求： 下载软件——迅雷的使用。

 **知识储备**

迅雷 7 是一款下载软件，支持同时下载多个文件，支持普通文件下载，也支持通过 BT，电驴等各种下载软件的种子文件开展下载，是下载电影、视频、软件、音乐等各种文件很好的快速下载管理软件。

【下载安装迅雷】

 **操作步骤**

【步骤 1】 在"迅雷 7"官方网站（http://www.xunlei.com/）中下载"迅雷 7"软件。

【步骤 2】 软件下载到本地后，打开软件安装包，出现安装向导后即可开始安装。

【步骤 3】 迅雷 7 安装完成，如果不想将迅雷看看设为首页，也不想看迅雷 7 新版本的特性，那么请去掉此两项前面的勾选(默认为勾选)，然后单击"完成"按钮即可完成软件安装，并运行迅雷 7。

【对迅雷进行简单的设置】

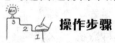 **操作步骤**

【步骤 1】 常用设置：为了避免迅雷后台运行，消耗网络带宽，可以设置成不要开机启动运行，如图 7-51 所示。

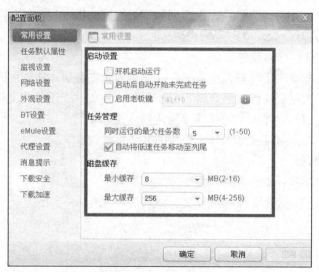

图 7-51　常用设置

【步骤 2】 下面进入任务默认属性设置：可以设置下载下来的保存在哪个目录下，也可以设置自动修改为上次使用过的目录如图 7-52 所示。

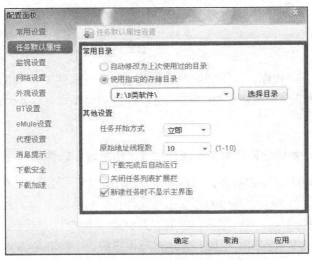

图 7-52　属性设置

【步骤 3】　监视设置可以和截图一样设置，这样不管在哪里单击下载，都是使用迅雷 7 下载，如图 7-53 所示。

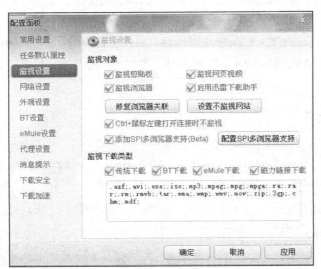

图 7-53　监视设置

【步骤 4】　网络设置如果在公司是有速度限制的话，就可以自定义了下载速度，如果没有限制那就无限制的下载。

提示　　　　也可以单击迅雷 7 主界面上的"新建"按钮，将刚才复制的下载地址粘贴在新建任务栏上。

 提炼升华

目前在网络中可以找到的下载软件有很多，如比特精灵、快车、电驴等，通过这些软件可以下载软件、电影等。

拓展练习

使用百度，搜索几个软件，并下载软件的安装包：压缩软件（WINRAR），文本文件编辑器软件（Ultraedit），虚拟光驱（DAEMON Tools），U盘启动制作软件（大白菜），播放软件（完美解码）。

 任务2——画图软件调整多个图片尺寸，压缩解压软件

小王要发送一个电子邮件的附件，附件要求发送一些大小固定到某个尺寸的图片文件。原有图片文件尺寸太大，另外一个一个的添加图片文件作为附件太麻烦。他想有没有办法把这些图片处理成要求尺寸的文件，并放在一起压缩、打包成一个文件，这样就只需要发送一个文件作为附件。同时又能够节省宽带的流量，发送起来也更快。

任务2要求：使用"画图"软件调整多个图片尺寸，使用winrar压缩解压软件打包成一个文件。

 **知识储备**

画图是Windows 7自带的图片、照片等图像编辑处理软件，能进行基本的图像编辑处理，比如照片翻转、照片尺寸调整等。

WinRAR是一款功能强大的压缩包管理器。可用于备份数据，缩减电子邮件附件的大小，解压缩从Internet上下载的RAR、ZIP及其他类型文件，并且可以新建RAR及ZIP格式等的压缩类文件。

 **操作步骤**

【步骤1】 首先运行画图软件，单击"开始"→"所有程序"→"附件"→"画图"。

【步骤2】 在画图软件菜单中，单击"打开"按钮，选择打开文件所在位置。这里使用Windows自带的两个已有示例图片演示。打开第一个文件：单击"库"→"图片"→"示例图片"，选择打开"考拉.jpg"，工具栏单击"调整大小和扭曲"按钮，如图7-54所示。

图7-54 文件开始安装

【步骤3】 选择像素，把原始像素 1028*768，改为水平：200，锁定纵横比不变的情况下，垂直自动变为 150，如图 7-55 所示。

图 7-55 调整图片像素大小

【步骤4】 另存变小之后的图片，文件名取名为"small_考拉.jpg"。

【步骤5】 类似进行操作，修改另一个文件，大小也调整为 200*150，文件取名为"small_企鹅.jpg"，可以看到，两个图片大小均变小，如图 7-56 所示。

图 7-56 尺寸变小后的图片文件

提示

"画图"软件不能一次改变多个图片的尺寸，如果一次要批量改变多个图片尺寸，可下载使用第三方的图片软件 ACDsee 来实现。

变小的图片会失真，所以应该根据需要恰到好处的变小。变小的图片要另存成其他文件，不能覆盖源文件。这样，在不满意时还可以重新用原始图片调整大小。

【步骤6】 使用百度搜索"WINRAR"压缩解压软件，并安装。选择以上两个（或多个）文件（夹），单击鼠标右键——选择"添加到压缩文件"——取名为压缩文件"small 图片"。压缩打包成一个 RAR 文件，便于节省磁盘空间占用，有利于进行网络共享发送，比如作为邮件附件发送。

【步骤 7】　解压压缩打包的文件，恢复到打包前的状态。双击 "saml_图片.rar"，单击 "解压到" 按钮，就可以解压恢复到 "small 图片" 文件夹，文件夹里有解压出来的文件。

 提示　　以上两个软件 "画图" 和 WINRAR 的配合使用，在计算机使用中，经常是要多个软件配合使用才能完成任务。

 提炼升华

图像处理软件有很多，功能最强大，名气最大的是 Photoshop，容易使用的有美图秀秀等。压缩软件除了 WINRAR 外，还有国产的好压 haozip 等。

 任务 3——虚拟光驱

小王的计算机上没有安装光驱，经常要用到光盘的资料，他想有没有办法把这些光盘上的资料做成光盘镜像文件放在计算机里，通过虚拟光驱软件能读取里面的文件。这样就可以减少我们经常用物理光驱。常玩计算机游戏的朋友或计算机爱好者对虚拟光驱应该都不会陌生，玩光盘游戏全靠它了，游戏速度大大提高。目前计算机城装机的朋友为节约装机预算，不购买光驱的现象十分普遍。只需要要在计算机上安装虚拟光驱软件就可以在计算机中没有光驱的情况下实现光驱的绝大多数功能。

　任务 3 要求：虚拟光驱 daemon tools 下载安装使用详解。

 知识储备

DAEMON Tools Lite 是一个非常流行的虚拟光驱工具。DAEMON Tools Lite 建立的虚拟光驱，可以打开 CUE，ISO and CCD 等这些虚拟光驱的镜像文件。

 **操作步骤**

【步骤 1】　首先上网搜索并下载精灵虚拟光驱（DAEMON Tools Lite）4.46.1 官方中文版。

【步骤 2】　安装图解下载完毕后，双击 DTLite.exe 文件开始安装。选择简体中文，单击 "下一步" 按钮，如图 7-57 所示。

图 7-57　文件开始安装

【步骤3】 选择免费许可选项，单击"下一步"按钮，如图7-58所示。

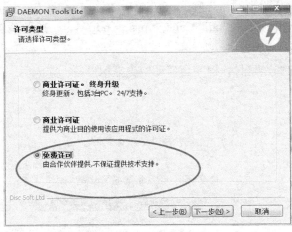

图7-58 免费许可选项

【步骤4】 去掉多余的安装选项，单击"下一步"按钮，如图7-59所示。

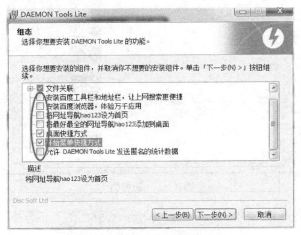

图7-59 去掉多余的安装选项

【步骤5】 设置好软件的安装目标目录，单击"安装"按钮，如图7-60所示。

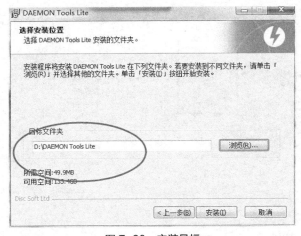

图7-60 安装目标

精灵虚拟光驱 支持的文件格式有：*.mdx *.mds ,*.mdf, *.iso, *.b5t, *.b6t, *.bwt, *.ccd, *.cdi, *.cue, *.nrg, *.pdi, *.isz 光盘镜像到虚拟光驱。

【步骤6】 运行虚拟光驱时，程序会自动检测虚拟设备，完成后，就会出现主界面，如图 7-61 和图 7-62 所示。

正在更新虚拟设备

图 7-61 自动检测虚拟设备

图 7-62 主界面

【步骤7】 单击主界面中的"添加映像"按钮，在弹出的对话框中选择一个映像文件，单击"确定"按钮完成添加。

【步骤8】 创建虚拟光驱。单击主界面中的"创建 SCSI 虚拟光驱"，就会发现在界面下方出现一个映像光驱如图 7-63 所示。

图 7-63 创建虚拟光驱

【步骤 9】 选择映像目录中的一个映像文件，然后单击鼠标右键，单击"装载"，就会在主界面的下方创建一个虚拟光驱盘符如图 7-64 所示。

图 7-64 加载映像文件

【步骤 10】 此时查看"我的电脑"，就会发现已经成功虚拟出一个新的光驱盘符。然后就可以像物理光驱一样使用虚拟光驱了，如图 7-65 所示。

图 7-65 虚拟光驱盘符

【步骤 11】 虚拟光驱的卸载。选择要卸载的其中一个虚拟光驱，然后单击主界面中的"移除光驱"即可。

以上就是虚拟光驱 DAEMON Tools 使用方法图文介绍，希望大家看完之后会有一定的帮助！

提示

 **知识扩展**

目前在网络中可以找到的虚拟软件很多，如比较热门的有DAEMON Tools、WinMount、Alcohol 120%、虚拟光驱（Virtual Drive）等众多虚拟光驱软件。

 任务 4——U 盘启动系统制作

小王在使用计算机时突然计算机系统出现故障无法正常使用计算机，他想通过用光驱来安装计算机操作系统，但发现计算机上没有安装光驱，他想有没有办法通过用一个 U 盘来安装计算机系统。

任务 4 要求：U 盘启动盘的制作与使用。

制作 U 盘启动盘的软件很多，这里以大白菜超级 U 盘启动制作工具为例。

提示

 **操作步骤**

【步骤 1】 在"大白菜"官方网站（http://www.dabaicai.org/）中下载"大白菜"装机软件如图 7-66 所示。

图 7-66 下载"大白菜"

【步骤 2】 双击打开安装程序，弹出"选择安装盘符"对话框，单击"开始安装"按钮，即可结束整个安装过程，如图 7-67 所示。

图 7-67 "大白菜"安装程序

【步骤 3】 正确安装软件结束后，该款软件的快捷图标会置于桌面，双击该图标即可启动软件，其主窗口如图 7-68 所示。

图 7-68 "大白菜"主窗口

【步骤 4】 将 U 盘插入计算机，此时软件主界面成功读取到 U 盘之后，根据需要选择相应的启动模式，选择"USB-HDD"单选按钮，然后单击"一键制作启动 U 盘"进入下一步操作。

【步骤 5】 这时弹出警告对话框，提醒用户 U 盘所有数据将被破坏，请先备份 U 盘内数据。待确认无误后，单击"确定"按钮进入下一步操作如图 7-69 所示。

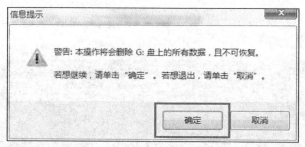

图 7-69　U 盘原数据破坏提醒

【步骤 6】　耐心等待大白菜装机版 U 盘制作工具对 U 盘写入大白菜相关数据的过程。

【步骤 7】　完成写入之后，在弹出的信息提示窗口中，单击"是（Y）"按钮进入模拟电脑。

提示　　模拟电脑成功启动说明大白菜 U 盘启动盘已经制作成功，按住快捷键 <Ctrl+Alt> 释放鼠标，点击关闭窗口完成操作。

【步骤 8】　重启计算机，在计算机启动的第一画面上按 <Delete> 键进入 BIOS，在 BIOS 中，将启动顺序改为"USB-HDD"。设置完成后，将制作好的 U 盘插入 USB 接口，重启计算机。

【步骤 9】　选择"运行大白菜 Win8PE 防蓝屏版（新电脑）"选项，进入 Windows PE 系统界面。

【步骤 10】　登录大白菜装机版 PE 系统桌面，系统会自动弹出大白菜 PE 装机工具窗口，单击"浏览（B）"按钮进入下一步操作。

【步骤 11】　浏览存放在制作好的大白菜 U 盘启动盘中的原版 Windows 8 系统镜像包，单击"打开（O）"按钮进入下一步操作。

【步骤 12】　单击选择好需要安装的系统版本之后，单击选中系统盘，然后单击"确定（Y）"按钮进入下一步操作。

【步骤 13】　单击"确定（Y）"按钮开始还原系统操作如图 7-70 所示。

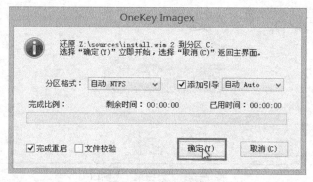

图 7-70　还原系统

提示　　至此，大白菜超级 U 盘启动制作工具的使用方法已经介绍完了，由于它操作简单，过程简洁，非常适用于入门级装机用启。另外，配合它特有的系统定制功能可以随意载入 ISO 系统镜像实现轻松装机。

知识扩展

目前在网络中可以找到的启动U盘制作软件很多，如比较热门的有大白菜、老毛桃、完美者U盘维护系统、蚂蚁U盘启动盘制作、USBoot、绿叶U盘启动盘制作、MaxDOS、等众多U盘启动软件，通过这些软件可以对计算机进行系统安装，系统启动修复、硬盘检测及硬盘分区、计算机用户密码破解等操作。

 任务5——多媒体播放软件

小王在网上下载了一部高清电影，想在课余时间进行观看，但是发现下载下来的电影无法播放，用普通播放器打开后，提示格示不支持，他想有没有办法通过用完美解码播放器来进行播放。

任务5要求：多媒体播放软件完美解码。

 知识储备

完美解码是一款为众多影视发烧友精心打造的专业高清播放器。超强 HDTV 支持，画质远超主流播放器，自带 Media Player Classic、KMPlayer、PotPlayer 三款流行播放器，能播放 AVI、VCD、DVD、MPG、MP4、RMVB、TS、TP、EVO、M2TS、MKV、OGM、MOV、SCM、CSF、FLV 等众多种格式的影音文件。完美支持各种流行多媒体文件流畅播放。

 **操作步骤**

【步骤1】　在"完美解码"官方网站（http://jm.wmzhe.com/）中下载"完美解码"软件。

【步骤2】　双击打开安装程序，弹出"选择安装盘符"对话框，单击"下一步"按钮，即可结束整个安装过程。

【步骤3】　正确安装软件结束后，该款软件的快捷图标会置于桌面，双击该图标即可启动软件，其主窗口，如图 7-71 所示。

图 7-71　完美解码主窗口

【步骤4】　单击主页面的左上角，是一个控制软件的主菜单，这里包含的功能有：打开，字幕，滤镜，皮肤，动画中的帧数等，非常的详细跟全面，如图 7-72 所示。

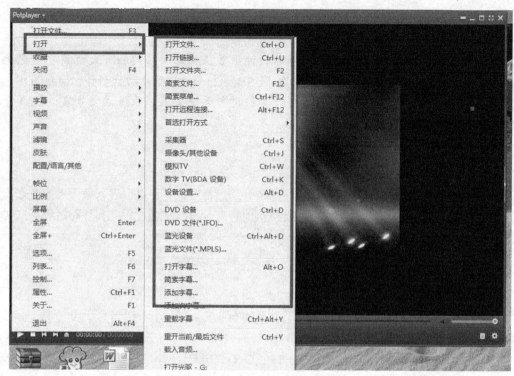

图 7-72　完美解码主菜单

【步骤 5】　在主菜单，单击"打开"按钮，选择要播放的音视频文件就可以开始播放。